崔玉涛医生的
健康饮食指南

崔玉涛
——
著

中信出版集团 | 北京

图书在版编目（CIP）数据

吃的艺术：崔玉涛医生的健康饮食指南 / 崔玉涛著 .
北京：中信出版社，2025. 3. -- ISBN 978-7-5217
-7326-2

Ⅰ . TS976.31

中国国家版本馆 CIP 数据核字第 2024V8M427 号

吃的艺术：崔玉涛医生的健康饮食指南

著　　者：崔玉涛
出版发行：中信出版集团股份有限公司
　　　　　（北京市朝阳区东三环北路27号嘉铭中心　邮编　100020）
承 印 者：嘉业印刷（天津）有限公司

开　　本：787mm×1092mm　1/16
印　　张：25
字　　数：350千字
版　　次：2025年3月第1版
印　　次：2025年3月第1次印刷
书　　号：ISBN 978-7-5217-7326-2
定　　价：106.00元

崔玉涛养育中心策划团队
内容编辑：刘子君 李淑红 樊桐杰 李茗嵋

出　　品：中信儿童书店
图书策划：小飞马童书
总 策 划：赵媛媛
策划编辑：白雪
责任编辑：孟莹

营　　销：中信童书营销中心
装帧设计：韩莹莹
内文排版：杨兴艳
内文插图：脆哩哩 赵川

第六章

吃饭从来都被认为是非常重要的事情，不管是为了果腹，还是为了追求身心的满足。果腹是为了生存，为了维持正常的生理机能；而身心满足是为了生活，为了拥有更高的生命质量。

对于孩子来说，吃还有一个更为重要的意义，那就是为生长发育提供必要的支持，为人生奠定基础。因此，孩子的饮食尤其需要重视，不仅要吃，更要吃好。想要吃好，吃就不能仅局限在吃的食材选择和烹调做法上，而应将吃提升到艺术的高度，关注吃的环境、吃的心态、吃与生长发育的关系等。可以说，吃很简单，吃得艺术却不是一件简单的事情。

中国自古有句俗谚"民以食为天"，《论语·乡党》中也提到"食不厌精，脍不厌细"，足见古人对于吃的重视。

中餐在烹饪时，讲求色香味俱全，追求意形养具备，这些都折射出"吃"这件事，在咱们日常生活中的重要地位，同时这也衍生出了博大精深的饮食文化，让吃不再仅仅是吃本身，而变成了一种"吃的艺术"。

这门艺术里，有食材的制备、营养的搭配，也有进食的方式、饮食的习惯，还有用餐的环境、吃饭的心情，等等。方方面面综合起来才能让人真正享受到吃的乐趣，看到吃的效果。

如果我们脱离了艺术，孤立地去看待吃饭这件事，结果怕是会让人觉得缺了点儿什么。这就好比你去朋友家吃了顿饭，有道菜的味道让你拍案叫绝，和朋友讨要了菜谱拿回家照单制备，却发现味道总不像之前吃到的那么让人惊艳。

明明从食材到烹饪方法都没错，为什么吃下去的时候却少了那份愉悦感呢？问题到底出在了哪里？这大概是因为你只是照搬了菜谱，却没有在其中融入更多。也就是说，这道菜只是个简单的复制，却少了艺术能带来的神韵和灵魂。

再举个例子，假设还是朋友家那顿大餐，菜品没变，朋友的手艺依旧在线，可是吃饭时朋友过于热情，不断请你多吃，让你不要客气，你是否会因此心生压力，没办法静下心来尽情享用？明明很好吃的食物，到了嘴里却变了味道，食欲瞬间减退。饭菜明明还是那些饭菜，为什么会这样呢？大概就是进餐氛围的影响，轻松愉悦和过分拘谨，会让进餐的体验产生天壤之别。说到这里，我们不妨再想想公司聚餐时，如果席间有位你很畏惧的领导在，这一顿饭吃下来，怕是什么山珍海味吃到嘴里都会觉得味同嚼蜡，人好似完成任务一样只盼着聚餐赶紧结束。所以吃饭时的环境、进餐时的心情，真的都很重要，而这些因素也和菜品本身一起构成了吃的艺术。

在为孩子准备食物时，这艺术的作用可就更大了——在描述孩子理想进餐情况时，英文里有个短语叫"eating right"，如果想找个准确的中文来对应，大概翻译成"吃对了"最确切。但是怎么算"对"呢？是食材要对，性状要对，还是食量要对？这些标准都有些道理，却又不尽然，要想做到真正的"对"，恐怕就要加些艺术在里面。比如根据月龄（或年龄）的变化及时调整食物的性状，尊重孩子自主进食的需求，营造宽松自由的进餐环境，带着平和的心态看待吃饭这件事，等等。总之，从食物本身到烹饪方法，再到吃的方式，甚至是我们给孩子吃的时候的心态，都要找准"火候"，这样才能真正做到"eating right"。

那么，家长该如何做才能掌握这门艺术的精髓呢？为这个问题寻求一个详尽的答案，便是我撰写这本《崔玉涛育儿百科》拓展版——《吃的艺术：崔玉涛医生的健康饮食指南》的初衷。本书将通过数十个与吃有关的案例及相关的科普内容，帮助家长朋友们从"实践"出发去了解理论，再灵活地应用于生活。未来，还会陆续出版与运动、社交、养育相关的《崔玉涛育儿百科》拓展版，希望能帮助孩子在吃、喝、玩、乐中更全面地发展。

不少父母在宝宝出生前大概没有想到，"吃奶"这个看似简单的动作中，竟藏着无尽的玄机。层出不穷的喂养问题，经常让新手父母无所适从，而让人更加无措的是，生长发育是一个系统工程，因此"吃的问题"并非都有"吃的表现"，而是隐藏在便秘、腹泻、肥胖、过敏等问题之下，这就需要专业的儿科医生通过详细的问诊，找到背后的"饮食问题"。因此家长、孩子与医生在诊室里的互动，就成了一个个有趣又生动的"故事"。

新手爸妈在养育孩子的过程中，其实很紧张，因为他们一方面没有经验，一方面又想给孩子最好的保护。这当然是可以理解的，但是有的时候，在养育宝宝的过程中，父母们还是需要多一点儿理性的思考和科学的判断。

这个宝宝，是第一次来北京崔玉涛诊所看诊，现在全家人最大的困扰就是孩子大便的问题。我跟家长详细了解了孩子从出生到现在的情况。

妈妈说："我是剖宫产生的宝宝，生产后因为母乳不够，所以给孩子添加了普通配方粉。吃了一个月后，我发现孩子大便特别干，就上网查了一些资料，也去找医生咨询了一下。医生怀疑是牛奶过敏，所以我就给孩子换了深度水解配方粉，又吃了一个月，发现大便还是很干。别人建议说，还是吃母乳好，但是我的母乳确实很少，不够吃，我就想各种办法找来别人捐赠的母乳。开始那段时间，孩子大便确实会好一些。但是最近，大便不仅变稀了，里面还有泡沫，孩子一天得拉五六次，放屁也多，愁死了，也不知道到底出什么问题了。您说，孩子是不是母乳过敏？母乳妈妈是不是得忌口？我是可以，但是我们做不到让捐赠母乳的妈妈也忌口呀，这可太难了。"

我接着妈妈的话，问她："咱们先不说母乳过敏的事。你回忆一下，这次大便从正常到开始变稀，是什么时候发生的？那段时间，家里有什么不同于以往的变化吗？"我这样一问，妈妈开始回忆起生孩子之后到现在的这段经历。

"孩子出生，我们出院后就直接住到了月子中心，住了一个月。月子中心的环境啊，护理啊，都挺到位的，每天都消毒，月嫂接触孩子前也都用免洗洗手液消毒，很注意。出月子之后我们就回家了，一直都在家里住。哦，对了，前段时间外面不是支原体肺炎、甲型流感病毒特别严重嘛，我就请了一个专业的机构，把家里里里外外、犄角旮旯都消毒了一遍，就怕孩子感染上。"

说到这儿，家长自己停住了。"崔大夫，难道这里出了问题？"

应该是吧?！孩子出生后，频繁受到消毒剂的刺激，大便异常的情况反反复复，说明他的肠道菌群已经出现了问题，建议家长停用消毒剂。一个多月后来复诊时，家长表示孩子的大便仍然偏稀、排气也多，还是怀疑母乳的问题，我们建议做一次肠道菌群检测，检测结果一出，家长也吓了一跳：好几种菌都没有。

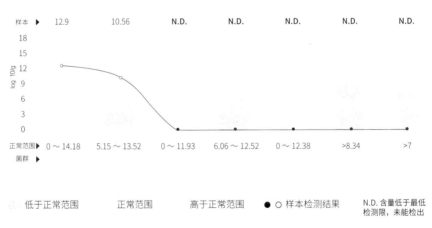

图 1-1-1　第一次做肠道菌群检测的结果

这个时候真的需要补充益生菌。同时，很重要的一点是，停止家中一切消毒产品的使用，而且家里需要彻底地通风换气，彻底地清水清洁，把残留的消毒剂都清洁干净。不要只想着是母乳的问题了，尽量直接喂养，用科学的方法追奶，争取让孩子多喝点母乳。这对于孩子肠道菌群的恢复也是有帮助的。妈妈也不需要忌口，争取每周摄入50种以上的食材，这样孩子和妈妈才都能更好地吸收营养。

"崔大夫，孩子的大便之前干，现在稀，这两个现象是反着的，都是消毒导致的吗？"

"其实，肠道菌群能起到双向调节的作用，对于您说的大便过稀、过干情况都能起到一定的调节作用。它能促进肠道壁完善，保证肠道蠕动正常，维持、改善肠道功能，只有这样，大便性状才可能恢复正常。"

"崔大夫，我想再问一个私密一点儿的问题，虽然现在我的奶不多，但是我也在努力追奶，所以一天也还是能喂个一两次的，那喂之前，是不是也不能消毒啊？"

"不需要消毒，现在我们已经看到频繁消毒给孩子造成的影响了。一定要全方位认识消毒剂，不是极特殊消化道传染病流行的情况，就千万别再用了。日常做好清水清洁就行，完全没必要消毒。另外，停用所有消毒产品，2个月后再来复诊。"

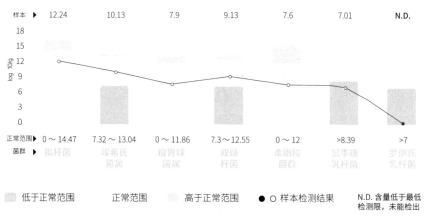

图 1-1-2　第二次肠道菌群检测的结果 *

★ 此宝宝两次检测时所处月龄的菌群正常范围标准不同。

"对了，崔大夫，我还有一个问题，我的产假马上就要结束了，我的工作对形象有要求，得化妆、染发，您说这对母乳有影响吗？"

这个没问题的！母乳妈妈化妆、染发都没问题，不会影响母乳质量的，这个可以放心。但是需要注意的是，别让宝宝直接接触到彩妆、烫染过的头发，尤其是小嘴巴不要吃到这些。只要孩子不直接接触就没问题，踏踏实实追奶吧。

小宝宝胃容量小，所以新手妈妈非常辛苦，需要频繁喂奶。不过一天要喂多少次才能够满足宝宝的需求呢？我们常说的按需喂养，这个"需"该如何判断？宝宝哭闹就是他在释放"要吃奶"的信号吗？

　　这个宝宝的一切情况看起来都挺不错的：足月顺产、纯母乳喂养、长得很匀称，但是有一个问题很困扰妈妈，那就是宝宝吃奶的次数太多了，没完没了，昨天数了一下，一天竟然吃了16次奶，平均一个半小时就要吃一次。

　　"感觉宝宝像是个人形挂件，我就是个没有感情的喂奶机器，一天到晚都在喂奶，没有休息的时候，要累死了！"妈妈很崩溃地述说着。

　　我安慰妈妈："先别着急，这种情况是从什么时候开始的？"

　　妈妈说："刚出生的时候差不多一天喂8次，然后慢慢地次数越来越多，越来越多，直到最近的十几次，反正是亲喂，也不知道宝宝每次究竟吃了多少。"

　　吃奶这么频繁，可想而知，宝宝的睡眠质量也会大打折扣，夜里要醒五六次，妈妈也被折腾得疲惫不堪。妈妈说，宝宝放屁比较多、爱打嗝，有时候排便挺费劲的。

　　了解完基本情况，该查体了。小家伙撑开两只小手掌，趴在检查床上，抬起头好奇地看着周围。趴得不错。接下来检查心、肺、腹部，需要宝宝平躺在检查床上。一掀开宝宝的衣服，我就发现小家伙的肚子很胀，脐部还有一个小包块。宝宝一哭闹，肚脐处的小包块就变得很硬，用手轻轻拍打小肚子，能听到"咚咚咚"类似敲鼓的声音。用听诊器听腹部，肠鸣音很活跃，如同开锅时连续不断的水泡声，这是因为宝宝的肠道内气体过多。

"肠胀气非常明显。"我告诉妈妈。

"不可能。"妈妈一口否定，"我听您讲过，肠胀气要符合'331原则'——3个月内的宝宝，每天哭闹至少3个小时，每周至少3天，持续至少1周以上。我们家孩子一项都不符合，怎么能是肠胀气呢？"

"每次喂奶前，孩子是什么表现呢，哭闹吗？"我问妈妈。

"不哭不哭。"奶奶接过了话茬儿。妈妈也点头表示赞同："这孩子不爱哭，一般他一动一哼唧我就喂。"

"我们现在尝试一下，宝宝动的时候你先不喂奶，看看他是什么反应。"我跟妈妈说。结果宝宝扭动几下身体之后就开始大哭，小脸涨得通红，四肢不停地挥舞。

这就是问题所在了。当宝宝因为肠胀气而感觉到不舒服时，他本能是要哭闹的，但这时妈妈送上了母乳，宝宝就失去了哭闹的机会，因为吮吸有助于减轻肠胀气带来的不适。

这并不是个例。在看诊过程中，我常常会碰到类似的情况，家长说孩子不爱哭闹，但孩子却普遍存在放屁多、排便费劲、大便稀水样、大便中泡沫多、睡不踏实等情况。因此，在遇到宝宝原本进食比较规律，突然开始频繁吃奶的情形时，我们要考虑一下宝宝是不是不舒服了，是不是存在肠胀气的问题。

一般来说，肠胀气并不可怕，常见于6月龄以内的宝宝，只要做好护理，帮助宝宝缓解不适，随着生长发育，通常能够自然缓解。但是，小宝宝还不会用语言来表达自己的感受，新手爸妈也没有充足的经验，往往无法准确辨认是不是肠胀气，宝宝一动一哭，就想用喂奶来安抚，反而会增加宝宝的肠胃负担，导致腹部不适更严重。宝宝的进食规律被打破，不能感知饥、饱，还可能引发消化不良。另外，宝宝没完没了地吃奶，对于妈妈乃至全家人来说也是一种折磨，令人身心俱疲，变得脾气暴躁。

所以，当宝宝生长发育过程中发生比较明显的变化（包括进食、排便、睡眠等），且家长心中有疑虑时，不妨咨询专业的儿科医生。有专业人员的帮助，就能更从容地面对养育中的困扰。

崔医生提醒：

宝宝哭闹都是有原因的，不能一概用喂母乳来解决。因为这样宝宝看似不哭闹了，但真正的问题可能被掩盖了。比如案例中宝宝的肠胀气问题，真正的问题找到了，家长的养育也会轻松一些。

想了解更多相关知识，请查阅第二部分的：

第一章 | 3.正确识别宝宝的饥饱信号，轻松哺乳不迷茫
第八章 | 1.0~6月龄宝宝生长发育评估

3.兜兜转转，还是掉进了消毒剂这个"坑"

如今，很多家长已经逐渐了解了消毒剂的危害，在日常生活中也会有意识地避免使用。不过，有些消毒剂却是"隐身高手"，家长一时疏忽，便有可能让宝宝中招。

宝宝的基本情况

年龄：4个月零8天　生产方式：顺产　喂养方式：母乳喂养
诉求：解决宝宝进食不规律、吐奶的问题

宝宝出生后一直纯母乳喂养，白天吃 4~5 次母乳，每次吸两侧，加起来 10~20 分钟。

"白天指的是几点到几点？大概多久吃一次？"我问妈妈。

"白天吃 4~5 次指的是从早上 8 点到晚上 8 点，间隔不太规律，有时候 1 小时喂一次，有时候可能要 5 个小时才喂一次。"妈妈说。

12 小时内吃四五次奶，对于 4 个月的宝宝来说并不算多，而且 5 个小时吃一次奶，间隔确实太长了。

"宝宝中间不会饿吗？"我问妈妈。

"我觉得他不饿。一般是饿了就哭嘛，他也不哭，就说明不饿吧？那不饿我就不喂。"妈妈说，"可是吧，我也挺矛盾的，虽然他不哭，但隔了好几个小时，也是担心他饿，怕给他饿坏了，所以中间我都不敢出门，就怕他哪个瞬间突然哭了，要奶吃。"

小月龄宝宝进食时间不规律，往往和消化系统的健康状况相关。

"宝宝有没有吐奶、胀气的情况？"我问妈妈。

"会吐奶，有时候少，有时候吐一大摊，感觉一顿奶都白喝了。吃完奶偶尔还会打嗝，随着打嗝嘴角也会流出来一点儿奶。对了，靠近他脸的时候，总能闻到酸酸臭臭的味道，就像没消化好似的。"妈妈说。

查体时，能明显听到宝宝肚子里有咕噜咕噜的声音，轻轻拍打还会发出嘭嘭的声音，明显是肠胀气的表现。宝宝胀气了，奶液不能充分消化，食欲就会减退，出现进食时间不规律的情况。小月龄宝宝肠胀气很常见，主要和肠道发育尚不成熟有关，随着月龄增长通常能够自然缓解。但如果日常生活中频繁使用消毒剂，破坏了肠道菌群，影响了肠道健康，会加剧肠胀气的情况，同时也会导致吐奶等情况的频繁出现。

"崔大夫，我们都不用消毒剂了，我看过您的科普视频！"一听到消毒剂这三个字，妈妈连忙否认。

消毒剂可不仅仅指酒精、84消毒液，现在很火的次氯酸等喷雾式消毒剂，一些清洁消毒产品比如消毒湿巾、手口湿巾、免洗擦手液、奶瓶清洗液等，也含有一定的消毒成分。

"啊？我们用奶瓶清洗液，因为有时候会瓶喂母乳，不用洗不干净啊，总感觉上面有油！"妈妈说，"手口湿巾也是常用的，每天擦手、擦嘴、擦玩具，很方便，我特意选的'纯水'的，上面写着呢，您看。"

妈妈从包里拿出了湿巾，包装正面赫然印着大字——"超纯水EDI"，背面的主要成分上却标有"抑菌精华液"几个字，能抑制细菌的成分，属消毒剂相关产品没错了。

"还真没留意过这个，只是给他擦擦手、擦擦嘴，能有多大影响？"姥姥问。

我跟家长解释，用湿巾擦完宝宝的手，水分是蒸发了，但还有很大一部分消毒成分会残留在皮肤上，当宝宝吃手的时候，消毒成分就被吃进了肚子里。消毒剂不仅能杀死致病菌，进入体内还会杀死肠道内正常的益生菌，从而打破肠道菌群平衡，使肠道正常功能遭到破坏，出现胀气、腹泻、便秘、过敏等症状。

"您这么一说我就明白了，我总觉得家里的环境、小宝的小手不干净，总想擦干净……"妈妈说。

"现在我们家中真的没有那么脏，用清水擦拭就可以了。清洗奶瓶的话，喝奶后立刻洗，用过滤后的流动水冲洗，配合奶瓶刷，确保

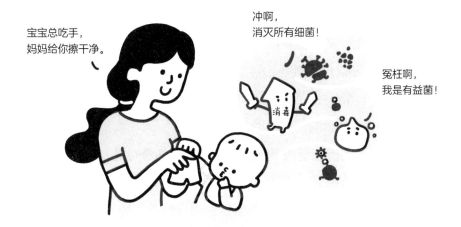

各个死角残留的奶液都洗掉，再用开水烫一遍，自然控干、晾干就行了。干燥是自然界赋予我们最好的'消毒剂'。"我告诉家长。

虽然一直跟大家讲，日常生活环境没必要使用消毒剂，但还是有不少家长掉进"消毒剂的陷阱"，尤其是受近几年大环境的影响。这也是导致很多宝宝肠胀气、便秘、腹泻等胃肠道症状反反复复的其中一个因素，比如肠胀气多见于6月龄以内的宝宝，但由于消毒剂的使用，一些宝宝可能到了七八个月甚至1岁，还会有频繁的肠胀气。

案例中的宝宝身高在第97百分位，体重只在第30百分位，当务之急是停止使用消毒剂，逐步恢复受损的胃肠道功能，缓解肠胀气，进一步提高宝宝的消化吸收能力。

另外，家长要学会给孩子拍嗝。怎么操作呢，其实很简单，家长向后斜靠在椅子或者床头上，孩子趴在家长的一侧肩膀上，不用拍，就这样安安静静地待一会儿，"嗝"自然就会打出来了，宝宝肚子里的气就会少一些。宝宝肚子觉得舒服了，吃奶才能变得规律，吃得好了，体重就能慢慢地追上来。

崔医生提醒：

消毒产品并非都冠以"消毒"的名称，酒精、84 消毒液是消毒产品，免洗擦手液、超纯水的手口湿巾、奶瓶清洗液等产品中也可能含有消毒剂成分，这些成分残留在餐具、玩具、宝宝的小手上，再被他不经意间吃进肚子里，就会破坏肠道菌群的平衡。所以家长一定要在了解滥用消毒剂危害的前提下，学会在日常生活中仔细辨识各类消毒产品。

想了解更多相关知识，请查阅第二部分的：

第一章 | 3.正确识别宝宝的饥饱信号，轻松哺乳不迷茫
第一章 | 11.掌握几个小技巧，从容应对溢奶、打嗝

4. 白白胖胖，未必等于健康

又高又壮，能吃能睡，不哭不闹，这样的宝宝可谓老一辈人心里的"梦中情娃"。看到自家宝宝的体重"遥遥领先"，家长们常常很自豪，觉得自己的付出有了收获。但事实上宝宝太胖未必是一件好事。

宝宝的基本情况

年龄：5个月　　喂养方式：混合喂养
睡眠：晚8点到早6点，夜奶1~2次　　排便：每天2~3次
生长发育：身长66cm，体重10.5kg
诉求：怀疑宝宝生长过快，想请医生判断

和家长详细沟通下来了解到：这个宝宝混合喂养，配方粉吃得不多，每天1~2次，1次120ml水量，母乳每天10次左右，不限量；宝宝睡眠比较规律，一般晚上八九点钟睡，早上六七点钟醒，中间吃一两次夜奶，白天上午、下午各睡一个半小时，睡眠过程中没有张口呼吸、打鼾的情况；排便正常，每天2~3次，软便，排便时不费劲；宝宝身长66cm，体重10.5kg，全身肉嘟嘟的。

　　"崔大夫，请您帮忙看一下，孩子是生长过快吗？我和他爸爸都挺高的，也不瘦。"妈妈问。

　　根据生长曲线，孩子身高66cm，在第50百分位，并不是特别突出；体重10.5kg，则远远超过了第97百分位，说明超重了。

　　"孩子平时练习趴的时间多吗？"我问妈妈。

　　"每天都在练，一次能趴2~3分钟吧，一天2~3次。"妈妈说，"趴着趴着他就累了，一累就哭，一哭姥姥就心疼了。"

　　"能不心疼嘛！他都哭了还趴什么呀！"姥姥立刻说，"老趴着，压着心肺怎么办?！说得倒是轻巧！"

　　我向家长解释，趴是大运动和精细运动的基础，对于促进宝宝的生长发育非常重要，也是小月龄宝宝的一个主要运动项目。足月的健康宝宝，出生后就可以趴着了。练习趴的时间，可以循序渐进，由短到长，从少到多。比如刚开始练习的时候，从每次2~3分钟开始，逐渐延长时间，让宝宝慢慢适应。

　　至于家长顾虑的"趴累""压迫心肺"问题，完全不用担心。宝宝趴卧是一个主动的运动锻炼过程，如果趴累了，他会自行调整姿势，让自己放松。练习趴的初期，趴累了宝宝会大哭，但不是孩子一哼唧就是累了，这时宝宝很可能是在"努力中"。而且，心肺等脏器在胸廓的支撑保护下，趴时完全不会受到压迫。

一般来说，到宝宝 3 个月时，每次可连续趴 15 分钟，每天练习 2~3 次。而且，每天至少要让宝宝趴卧 30 分钟（总时长），才可能达到有效锻炼的目的。案例中的孩子显然达不到这个运动量。

"白白胖胖的，有什么不好？别家爷爷奶奶羡慕都来不及呢！再说了，小时候胖点没什么，长大就瘦了。"姥姥抱着宝宝心疼地小声抱怨道。

"可不是这样啊，大多数小胖墩长大了还会继续胖，因为从小就养成了不好的饮食和生活习惯。您想啊，超重后，身体负担重了，运动起来觉得吃力，渐渐会变得不爱运动，甚至连坐都不愿意了，更别提爬和站了，越不爱动就越容易发胖，从而形成恶性循环。"我跟姥姥说。

如果宝宝长期超重，不仅会增加患心血管疾病、糖尿病的风险，还可能产生心理上的负担，比如运动能力跟不上同年龄段的小伙伴，容易被嘲笑或欺负。

"妈，您就别说了，咱们听崔大夫的。"妈妈说，"崔大夫，像他这种情况，应该怎么办呢，需不需要减少奶量？"

我跟妈妈解释，宝宝现在 5 个月，不需要减少奶量，继续按需喂养，只适当增加运动量即可。平时别老抱着，孩子清醒的时候让他多趴一趴，趴着练习抬头、抬胸，再慢慢过渡到坐、爬等，解锁各项运动技能。宝宝不爱趴，家长就得多花点心思吸引他的注意力，比如在他趴着的时候，站在他前面，拿着玩具逗他，或者跟他互动。实在不爱趴，也可以趴在大人身上，比如趴在大人胸前，让他感受到趴的乐趣。习惯趴卧后，孩子趴时，要将其双腿折叠于腹下呈蛙状，效果更好。

图 1-1-3　蛙状趴

另外，宝宝快 6 个月了，可以根据他的表现（如：对食物感兴趣、挺舌反射消失、可以坐稳等）来适时添加辅食，同时根据宝宝的接受情况，慢慢加粗食物的性状，提升咀嚼能力，还要鼓励宝宝自主进食，合理搭配，规律进餐。

想了解更多相关知识，请查阅第二部分的：

近年来，家长们越来越多地谈论"过敏"。确实，相对于三十几年前我刚参加工作的时候来讲，过敏的孩子越来越多，这与生产方式、喂养方式、养育环境等有关。如果孩子出现消化道、呼吸道、皮肤等方面的问题，也需要考虑过敏的可能性，但一定要遵医嘱治疗，不能擅自下结论，盲目禁食，而母乳过敏的结论更不能随意就下，以免影响孩子的营养摄入，徒增妈妈的养育负担。

宝宝的基本情况

年龄：5个月　　喂养方式：母乳喂养

睡眠：晚9点到早6点，夜奶1次

排便：大便稀，便血，胀气　　诉求：大便带血，怀疑过敏

说起这个孩子的喂养情况，妈妈长叹一口气："崔大夫，我可太难了。自打怀孕起，我就坚定了母乳喂养的决心，孩子一出生就吃上母乳了。一开始还好，后面大便变得比较稀，还总是胀气。这我倒是没太放在心上，但3个月的时候，突然有一天发现孩子大便里边有血，这把我吓坏了。便血不就说明过敏了吗，我就开始忌口，鸡蛋、花生、海鲜、牛奶都不敢吃了。关键都忌口一个多月了，大便稀、胀气、便血的情况也没怎么改善，您说这是怎么回事呢？"

我向妈妈解释，母乳中富含的人乳低聚糖被肠道中的益生菌败解后会产生气体和水分，所以母乳宝宝大便偏稀、排气较多是很正常的。

"除了大便稀、胀气、便血，宝宝还有其他症状吗？"我问妈妈。

"没有。"妈妈回答，"我看过您的书，里面提到，过敏还可能有湿疹、呕吐等表现，所以他这个到底是不是过敏啊？"

诊断食物过敏，可以采用"回避 + 激发"试验。妈妈在怀疑宝宝对自己吃过的食物过敏后，就停止食用了鸡蛋、海鲜、花生、牛奶等可疑食物，实际上就是进行了"回避试验"，宝宝大便偏稀的症状仍未缓解，回避试验并未证实宝宝是母乳过敏，就说明对这些食物不过敏。

看诊过程中，我接触过不少这种案例，孩子一出现湿疹、腹泻、便血等症状，家长就很紧张，认为是过敏了，于是开始全面忌口。其实，出现这些症状和食物过敏不能混为一谈，食物过敏有可能会引发湿疹、腹泻等症状，但不能说湿疹、腹泻就一定是过敏造成的。

回到这个案例，宝宝对妈妈吃的食物并不一定过敏，那么妈妈就不需要忌口，均衡饮食即可。

"不是对我吃的食物过敏，那就是对母乳过敏？"妈妈一脸疑惑，"不然怎么会便血呢？"

"您说的便血是指大量出血，还是大便表面有血丝或者血点？"我问。

"量不大，就在大便表面，您这么一说，好像是有点儿血丝。"妈妈说。

"那是大便带血，不是便血！"我跟妈妈说。临床上宝宝对母乳过敏的概率是非常低的，因为千百年来，人类就是靠着母乳不断地繁衍生息。宝宝大便带血，很可能是肛裂造成的。

说到这儿，就该查体了。我用手轻轻扒开宝宝的肛门，拿手电筒照着，看到宝宝的肛门处有很明显的小裂口，还渗着小血点，于是照下了照片。妈妈看了照片："原来是这样。真没想到，小宝宝也会肛裂。这样的话，就不用停母乳了吧？"

肛裂的原因在于，宝宝排便时，肚子里面有气、大便又稀，会带有一定的冲力，时间久了，这个冲力就会撑破肛周皮肤，出现小裂口，也就是肛裂，从而导致大便带血丝或血点。这种情况并不是对母乳过敏引起的，自然也不需要停止母乳喂养。回家后，可以用黄连素水热敷的方式护理肛裂处，以防局部感染。宝宝5个月，再过一段时间就可以加辅食了，肛裂的情况也会慢慢好转。

崔医生提醒：

吃母乳的宝宝大便偏稀，这是正常的。大便表面带血丝或血点，很有可能是肛裂造成的。如果家长担心，可以请医生帮忙判断，不要轻易忌口，更不要轻易自我诊断"母乳过敏"。

想了解更多相关知识，请查阅第二部分的：

第一章 ｜ 1. 母乳，新生宝宝最理想的食物

第一章 ｜ 7. 母乳喂养期间，妈妈的饮食有讲究

第一章 ｜ 8. 母乳不够吃，试试这些追奶方法

第一章 ｜ 13. 母乳宝宝出现过敏症状，未必要告别母乳

第一章 ｜ 15. 母乳确实越来越稀，但营养未必越来越少

6. 配方粉也有"段位"，学会后轻松拿捏

一般来说，配方粉可以划分为四个段位：1段适用于0~6月龄的

婴儿，2 段适用于 6~12 月龄的婴儿，3 段适用于 12~36 月龄的幼儿，4 段适用于 3 岁以上的学龄前儿童。然而，随着宝宝长大，在配方粉段位的选择上，家长却常会陷入纠结：1 段配方粉营养元素更丰富，不转奶可行吗？宝宝喝高段位奶粉是否可以？配方粉能喝到几岁？旁人听来，这些似乎都是无须过分在意的小事，可也恰恰就是这些小事，成了父母喂养道路上的大障碍。这不，一位妈妈就带着这些疑问来到了诊室。

6 个月	混合喂养	规律
正常	良好	

身长第 80 百分位，体重第 70 百分位

常规体检，接种疫苗

　　这个宝宝刚满 6 月龄没几天，主要是来做常规体检，还有接种疫苗。宝宝整体生长发育情况不错，身高在第 80 百分位，体重在第 70 百分位，生长曲线一直是沿着参考线的趋势在走，睡眠、排便、大运动发育也都挺好。

　　"崔大夫，他是混合喂养，喝的是 1 段配方粉，现在 6 个多月了，您说需不需要换成 2 段的？我家还有好几罐 1 段配方粉呢！"妈妈问。

　　我向妈妈解释，配方粉从 1 段转到 2 段，虽然产品说明书上有明显的时间限制，实际上不需要那么严格遵守，宝宝 6 月龄以后继续喝1 段也是没有问题的，可以等家里剩余的 1 段配方粉喝完，再换 2 段。转奶的时候，要注意循序渐进，密切观察宝宝的反应。

"那可以一直喝吗？都说1段奶更有营养呢。"妈妈继续问。

每段配方粉的营养配比是不同的，各有侧重点，都是针对该年龄段宝宝的生长发育特点来设计的，都能满足宝宝的需求，不用担心2段的营养不如1段的。虽然6月龄以后可以继续喝1段配方粉，但不建议一直喝。1段配方粉的能量和营养成分能够满足0~6月龄宝宝的需求，但其中的脂肪含量相对较高；6月龄后，宝宝对营养的需求是有所变化的，2段配方粉的营养配比也会随之调整，比如增加铁元素的含量，以满足宝宝日益增加的铁需求量，所以还是要在1段奶粉用完后逐渐过渡到2段。

"原来如此，我记得您之前说过，母乳的营养成分也会随着宝宝的成长发生变化，看来配方粉也是一样。"妈妈说，"那您说，1岁以后是继续喝2段的好，还是换成3段的呢？"

1岁以后，我们建议有可能的话换成鲜牛奶。如果孩子不喜欢喝鲜牛奶，也可以选择继续喝完2段配方粉，然后逐渐过渡到3段。这是因为，孩子1岁以后，尤其是18个月以后，获取营养的主要途径就是一日三餐了，奶只是正常饮食的一部分。这时候的重点应该放在建立多样化饮食习惯上，不能再想着通过奶来提供全部的营养。

听到这儿，妈妈继续问道："我闺蜜家的孩子，都快3岁了，还喝着奶粉呢，好像不太喜欢鲜牛奶，这种情况怎么办呢？"

我们鼓励孩子足量饮奶，主要是为了获取其中的优质蛋白质和钙元素等。从这个角度出发，鲜奶、配方粉、纯牛奶、酸奶，都能满足这个需求。通常，1~3岁的幼儿，每天奶量保证在400~600ml即可。其实，我们可以把选择权交给孩子，如果他习惯喝配方粉就继续喝，如果孩子不接受配方粉，只爱鲜牛奶，咱们也没必要因为看着配方粉的配料表很丰富，就非硬逼着孩子喝。鲜牛奶同样能提供营养。奶虽然是优质食物，但仍然是千百种食材中的一种，既没有那么神奇，也不至于因为选择的类型不同就让孩子损失什么，平常心对待即可。

想了解更多相关知识，请查阅第二部分的：

第二章 ｜ 1.配方粉添加有时机，不可过于随意
第二章 ｜ 2.配方粉种类多，可按这些思路选择
第二章 ｜ 6.更换配方粉段数或品牌时，记得要转奶

如今市场上，配方粉的品牌和种类繁多，标注的营养成分五花八门。面对名目繁多的各种信息，家长们有些茫然——配方粉中营养素如此丰富，我家孩子只喝母乳，会不会失去了"竞争力"？再看看社交媒体上，妈妈们纷纷抱怨母乳"越来越清"，母乳的营养"越来越少"了，于是心中的忐忑又加上一层：莫不是母乳真的会随着宝宝

长大逐渐失去了营养？不额外给孩子加些配方粉，他会不会营养不良呢？

宝宝的基本情况

年龄： 6 个月 18 天　　喂养方式： 母乳 + 辅食

睡眠： 晚上 8~9 点睡，早上 7~8 点醒，白天两小觉

排便： 每天 2~3 次，偏稀　　大运动： 趴着抬头抬胸，从趴到侧躺

诉求： 常规体检

这个宝宝从出生到现在，一直是纯母乳喂养，每天 6~8 次；睡眠挺规律的，通常是晚上八九点钟睡，早上七八点钟醒，白天上午、下午各睡一小觉；排便也很规律，一天 2~3 次，性状偏稀，拉着不费劲；大运动方面，宝宝很喜欢趴，趴着能抬头抬胸，趴累了还能自己往左侧翻身躺在床上。6 月龄当天，宝宝加了辅食，目前吃了米粉、菜泥，接受度还不错。

"崔大夫，有个问题请教您一下，我觉得母乳的量好像没有以前那么多了，怕营养不够，您说要不要给宝宝加点配方粉？"妈妈问。

"都说 6 个月以后母乳越来越稀，会影响孩子长身体。要不干脆就把奶断了，这样孩子吃饭也能吃得更好。您说是不是？"一旁的奶奶也提出了疑问。

我向家长解释，评估母乳够不够、喂养是否充足，要看孩子的生长曲线，只要生长曲线在正常范围内平稳增长，就不用担心。案例中的孩子，身高体重一直在第 85 百分位左右，说明妈妈的母乳是充足的，维持现在的喂养状态即可，不需要额外添加配方粉。只有在真的母乳不足，已经影响到了宝宝的生长发育，或在其他特殊的情况下，

才需要添加配方粉。也就是说，配方粉是不能纯母乳喂养时的无奈选择，或母乳不足时对母乳量的补充。

至于家长担心的母乳营养问题，其实，母乳是非常"智能"的，其中的营养素成分和含量，会随着时间的推移而不断调整变化，目的是贴合宝宝在不同成长阶段的需求，以保证其生长发育。对于6个月以后的宝宝来说，母乳仍然是重要的营养来源，仍能提供丰富的优质蛋白质、钙、维生素等，而且能够通过提供人乳低聚糖、DHA、乳铁蛋白、免疫球蛋白等，帮助宝宝增强抵抗力。母乳喂养还有利于增进亲子关系。

满6月龄添加辅食，并不是因为母乳没有营养了，而是宝宝长大了，需要从饮食中获得更多的能量和营养素。所以，妈妈们千万不要轻易放弃母乳喂养，建议纯母乳喂养至宝宝6个月后，继续母乳喂养至少1年，有条件的可以坚持到2岁或更长。

"原来是这样，那我就放心了。主要妈妈群里不少人说，配方粉营养比母乳更全面，加辅食之后第一个要加的就是配方粉，听完我就有点儿拿不准了。"妈妈坦言。

这个疑问我在看诊过程中经常遇到，这里统一跟大家解释一下。母乳是宝宝最理想的食物，有其他食物不可比拟的优势，比如营养全面丰富、比例适宜、易于吸收，其中富含多种活性营养素，像是人乳低聚糖、DHA、乳铁蛋白、分泌型免疫球蛋白 A、k- 酪蛋白等，能促进宝宝免疫系统成熟。配方粉是模拟母乳的成分生产出来的，也就是说，配方粉只能做到"尽可能"地接近母乳的营养价值，但不能做到和母乳完全一致，要知道，很多活性营养素是无法被完全复刻的。

所以，"配方粉营养比母乳更全面"，这一观点是错误的，配方粉绝不是孩子生长过程中必须添加的食物。只不过，随着生产工艺的提高，加上厂家的大肆宣传，母乳中的一些特殊营养成分开始被加入配方粉中，配方粉的价格水涨船高，家长的焦虑也随之增加了，觉得别人家孩子吃了，自己娃也不能落下。这种"攀比"是很没有必要的。要明确，配方粉中添加的"活性营养素"，都是为了尽可能模拟母乳，永远不可能超越母乳的。

"崔大夫，您这么一说，我就不纠结了，我现在有能力也有条件继续让宝宝吃母乳，有疑问再来请教您。"妈妈说。

崔医生提醒：

母乳十分"智能"，它的营养成分比例会随宝宝的需求而变化。宝宝满 6 个月后，母乳会逐渐从成熟乳变为晚期乳，看上去颜色浅一些，也比较稀，但母乳的营养价值并没有下降。因此，如果条件允许，妈妈应尽可能坚持母乳喂养。

☆ **想了解更多相关知识，请查阅第二部分的：**

7 ～ 24 月龄，在短短十几个月的时间里，孩子在饮食上有一个非常大的变化——食物从液体的奶过渡到固体的成人食物；饮食规律和饮食习惯也会逐渐向成人靠拢。这个变化对于家长来说，既会带来成长的欣喜，也意味着巨大的喂养挑战。因为孩子在面临这诸多改变的同时，不可避免会出现接受困难的情况，进而引发一些健康问题。于是处在这个阶段的家长，因为孩子"吃的问题"而来寻求帮助的非常多。

　　许多家长认为，亲手做的辅食不仅满含爱意，且食材更安全，制作过程更卫生，因此，他们不辞辛苦地终日在厨房忙碌，目标就是让孩子吃下去的每一口食物都是由自己亲手烹制的，爱子之心非常值得肯定，但是有种辅食还是直接购买成品比较好。

宝宝 7 个月，目前的奶量每天保持在七八百毫升，生长发育状况良好，身高在第 80 百分位，体重在第 70 百分位。

"他是 6 月龄当天开始加辅食的，吃的是米粉。"妈妈说，"但加了几天后发现大便开始有点儿干，拉屉屉好像有点儿费劲，所以就停掉了米粉。"

"我们想了一个办法，就是自制米粉，把煮好的米粥放在辅食机里打碎，您看这样是不是比米粉好一些？"姥姥问。

我跟姥姥说，自制米粉相对来说更安全、卫生，但它只含有谷物原本的营养，营养成分比较单一，尤其是铁元素这种宝宝急需且这个月龄相对缺乏的营养素，更是无法满足。而市售婴儿营养米粉在谷物营养的基础上，又添加了多种宝宝成长必需的营养素，是自制米粉做不到的，所以建议尽量选择市售米粉。

"是这样的，我刚才没说明白，我们还在米粥里加了蔬菜、水果，营养挺丰富的，特别是绿叶菜、根茎菜，加得比较多。现在吃了快三周，每天 1~2 次，感觉挺有效的，大便也不怎么干了。"姥姥说。

"蔬菜、水果都含有膳食纤维，能促进肠道蠕动，帮助排便。其实，市售米粉添加一段时间后，如果宝宝适应良好，同样也要加菜泥、肉泥，可以把这些都混在一起吃。另外还可添加果泥。"我说。

"是这个道理，我们一看宝宝大便有点儿干就慌了，光急着解决这个事了。"妈妈坦言。

添加辅食前，宝宝吃的是纯液体食物——奶，添加辅食后，首次接触到半流质食物——米粉，消化系统需要有一个慢慢适应的过程，这期间最直接的变化可能就是排便情况。比如大便次数从一天几次调整到一天一次或两三天一次，大便性状从稀软状变为稠糊状或条状，有时还会在大便中发现未消化的食物残渣。这些都是很常见的现象，不用担心，只要宝宝大便不干结、排便时不困难，就不是真正意义上的便秘。

"原来是这样，听您这么一说我们就放心了。喝奶的时候大便是稀糊状的，吃了米粉就变成稠糊状了，倒也没有那么干，当时要是再坚持几天就好了。"妈妈略带懊悔地说。

"理解您的心情，孩子还小，稍微有点儿风吹草动大人就容易紧张，没关系的。"我安慰妈妈，"咱们自己做的米粥里面可以加蔬菜、水果，市售米粉一样也能加，而且它营养更全面，强化了铁元素，还有钙、维生素等，同时它的浓稠度更好把握，所以最好还是换回市售米粉。"

"浓稠度指的是？"妈妈有些疑惑。

我向妈妈解释，添加辅食过程中，要根据宝宝的接受度特别是吞咽能力逐渐调整辅食性状，比如辅食添加初期，宝宝的吞咽能力和消化能力还没有发育完全，米粉冲调要尽可能偏稀，之后再慢慢过渡到糊状，逐渐加稠。

"市售米粉通过增减水量就能调节浓稠度，但自己熬的米粥，想要循序渐进地变稠，就没那么容易控制了，太稠了宝宝不好吞咽，太稀了能量又不够。"

"原来如此，那我们回家就换成市售米粉。"妈妈说。

一周后电话随访，妈妈说，宝宝对市售米粉的接受度很好，现在已经开始加烂面条了，排便次数也变得规律起来，基本每天1次。

崔医生提醒：

宝宝的米粉，还是建议选择市售产品。一方面因为市售产品比较便捷。另一方面，更重要的原因是市售产品营养更加全面。给宝宝添加米粉后大便变得很正常，只要性状不干结，排便不费劲，就可以先观察几天，给宝宝适应的时间。

想了解更多相关知识，请查阅第二部分的：

第三章 ｜ 4.宝宝的第一口辅食，最推荐这种食物！
第三章 ｜ 5.把握好辅食喂养的五大原则

2. 指尖血检查，选择食材器大忙

贫血对于宝宝的危害不言而喻，不仅影响正常生长发育，还可能降低免疫功能，那么，如何能及时发现宝宝存在贫血的问题，又如何能从吃这件事上做到防患于未然呢？

宝宝的基本情况

年龄：7个月24天　喂养方式：母乳＋辅食　排便：偏稀
睡眠：晚上9点半左右睡，早上7点左右醒，夜醒一次，午睡一次
诉求：咨询辅食喂养问题

说起孩子的情况，家长很欣慰，说宝宝是顺产，妈妈早就开始学习了养育知识，知道母乳对孩子的好处，所以一直坚持纯母乳喂养，而且一直坚持到了现在，孩子也一直都吃得挺好。这七个多月以来几次体检的结果都显示：身高、体重发育很好，生长曲线基本在第75百分位。除此之外，孩子的睡眠、大运动发育也很不错：每天大概晚上9点半左右睡，早上7点左右醒，夜里会醒一次，醒了就吃奶，中午也能睡一大觉，差不多两个半小时；孩子从小就锻炼趴，现在翻身、坐完全没问题，从趴、爬到坐，从坐到趴、爬的转换也非常灵活，偶尔还能扶着沙发或独立站一会儿。整体来说，这孩子还挺让大人省心的，知道妈妈辛苦，会心疼人。

了解完这些基本情况，就到了查体环节。近距离接触宝宝时，我发现了一个细节，这个宝宝的面色有些苍白，嘴唇也略微泛白，于是我跟家长建议取一下指尖血，以便查一下宝宝是否存在缺铁性贫血的情况。

妈妈很紧张，奶奶也着急了："啊，要扎针？那肯定很疼，能不能不扎呀？我们这孩子可怕疼了。"

我非常理解家长的心情，因为作为爷爷，我对家里的小孙子、小孙女也有同样的爱护和心疼，但这次的取血确是非常必要的。我进一步向家长解释，查手指末梢血的目的是看看宝宝的血红蛋白水平，从而判断他体内是不是缺乏铁元素。如果铁元素长期缺乏，很可能会引发缺铁性贫血，影响生长发育。而从刚才的查体情况来看，孩子已经有点儿苍白的迹象了，如果检查结果显示真的是缺铁，那么及时补上就能避免一些不良后果。

检查结果很快就出来了，宝宝的血红蛋白值是110g/L。通常7月龄的婴儿，血红蛋白水平正常值应为103~138g/L，所以宝宝确实是有点儿要贫血的迹象了。

看着这个检查结果，妈妈非常不解，提出了疑问："我们给他加米粉了呀，而且特意选择了含铁的米粉，怎么还缺铁了呢？"

我继续问妈妈："辅食除了米粉，还吃了什么？"

妈妈说："主要以米粉为主，加一些青菜、红薯、南瓜什么的。哦，对了，我是觉得宝宝消化有点儿不太好，大便有点儿偏稀，就一直没敢给他加肉泥。"

问题的症结找到了。通常，辅食添加的顺序是米粉、菜泥、肉泥，但这个顺序并不绝对，应根据宝宝的具体情况有针对性地调整。这个具体情况，指的就是满6月龄儿童保健检查时的缺铁性贫血筛查，也就是末梢血血常规检查。这项检查建议一定要重视起来，如果医生建议你要做这个检查，那么一定不要拒绝！

如果检查结果显示宝宝血红蛋白略微偏低，那么可以通过食补，比如多吃红肉的方式补铁。如果检查结果显示宝宝血红蛋白过低，就要先加红肉肉泥，再加米粉、菜泥了，必要时还要在医生指导下服用铁剂。如果宝宝血红蛋白值处于正常范围，在适应米粉之后，也要陆续及时地添加其他富含铁的食物，比如红肉、动物肝脏等来满足生长发育对铁的需求。

还要提醒大家，动物性食物（肉类、肝脏等）含铁量较高，且为血红蛋白，容易被人体吸收利用；植物性食物（绿叶菜、豆类、谷物等）中含有的铁为非血红蛋白，人体吸收率较低。要纠正血红蛋白水平，一定要食用动物性食物。

案例中的这个宝宝，血红蛋白值为110g/L，只是略低，暂时可以先不服用铁剂，建议尽快添加红肉，猪肉、牛肉、羊肉都可以，选家长平常吃的且宝宝喜欢吃的就行，每天 2 次，1~2 个月后复查，看血红蛋白是否上升，再决定后续的方案。

想了解更多相关知识，请查阅第二部分的：

第三章 ｜ 4. 宝宝的第一口辅食，最推荐这种食物！
第五章 ｜ 1. 给孩子吃这些，能预防缺铁性贫血

营养要全面均衡，这是很多家长烂熟于心并深以为然的饮食原则，所以当孩子开始吃辅食后，家长们往往希望能让孩子尽快接受更多的食物种类，以确保营养全面均衡。这个想法固然没错，但欲速则不达，孩子在生长过程中，不只有饮食这一件事，也不是稍晚开始多样化饮食就会耽误健康。养育是一个系统工程，按照社会既定的流程，该添加辅食的时候加辅食，该打疫苗的时候打疫苗，该多样化饮食的时候再丰富食材，这样才是真正的科学养育、自然养育。

这天，妈妈带着7个月大的孩子来到了诊室。孩子身高、体重都在第80百分位，吃得香，睡得好，运动能力也不错。他每天晚上8点左右睡，其间喝一次夜奶，喝完接着睡，早上7点左右起床，白天上午、下午还能睡两小觉，各1个小时。运动方面，小家伙翻身翻得特别溜，可以不依赖辅助自己坐一会儿，能拿着积木从一只手换到另一只手，手部动作很灵活。

所有检查做完后，我提示这次要打疫苗后，妈妈说："崔大夫，这次就先不打疫苗了，我们再缓一缓。"

孩子长得挺好，按道理打疫苗是没问题的，家长表示拒绝是有什么特殊情况吗？我赶紧追问了一下原因。

"他在加辅食呢，万一过敏了，就分不清楚是打疫苗引起的还是辅食引起的了。"妈妈坦言。

"孩子什么时候开始加辅食的，吃过哪些食物？"我问妈妈。

"6月龄当天加的，米粉、肉泥、菜泥都吃过了，接受度都挺好的。"妈妈说。

我跟妈妈说，孩子辅食吃得不错，维持现在这个状态，打完疫苗后观察几天，没有不适反应就可以继续加新的食物了，不耽误。

"那可不行，现在不是有一种说法吗，9个月吃遍超市，12个月吃遍农贸市场。"妈妈笑着说,"超市里那么多种东西,要是一停下来,9个月之前就加不完了呀,我还打算去进口超市看看有什么新奇的品种呢。"

原来妈妈是有这样的顾虑。我赶紧跟家长继续解释。

第一,吃遍超市、农贸市场是不现实的。超市有大有小,种类有多有少,别说孩子了,成年人可能一辈子也无法把每个超市里的每一样食物都吃个遍。

第二,给孩子添加辅食,最好以妈妈的日常饮食情况为基础来选择食材,这样孩子会更容易接受,也能更大程度地减少食用后出现不适症状的可能。避免过分追求新奇的食材,虽说越稀缺价格越高,但并不代表营养价值一定更高。

第三,添加辅食不仅仅是为了让孩子吃饱,更重要的是补足生长发育所必需的营养,这里所说的营养可以按食材概括为几大类,包括谷物、蔬菜水果、肉鱼蛋豆类等。只要食材归属于某一大类,其中所含的营养其实差别并不大。比如谷物有很多种,主要提供的营养是碳水化合物、蛋白质、维生素;蔬菜也有很多种,主要提供的营养是维生素、膳食纤维等;肉的种类同样有很多,主要提供的营养是蛋白质、脂肪、铁元素。所以,不必刻意追求吃了多少种食材,或一定要吃够多少种食材,结合自身家庭情况,尽量保证食物丰富多样,搭配合理即可。

第四,孩子的生长发育绝对不是靠食材种类堆砌起来的,与其纠结能不能吃遍超市、农贸市场,不如把关注点放在孩子吃的辅食量够不够、消化吸收得好不好上面。只有把准备的食物吃进去、消化了、吸收了,孩子的生长发育才能得到保证。

第五,家长都是竭尽全力想要给孩子提供更丰富的食物、更好的物质条件，即便是这样，却总还会有这样那样的担心：我做得够不够多、够不够好？这种心情可以理解，但不必过分焦虑。养孩子，吃、喝、拉、撒、睡、玩都要照顾到，面对这些事情，家长要学会抓大放小，遵循大原则，小事不在意。只有家长心态平和，孩子才能轻松、自然地接受我们的引导，养成良好的生活习惯。

崔医生提醒：

给宝宝添加辅食，可以追求营养多元，但不能过度焦虑。随着孩子慢慢长大，接触的食材种类会越来越多。只要是他喜欢吃的、能接受的、搭配合理的，且碳水化合物、脂肪、蛋白质、维生素、矿物质、水、膳食纤维几大类营养都吃够了，就不用太过纠结。

想了解更多相关知识，请查阅第二部分的：

第三章 | 3.加辅食的时间，并无标准答案
第三章 | 5.把握好辅食喂养的五大原则
第三章 | 6.辅食添加初期，可以尝试这样做"饭"

4. 喝水这件事，你一定纠结过

成人渴了便会自己取水喝，但尚无生活自理能力又不会表达饥渴的孩子该怎么办呢？于是，在孩子喝水的问题上，不少家长陷入了两难的境地——多给孩子喝水，担心水挤占胃容量，影响喝奶与吃饭；而少给孩子喝水，"上火"之类更大的问题怕是又要找上门。这多与少该如何平衡？倘若再遇到个不爱喝水的孩子，每天没有"喝够量"，

家长的焦虑更是会瞬间升级，那么面对这一系列问题，究竟该如何是好？

7 个月　　　　　　　　　　母乳 + 辅食
晚上 8 点半睡，早上 7 点左右醒，不喝夜奶
常规体检，咨询与喝水有关的问题

宝宝 7 个月，这次来诊所，主要是做常规体检。

妈妈说，产假结束后自己就回到工作岗位了，现在是背奶，每天把母乳吸出来给宝宝吃，一天 4 次，每次 200ml。辅食一天吃 1 次，米粉、菜泥、肉泥、蛋黄都加了，宝宝接受得也不错。排便比较规律，基本一天 1 次，稠糊状。睡眠方面，宝宝通常晚上 8 点半左右入睡，早上 7 点左右起床，夜里不喝奶。睡觉姿势虽然偶尔会变换，但不影响整体睡眠质量。另外，宝宝运动能力发展得很不错，左右两侧都能翻身，爬的时候是匍匐前进，偶尔手膝爬，爬着爬着可以自己坐起来，有时还能扶着东西站立，堪称"运动小能手"。查体过程中没有发现异常，从出生到现在，生长曲线趋势比较平稳，目前身高、体重都在第 97 百分位以上。

"综合来看，宝宝长得很不错，饮食、排便、睡眠、运动情况都挺好的，继续保持就可以了。"我跟妈妈说，"养育过程中，你还有其他疑问吗？"

"崔大夫，我想问您一个问题，像他这个月龄的孩子，一天应该喝多少水？"妈妈说，"现在秋天了，天气比较干燥，是不是得多

喝点？"

"是呀，我每天都惦记着这件事，时不时地喂一口，就怕他缺水喽。"一旁的奶奶说，"但这孩子就不爱喝水，每次能喝两口就不错了，您说水喝少了，不得上火嘛！"

我向家长解释，7~12月龄的宝宝，每天喝900ml左右的水就可以了，这个量包括了母乳、牛奶、辅食、水果等所有宝宝吃的食物中的水分。

案例中的宝宝每天能喝800ml母乳，奶量充足，添加的辅食性状以泥糊状为主，水分含量也比较高，基本可以满足每日所需的水量。

"话是这么说，可他还不会说话，我就很担心他渴了表达不出来。"妈妈说出了内心的疑虑，"怎么才能知道他到底缺不缺水呢？"

判断宝宝是否缺水，有一个比较客观的指标，就是看排尿次数和尿液颜色。通常只要宝宝24小时内排尿不少于6次，尿液颜色比较清亮（晨尿除外），呈浅黄色或无色透明样，就说明不缺水。

"他穿着纸尿裤，也不知道具体一天尿了多少，尿的颜色黄不黄啊！"奶奶说。

的确，宝宝还穿着纸尿裤，并不是一尿湿就换掉，排尿次数确实不太容易精准掌握。这时候，家长可以根据纸尿裤更换的次数来估算一下。至于尿液在纸尿裤上呈现的颜色，只要不是特别黄、发红、出现酱油色等异常颜色，且宝宝没有其他不适症状，一般不用担心。

"一天能换五六个纸尿裤，换的时候倒是没发现有什么异常。"奶奶说。

案例中的宝宝奶量充足，生长情况也不错，虽然在家长看来，宝宝不怎么爱喝水，但其实他已经从日常饮食中摄入了充足的水分，不需要额外补水。水喝多了，反而可能对身体产生不利的影响，比如增加肾脏负担，影响正常进食量等。当然了，如果在夏季孩子出汗较多，或有腹泻、发热等特殊情况，就要酌情增加水的摄入量了。

至此，家长的焦虑消除了。

最后我想跟大家说的是，吃饭、喝水其实是很自然的事情，也应该是轻松愉悦的。作为家长，尽可能地给孩子创造良好的喂养环境，提供营养均衡的食物就可以了，至于孩子想吃什么、能吃多少、什么时候喝水、喝多少水，就由他自己决定吧。

崔医生提醒：

水是生命之源，但也真的不是多多益善，约水多可能会使营养素（如无机盐等）流失等。满足孩子对体液需求最好是按需饮水。当孩子要吃奶或确定正处于生长发育的时候，还应把控液体摄入量，避免水分摄入过多而影响成长。

想了解更多相关知识，请查阅第二部分的：

第三章 | 12. 宝宝每天喝多少水，要尊重他的需求
第四章 | 1. 看懂大小便颜色，捕捉喂养风向标
第四章 | 4. 统计大小便次数，记住这些方法

5. 辅食添加，每种食材都要单独加三天？

在辅食添加的原则中，有一条是，每次只加一种新食材，连续添加三天，确认宝宝适应良好后，再添加下一种。或许是汉语言文化的

博大精深所致，这个"种"字让不少家长犯了难——"一种"究竟是指一样还是一类？菠菜与油菜，是算两样，还是同类？"再添加下一种"是只单加这"下一种"还是在之前添加过的食材的基础上再加一种？

这个孩子在吃母乳，一天6~8次，配方粉一天3次，一次100ml左右。辅食一天吃2次，加了米粉、青菜、猪肉、鸡肉，偶尔喝粥，基本每次准备的量在吃完后能略微剩余一些。睡眠方面，孩子晚上8点左右睡，早上6点左右醒，睡姿多是平躺或侧睡，没有张口呼吸的情况。孩子运动能力也不错，会独立坐，喜欢在地垫上爬，而且是手膝式爬行，有时能扶着沙发站起来。

基本情况了解完，就到了查体环节。小家伙躺在检查床上，好奇地看着检查工具，伸出小手想要摸一摸，嘴里还咿咿呀呀地发出声音。查体没有任何异常，生长曲线显示，孩子的身高、体重都在第80百分位左右，增长趋势也很平稳。一切看起来都很好，家长还有什么疑虑吗？

"现在的主要问题是排便，频率上差不多一天1次，但大便总是特别干、硬，拉的时候有点儿费劲，现在他都有点儿害怕拉臭臭了。"妈妈说。

听起来孩子有点儿便秘的征兆。便秘主要和两个因素有关，一是膳食纤维摄入量不够，二是肠道菌群不健康。

"我看过您的科普视频，膳食纤维指的就是青菜嘛，吃青菜的时候不能煮得太烂，焯一下剁碎就行了。消毒剂在我家也绝对是'违禁品'，包括家里的老人，我们都觉得您说得特别有道理，要保护孩子的肠道菌群，酒精、84 消毒液、奶瓶清洗剂，不到万不得已一概不用。"妈妈说，"这两个方面因素都可以排除掉，所以现在我怀疑他是不是有先天性的肠道发育畸形？"

我向妈妈解释，如果是先天性的肠道发育畸形，不可能现在才出现大便干的症状，症状也不会仅仅是大便有点儿干，往往还伴有腹痛、腹胀、呕吐、便血等。想要找到问题的症结，还需要了解更多的养育细节。

"孩子每顿饭能吃多少青菜？"我问妈妈。

"就吃过一种青菜。"妈妈回答，"辅食添加的原则是一次只加一种新食材，连续添加三天，没有不良反应再添加下一种。青菜不容易过敏，所以我先给他吃了青菜，吃的是菠菜，确实不过敏。这不是还得继续排查其他食物吗，青菜就没再吃了。"

原来问题出在了这儿。妈妈认为，排查食物过敏，要一个一个单独地排查，前三天排查菠菜，这三天排查苹果，后三天排查红薯，排查期间就不能吃其他食物了。其实不是这样的。

首先，排查过敏指的是每次添加一种"新"食物，但并不意味着已经吃过的食物就要停下来，而是在已经吃过的食物基础上再添加新食物。举个例子，宝宝第一口辅食吃了米粉，适应良好；之后加菠菜泥，也没有不良反应；想要再加新食物猪肉泥，就可以这样搭配一餐辅食——米粉＋菠菜泥＋肉泥，因为米粉和菠菜泥已经是被宝宝接受了的食材，可以写在餐单里，不需要被排除在外。

其次，辅食添加原则里的"每次只加一种新食材"，"一种"指的是一小类食物。比如叶菜类算一种，包括菠菜、芹菜、油菜、生菜等；根茎类算一种，包括土豆、红薯、紫薯等；茄果类算一种，包括番茄、甜椒、茄子等；红肉算一种，包括猪肉、牛肉、羊肉等；蛋类算一种，比如鸡蛋、鹌鹑蛋、鸭蛋等；豆类算一种，比如豆浆、豆腐、豆干等。我们用三天时间，确认孩子能适应某种小类即可，不用一样一样地挨个试。不然试三天芹菜，再试三天油菜，几百种食材，恐怕一年也试不完。

"原来是这样，不用一样一样地单独排查呀。"妈妈恍然大悟，"我本来还苦恼着呢，这么多东西，啥时候才能试到头啊？"

这就能解释孩子的大便为什么有点儿干了，青菜虽然吃了，但摄入量明显不够，应适当增加青菜的比例。孩子吃过菠菜了，可以尝试芹菜、油麦菜、小白菜等，轮换着来，每顿辅食都有青菜，以此来缓解便秘。同时，要不断为宝宝引入新品种，尝试新食物，慢慢拓展，尽快丰富种类，最终实现饮食多样性。至于各类食物添加的顺序，并没有特定的标准，家长不必太纠结，按照家庭饮食习惯来即可。

想了解更多相关知识，请查阅第二部分的：
第三章 ｜ 4.宝宝的第一口辅食，最推荐这种食物！
第三章 ｜ 5.把握好辅食喂养的五大原则
第三章 ｜ 9.储备知识，应对恼人的食物过敏

多年的临床和科普工作中，我一直在跟家长讲，辅食的作用不仅仅是提供营养，还在于促进发育，家长一定要充分发挥辅食的这个作用，利用好了，你会发现养育其实是一件事半功倍的事情。那么"促进发育"的这个发育指的是什么呢？它包括运动发育、语言发育、认知发育等。接下来这个案例里提到的食物就是非常好的"示范"。

8个月 17 天　　　　　　　母乳 + 辅食
规律，晚上睡 12 小时，夜醒一两次，白天两小觉
解决便秘问题

这个宝宝睡眠很规律，晚上能睡 12 个小时，中间醒 1~2 次，醒后喝奶，白天睡两小觉。宝宝的运动能力也不错，能自己坐得很稳当，还会扶着东西站立。饮食方面，宝宝是母乳喂养，满 6 月龄的时候加的辅食，现在每天吃两次辅食，爱吃米粉、肉泥、菜泥，吃得也很好，家长有点儿小困扰是他老想自己吃，抢勺子。我说，这是好事，家长可以给他准备点手指食物，让宝宝自己练习抓着食物吃，这样既能锻炼精细动作，提升手眼协调能力，还能培养他自主进食的习惯。

妈妈说："哎呀，可不敢了，崔大夫，您不知道，他刚满 8 个月的时候，奶奶给吃了胡萝卜条，就像手指头那么粗，结果噎住了，全家人都吓得不得了，好不容易才给弄出来，再也不敢让孩子自己拿东西吃了。"

我向家长解释，手指食物（Finger Food）可不等于"手指状食物"。我所说的手指食物，指的是宝宝不借助任何餐具、能用手拿着吃的食物，可以大把抓，也可以用手捏。小体积食物，例如泡芙、米饼等，能入口即化或变软；大块食物也就是大小超过口唇直径的食物，如整个苹果、大馒头等，要通过啃咬才能咬下来一点儿，以匹配并锻炼宝宝的啃咬、咀嚼能力和吞咽能力。

"您说到这儿，我想起来另一个问题，崔大夫，我们这孩子只要一吃大一点儿的食物，就往外吐，不吃，一点儿也不想嚼，这是不是就是咀嚼能力差呀，这怎么办呢？这样的话，还能给他吃手指食物吗？"

这个情况就更应该给他准备真正的手指食物啦，但是不建议吃胡萝卜条，不管是蒸熟的还是生的。这样的食物对于刚添加辅食不久的宝宝来说有一个潜在的危险：进入口腔之后，宝宝的牙龈可能能把它弄断，但没办法把它充分磨碎，容易出现呛噎风险。刚开始添加手指食物时，可以选择磨牙饼干、米饼、星星泡芙等，这些食物是由面粉、米粉压制而成的，哪怕本身质地很硬，被口水浸湿后就会化成糊，不会呛噎。后面，随着宝宝咀嚼和吞咽能力的提升，就可以选择香蕉块、肉糕等食物了。

"原来里面有这么多学问哪，我早知道就好了，对了，我要给他吃多少呢？"

至于吃多少这个问题，我们要知道，手指食物其实更多承担了"功能性食物"的角色，也就是让宝宝尝试自己抓取食物并放到嘴里，而不只是为了获取更多营养、填饱肚子。所以也就没必要纠结进食量的问题，更应该关注的是，宝宝在吃手指食物过程中，相应的各种能力是否得到了锻炼。还要提醒家长，宝宝吃手指食物（其实包括吃任何食物）的时候，一定要有大人看护！一方面可以观察宝宝的啃咬、咀嚼和接受情况，另一方面是防止被卡住。

想了解更多相关知识，请查阅第二部分的：

第三章 ｜ 2.辅食的作用，不仅仅是提供营养
第三章 ｜ 5.把握好辅食喂养的五大原则

"积食"一词，在家长之间的讨论度甚高，似乎也是"万病之源"。虽然被问到"何为积食"时，未必有几位家长能够说得清，但在"防积食"的工作上，所有家长的方案都可谓是清晰又明确——少吃！如此操作下来，孩子倒是远离了"积食"的困扰，可更大的问题却接踵而来：小朋友身高与体重的增长全都停滞不前了。

宝宝的基本情况

年龄：9个月　　喂养方式：配方粉+辅食

睡眠：晚上9点睡，早上7点醒，夜醒一次，白天一小觉

诉求：解决身高、体重增长缓慢的问题

家长说这个孩子吃得香、睡得好，运动能力也非常棒。他每天晚上9点睡，喝一次夜奶，喝完继续睡，睡着的时候，也不吭吭唧唧，早上7点左右起床，中午还能睡一个午觉，大概两小时。小家伙的运动能力也很不错，家里空间很大，客厅都铺上了地垫，他就每天满地爬，用妈妈的话说"经常窜来窜去，特别灵活"，而且有时还会扶着围栏、沙发站起来，小腿儿看着可有劲了。这个孩子的性格也特别开朗，每天都出去玩，见到小朋友会咿咿呀呀打招呼，完全不认生，妥妥的"小社牛"。在很多人眼里，这简直就是"别人家孩子"的完美模板啊，那家长还有什么困扰吗？

"有有有，"妈妈非常愁地说，"这孩子最近长得特别慢，尤其最近两三个月，体重几乎没长，身高长得也很慢。您看看这生长曲线，6

月龄的时候体重保持在第 75 百分位的水平，身高在第 50 百分位，到 9 月龄时，体重已经到了大概第 65 百分位的水平，身高掉到了第 50 百分位以下了。"

妈妈还坦言："我们也看了您的书和科普视频，说孩子只要吃饭好，不用额外吃补剂，可是您看他这身高、体重，真愁人，您说会不会真的是缺钙啊？"

我跟家长分析："要说想让孩子长身高、长体重，睡眠、运动、营养一样都不能少，前两项听您描述是没什么问题的，刚才在查体过程中也没发现什么异常情况，那接下来要考虑的，就是吃的问题了。"

妈妈说："吃饭吃得可好了，每次都吃得可香了，也都能吃完。吃了多少啊？是这样的，我之前看过一本书，说他这么大的孩子，每天 600ml 奶最合适，所以现在他每次喝 150ml 奶，一天 4 次，每次都能喝光。另外，上午下午还各加一次辅食，主要就是粒粒面、稀粥之类的，每顿能吃满满一小碗，小嘴不带停的，吃得可好了。这方面我们都把握得很准，就怕积食了。我还听说缺锌不爱吃饭，我看他肯定是不缺的，不长个儿应该还是缺钙吧？要不要做个微量元素检测呀？"妈妈再一次把话题引到了缺钙这件事上。

我继续问妈妈："孩子菜和肉现在吃得怎么样呢？"

妈妈说："菜就是打碎了混在面和粥里，肉基本不怎么敢给他吃，也是怕积食呀！我们邻居家那孩子就特别容易积食，吃得稍微多点就会吐，有时候还发烧，您说这得多闹心啊，我就想着那等他长大点再吃肉吧，现在还是吃点好消化的比较保险。"

问题就出在了这里！一边怕积食不敢给孩子吃东西，一边嫌孩子长得慢，这两者本来就是矛盾的。正常的生长发育需要充足的能量供应，也就是除了维持身体正常运转消耗的能量，还要有多余的能量来支持生长。而平时比较活跃的宝宝，需要的能量更多。孩子的进食量有限，运动量又大，每天爬来爬去的，能量的摄入量长期小于消耗量，体重增长自然就会不理想。

因此，对于孩子的进食，家长不要做过多的限制，尤其是碳水化合物。合理的做法是按需喂养。奶给到孩子喝完剩一点点的程度；辅食提供丰富的饭菜，并保证主食量，主食、菜、肉比例是 2:1:1，而且主食要真稠，根据宝宝的接受情况，鼓励他多吃，摄入足够的能量。

再说到家长担心的"吃多了会发烧"的问题，可以明确地说，吃多并不会导致发烧，发烧一定是病毒、细菌、支原体等感染导致的，不可能是吃多导致的。如果孩子在吃多的同时发烧了，一定是事情正好赶到一起了，并不存在因果关系。如果真的出现了所谓"积食"的情况，比如便秘、大便有食物颗粒等，首先要考虑的重点不是减少食物的摄入量，而是关注宝宝的咀嚼能力、消化吸收能力是否跟上了，或者考虑辅食的搭配、做法、性状是否合适，然后有针对性地调整。

崔医生提醒：

因为担心"积食"而不让宝宝吃，真的有点儿杞人忧天。盲目限制饮食不但无益于避免所谓的"积食"，反而会影响宝宝生长发育，得不偿失。与其担心还没有发生的事情，不如把关注点放在当下，想办法提高宝宝的消化吸收能力。

想了解更多相关知识，请查阅第二部分的：

第三章 ｜ 7.主食吃不够，宝宝难长肉

第三章 ｜ 8.添加辅食后，奶量需递减

第三章 ｜ 13.限制饮食，并不能避免宝宝"积食"

第五章 ｜ 7.微量元素检测，没那么靠谱

8. 母乳省着吃，能吃得更长久？

母乳是宝宝最好的食物，只要条件允许，妈妈们都想让宝宝吃母乳的时间久一点儿，再久一点儿。那么，有办法延长母乳喂养时间吗？办法自然是有，且并不难做到，但绝不是依靠道听途说的"民间偏方"或"省着喂"这样的非常规操作来实现。

宝宝的基本情况

年龄	9个月	喂养方式	母乳＋配方粉＋辅食
排便	一天1次，软便	睡眠	晚上8点睡，早上6点醒
大动作	爬、扶走	就诊	常规体检

来体检的是一个9月龄的孩子，是家里的二宝，自然分娩的。孩子现在是混合喂养，每天吃2次配方粉，1次50~100ml，母乳不限量。辅食一天2次，加了米粉、青菜、猪肉、鸡肉、红薯，偶尔喝粥。排便基本一天1次，软便。睡眠比较规律，通常是晚上8点睡，早上6点醒。孩子的运动能力也不错，每天在地垫上爬来爬去，有时候还能扶着围栏走两步。

"孩子配方粉吃得不算多，是什么时候开始混合喂养的？"我问妈妈。

"一出生就混合喂养了，结合喂养老大的经验，我觉得母乳会不够，所以生下来就给他加配方粉了。"妈妈说，"生老大那会儿，刚开始是想纯母乳喂养的，但怎么追奶都不够吃，孩子每天饿得直哭，没办法，最后还是混合喂养了。结果到后边母乳越来越少，6个月的时候就断奶了。"

"到了二宝，我们心想，可别等孩子饿了再加奶粉了，干脆直接混着吃吧，先吃饱要紧！"姥姥在一旁补充道，"这不得亏一开始就混合喂养吗，母乳就能省下来点，要不哪能坚持这么长时间？"

我向家长解释，乳房不是仓库，仓库是用来储存的，仓库里的物品省着用就能用更长时间。可乳房更像是一座工厂，工厂是用来生产制造的。宝宝的吮吸就是发令枪，发令枪一响，大脑就会指挥乳房开始工作，源源不断地生产乳汁。所以，母乳不是攒出来的，而是吃出来的，想要乳汁更多，就不能让它有攒的机会，及时排空，才会越吃越多。如果一直攒着，没有吮吸的刺激，反而会抑制乳汁的产生。

"可是为啥老大那会儿怎么追奶都追不上呢，而且和老大那时比，老二亲喂的时间确实是更长了呀！"妈妈提出了这样的疑问。

临床上确实有这样的情况，由于各种原因，妈妈再怎么努力追奶，奶量还是不能满足宝宝的需求，需要添加配方粉来补足。但事物是在不断发展和变化的，每一次生产后的情况也并非完全一致，包括妈妈产后的状态，孩子的健康状况、对母乳的接受度、吮吸母乳的时间，等等。一胎母乳不足，不代表二胎仍然母乳不足，妈妈们要具体问题具体分析，根据实际情况来判断。

混合喂养后，可能会出现两种结果。一是过度依赖配方粉，导致宝宝出现乳头混淆，拒绝吮吸乳头，这样的话乳汁就会分泌得越来越少，从母乳不足逐渐变成完全没有母乳。

"是的，您说得太对了，老大就是自从加了配方粉后就不怎么吃母乳了，可能是觉得用奶瓶吃配方粉更容易吃饱。"妈妈说道，"老二虽然是混合喂养，但一般是先吃母乳，不够再加奶粉，所以对母乳一直挺感兴趣的。他喜欢吃，我也乐意喂，感觉是种双向奔赴，我的心态也好了很多。"

"没错，这就是混合喂养的另一种结果，就是妈妈放平心态，坚持让宝宝吮吸乳头，刺激泌乳，最终又恢复了母乳喂养。"我说，"现在宝宝9个月了，辅食一天能吃2次，吃得也不错，完全可以把配方粉停掉，只吃母乳。"

"还真是一个孩子一个样。学到了，谢谢您，回去我就试试。"妈妈说。

3个月后，孩子又来体检，妈妈说："宝宝现在不吃配方粉，已经完全改吃母乳了，我计划喂到自然离乳。"

每个孩子都是独一无二的，妈妈每次生产后的情况也不尽相同，一胎母乳不够，二胎不一定不够，得具体情况具体分析，不能完全照搬照套以往的喂养经验。在养育过程中慢慢地摸索，及时地调整，找到适合妈妈和孩子的喂养方式，才是正解。

每次让孩子少吃些，便可以多吃几次——母乳量是根据孩子的需求量智能变化的。妈妈的身体会根据宝宝的吮吸刺激来调整自身的产奶量。

☆ 想了解更多相关知识，请查阅第二部分的：

第一章 | 1.母乳，新生宝宝最理想的食物

第一章 | 7.母乳喂养期间，妈妈的饮食有讲究

第一章 | 8.母乳不够吃，试试这些追奶方法

第一章 | 16.母乳虽好，却也终须一别

9.宝宝生病后，不好好吃饭的多种原因

孩子生病，仿佛给原本规律的生活画上了休止符，待到家长经过精心护理，帮孩子恢复健康后，却发现从前的生活节奏好似已经消失不见了！孩子不仅作息混乱，变得黏人、脾气大，而且饮食规律也发生了改变，这可如何是好？

宝宝的基本情况

年龄：11 个月 13 天　　喂养方式：母乳 + 配方粉 + 辅食

诉求：解决生病恢复后依赖母乳、夜醒频繁、吃辅食不规律的问题

这个宝宝是顺产的，出生后混合喂养，6 月龄加辅食，辅食吃得很好，睡眠、排便都比较规律，运动能力也不错，生长发育正常，身高、体重均在第 60 百分位。这种良好状态的转折点发生在感染新冠肺

炎后，宝宝咳嗽、发烧，身体不舒服，饮食变得很不规律。

"奶粉吃得少了，开始依赖母乳，而且是非常依赖，1~2个小时就要吃一次，我都不敢出门，要随时准备给他喂奶。"妈妈很着急，"晚上就更难熬了，从七八点钟睡到十一点，这期间就要吃两三次奶，后半夜几乎就是含着乳头睡，我感觉一整天都跟他黏在一起，完全没有自己的时间。"

"辅食吃着也费劲，以前是一天三顿，现在勉勉强强才吃两顿，还不一定什么时候吃、吃多长时间。我怕他吃不饱，就追在他后边，一会儿喂一口，这一天净在吃上较劲了，什么正经事也干不了。"姥姥在一旁说，"这新冠肺炎也太厉害了，怎么感染之后变了这么多？现在病都好了一个月了，还这样！"

我问妈妈，生病期间，对宝宝的照顾是不是比之前更细致、更包容了？

"对的，生病了嘛，又咳嗽又发烧的，想吃啥就给他吃啥，想什么时候吃就什么时候吃，都依着他。"妈妈回答，"这不是病好了吗，哪还能再这么随性。"

我向家长解释，宝宝在感染新冠肺炎后出现饮食不规律，短期内可能和身体没有康复有关，但持续时间较长的话，多数情况下就和疾病本身没有太大关系了。不是新冠肺炎太厉害，而是孩子在生病期间养成了依赖的习惯，就像老话说的，"小孩一生病就长毛病"。其实，即使孩子感染的不是新冠肺炎，换成其他疾病，可能也会出现类似的情况。因为孩子一生病，身体一不舒服，家长出于心疼或临时应对的考虑，很容易"升级服务"，降低对孩子的要求，甚至有求必应。

"您说得太对了，母乳之前是一天吃 3 次，早、中、晚各一次，生病之后就完全打破了，哭了吃，闹了吃，不舒服了还吃。"姥姥说，"都快挂在他妈妈身上了。"

"像这种吃奶，绝大多数都是安抚性的，并不是孩子真的饿了。"我说，"生病期间享受到了星级服务，孩子当然觉得这样更合心意，想要继续下去，这种想法是很正常的。但站在家长的角度考虑，就很苦恼了。"

"您分析得太对了，这种情况怎么办呢？再这么下去，孩子都要瘦一圈了！"姥姥急切地问。

解决这个问题，需要孩子和家长共同努力。

一是有技巧地纠正孩子的行为。以改变母乳喂养规律为例，硬生生地不给吃效果肯定不好，孩子哭闹不说，心理还会受影响。可以尝试通过更多的玩耍，特别是户外活动，让孩子没有心思去想"吃母乳"这件事，因为户外环境多变，比较容易让孩子兴奋起来，把注意力转到新鲜的人和事物上。而且，户外活动的体力消耗也比较大，对于小月龄宝宝来说，仅仅是坐着手推车用眼睛看风景，也是有不少能量支出的。这会让宝宝有更明显的饥饿感，从而减少安抚性吃奶。此外，户外活动时间尽量固定下来，比如早饭后、午睡后，"定时外出、定时回家"的安排有利于宝宝恢复正常的进食规律，建立起稳定的生活节奏。饮食规律了，体能消耗多了，睡眠质量也能慢慢改善。

"出去玩，恐怕不行吧？他在家老要吃奶，出去又不方便喂奶，万一哭闹起来多麻烦啊！"妈妈打起了退堂鼓。"还有，遇上刮风下雨还怎么出去，也不现实呀！"姥姥附和道。

这就要说到第二个方面了，家长放松心态，建立信心。养育过程中，难免会遇到各种各样的问题、困扰和不确定性，对家长来说，不提前焦虑、放松心态、见招拆招可能是更从容、更恰当的应对方式。就像案例中家长提到的，如果天气不好，户外环境不允许，那就去室内的商场或游乐场，行动起来是改变的第一步。处理问题时，先不要预想太多障碍，放开顾虑去尝试一次，说不定就会有意料之外的"柳暗花明"。这期间，即使宝宝取得的进步比较小或者行为有反复，家长也不要焦虑，保持耐心，再给他一些时间去重新建立和适应健康的生活习惯。

一周后，电话随访，妈妈说："崔大夫，我们尝试了您说的方法，真的挺管用，出门后孩子也不怎么找奶吃了，很好奇外边的事情，特别开心，回到家就饿，吃饱就睡，比之前好多了。"

10. 做饭两小时，娃只吃两口

从宝宝出生起，吃饭可谓是家长最关心的问题之一——家长看到宝宝"大快朵颐"就心花怒放，一旦看到他们"浅尝辄止"就忧心忡忡。家长精心准备的饭菜，宝宝居然不理不睬，浪费了心意不说，孩子的生长发育又该如何保证呢？

宝宝的基本情况

年龄：1岁　　喂养方式：母乳＋辅食

睡眠：晚上 10 点左右睡，早上 7 点左右醒，白天一小觉

诉求：解决宝宝不好好吃辅食的问题

这个宝宝的睡眠很规律，每天晚上 10 点左右睡，早上大概 7 点起床，午觉通常安排在下午 1 点左右，能睡一个半小时。小家伙可以扶着墙走路，一边走一边乐呵呵地跟人打招呼，有时候不借助辅助也能自己站一会儿，运动和社交能力都不错。饮食方面，宝宝还在吃母乳，每天 3~4 次，辅食是一天三顿，但吃得"很不好"。"崔大夫您不知道，他的辅食我们是单独做的，每次都很精心地准备，满心欢喜地期待他大口大口吃下去。但他吃的时候，也就是刚开始五六分钟比较专心，最多 10 分钟，之后就闹着要从餐椅上下来。"妈妈说，"我想让他多吃一会儿，不让他下来，他就开始闹，再不行就哭。真的是做饭两小时，娃只吃两口，我的心态要崩了。"

"单独给孩子准备辅食，吃饭的时候呢，也是孩子自己吃吗？ 10分钟也不算短，都给孩子吃什么呀？ "我问妈妈。

妈妈说："孩子的饭跟我们的完全不一样，时间点也凑不到一起，他一个人吃，多数是我在旁边陪着他。一般一上来先给他喝一小杯水，润润嗓子，或者喝点稀的，比如米汤、菜汤。有时候孩子不愿意喝，就吃点肉泥、菜泥、馒头什么的，但吃得也很少，感觉还没开始吃，他就摇摇头说不要了。"

我问："孩子不喜欢吃馒头吗？"

"是的，不喜欢吃馒头。"妈妈回答。

"那有喜欢吃的菜吗？"我接着问。

"南瓜、土豆、胡萝卜，类似这种有点儿甜味的菜他比较爱吃，很喜欢吃水果，但我们担心水果吃太多对身体不好，所以会限制摄入量。"妈妈说。

因为总体的进食量有限，宝宝长得偏瘦，身高、体重都不到生长曲线的第 30 百分位，妈妈很担心。

如何解决这个问题？首要的是让孩子摄入足够的能量，把营养密度高的食物先吃到肚子里，吃饱才能长身体。建议调整进食顺序，把馒头放在第一位，再吃菜、肉等食物。因为孩子的胃容量有限，上来就一碗汤水下肚，胃的空间几乎被水分占据，很快便会产生饱腹感，影响固体食物的摄入。像米汤、蔬菜汤、骨头汤等，都很占肚子，营养密度也很低，不建议靠喝这些汤汤水水来给孩子补充营养。

孩子不爱吃白馒头，怎么办？其实，现实生活中很多孩子都有自己的饮食偏好，有的偏爱吃面食，有的只喜欢吃肉，还有的是水果狂热爱好者，这的确值得家长烦恼，但也确实要照顾到宝宝的喜好，允许他吃自己喜欢的食物。针对这一点，家长可以尝试用宝宝喜欢的食物做"引子"，制作出"新花样"。比如案例中的孩子爱吃根茎类蔬菜、水果，家长可以把胡萝卜、南瓜或水果打成泥，和在面里，蒸成大馒头或花卷，或者蒸米饭时加点红薯、南瓜做成杂粮饭，又或者在制作面包时加上苹果丁、杧果丁、胡萝卜等，把孩子不爱吃的东西混进爱吃的东西里，暗度陈仓。这样每天主食的颜色、味道都有变化，能从感官上吸引孩子的注意力，提高就餐兴趣，主食的摄入量也会相对有所保证。

另外，建议养成孩子定时定点就餐的习惯，并逐渐和家庭成员的饭点同步。孩子和大人一起吃饭，不搞特殊待遇，能营造吃饭的仪式感，增强孩子的参与感。就餐过程中，大人发挥榜样作用，比如孩子吃馒头大人也吃，共同分享，这种示范也能很大程度上激发孩子的进食兴趣，提高食欲。

当孩子吃够了真正有营养的食物，包括主食、肉、蛋、菜等，身高、体重也会慢慢追赶上来。

一个月之后，我们电话随访孩子的情况，妈妈说："按照您给的建议调整了，最近我们蒸了水果馒头、蔬菜馒头，有时候还蒸花卷，大人和孩子一起吃，孩子看着很高兴，也特别喜欢吃。现在孩子每天都能保证一定的主食摄入量，吃完主食再吃菜、肉，最后喝点粥，感觉现在孩子10分钟吃的量比以前明显提高了不少，肉眼可见地长肉啦。"

 崔医生提醒：

孩子处于生长发育快速发展的时期，一定要吃够主食，不爱吃的话，家长就得多动动脑筋想办法。例如调整进餐顺序，先吃高能量的食物，吃饭时全家一起吃营造进餐氛围，等等。方法不是唯一的，从孩子出现的问题里找答案，就能快速解决问题。

想了解更多相关知识，请查阅第二部分的：

第三章 | 7. 主食吃不够，宝宝难长肉
第七章 | 3. 宝宝总得追着喂，这样可不行
第七章 | 5. 宝宝恐惧新食物，心理、生理均需关注
第七章 | 7. 应对孩子挑食偏食，先解决家长心态问题

11. 什么饭都不爱吃，究竟哪里出了错？

遇到孩子挑食、偏食问题，家长的第一反应常是"要不要补充什么营养素"，却不承想，孩子的饮食习惯与生活的方方面面均有关联。有时，一个不经意的养育行为，便有可能改变孩子对食物的偏好。

宝宝的基本情况

年龄 1岁1个月　　喂养方式 母乳＋配方粉＋辅食

诉求 解决宝宝不吃饭，只喝奶，吃水果、零食的问题

一进诊室，妈妈就赶紧把问题抛了出来："崔大夫，这孩子简直愁死我了，都1岁多了，天天就靠喝奶，吃点水果、零食活着，真正的饭几乎不吃。您看他这体形多瘦，就这么吃饭，可怎么长分量啊。您看看，这是我记录的生长曲线。"

我接过家长递过来的纸，上面是孩子出生以来的生长曲线。必须得说，这家长真的挺用心的，一直定期给孩子测量身高、体重，也确实，体重自从6月龄以来，增长得就不理想，到1岁的时候，已经从第75百分位掉到了第40百分位。"这孩子是从什么时候开始不爱吃辅

食的？"我问。

"我们是在他满 6 月龄那天开始给他吃米粉的，冲成很稀的那种，那会儿他就不爱吃，用舌头舔了一下，就往外吐。之后，我们尝试加过菜泥、肉泥什么的，他都不吃，最开始还会舔一下，到后面看见勺子递过来，就开始往外推。"

了解了家长的主要问题，我开始给孩子查体，在查体时，发现一个问题：这个孩子的鼻腔特别苍白，而且鼻腔黏膜还是水肿状态，我就问家长："孩子鼻子怎么了，是有什么不舒服吗？"

"他爱揉鼻子，还爱抠，好像是有点儿不太舒服，一不舒服我就给他喷海盐水。他这鼻子呀，从小就爱有小鼻屎，我就时不时地用生理海盐水给他喷一喷，洗一洗，把小鼻子给弄干净，让他舒服点。"

我问："他喜欢你给他这么弄吗？"

"喜欢啊，可喜欢了，有时候看见那个瓶子，还会主动让我给喷呢。说起来特别逗，我给喷的时候，会让孩子侧躺着点，然后海盐水会流出来一些，这小家伙，还拿小舌头够着舔呢，感觉特别享受。"

说到这里，问题的答案初见端倪了。我没继续这个话题，接着问辅食情况："你说他不爱吃辅食，是什么都不吃吗？主食、菜、肉，哪种相对会更感兴趣一点儿？"

"米饭、馒头不爱吃，包子、饺子稍微能吃那么一两口，菜、肉基本不怎么爱吃，对了，西红柿、南瓜还能吃几口。另外，水果呢，像是哈密瓜、菠萝这些还行。"

我接过家长的话，继续追问道："你从他喜欢的这些食物中，发现什么规律了吗？"

家长一边思索，一边说："规律？我想想啊，他能吃一些的好像都是比较有味道的。但不是一岁之前不让给孩子吃盐、糖之类的吗，我就很注意这方面。我看网上说，吃多了盐，对肾啊什么的都不太好，所以他吃食物原味的甜可以，但是做饭我是不给加调味料的。"

"没错，我们确实不推荐给 1 岁以内孩子的食物额外添加盐、糖等调味品。但是，您尝过生理海盐水是什么味道吗？"

"生理海盐水，不是没味的吗……啊，海盐水，盐，是咸的呀……"

家长很早就知道，孩子 1 岁以内不给额外添加调味品，也在饮食上非常注意，但是千算万算，独独漏掉了生理海盐水。家长在给孩子使用的过程中，不可避免地会流出来，正如这个家长所说，孩子还喜欢用舌头舔，甚至自己主动要求喷，这整个表现都是孩子喜欢、追求"咸"的过程。他早就已经接触到了盐，早就接受并喜欢上了这个味道，自然不会接受其他没什么滋味的食物了。说到这儿，家长恍然大悟，万万没想到，千防万防，在自己的眼皮底下，经自己之手，硬生生地造成了这个局面，妈妈特别自责，特别后悔。其实家长也不要过于自责，每个人都不是完美的，我们需要做的就是在养育过程中，多学习，多用心观察和体会。

另外还要提醒的是，生理海盐水不能作为日常鼻腔护理使用，只能在分泌物过多、感冒鼻塞时适当使用。鼻子里有一点儿分泌物是正常的，可以帮助孩子抵御外面的病菌，清理得太过干净，对鼻腔反而是一种伤害。建议回去之后每天涂抹橄榄油，把鼻腔黏膜尽快修复起来，不要再过度刺激了。食物方面呢，他已经习惯并爱上了咸味，完全不给吃也不现实，就会像现在这样影响食欲，进而影响生长发育，所以家长可以在辅食里适当放一些盐，或者用本身有味道的食材来调味，慢慢把孩子的口味重新调整到一个清淡的状态。

我们一直说，养育是一个系统工程，喂养不仅仅是"吃"本身，还需要与发育、护理等联系在一起，这也正是我们强调"吃的艺术"的目的。因此，如果宝宝在"吃"上出了问题，家长在排查原因时，可以将孩子对于口味、食材的偏好结合养育行为综合考虑。

想了解更多相关知识，请查阅第二部分的：

第三章 ｜ 10.给宝宝吃油盐酱醋，参考这些时间限制
第七章 ｜ 9.清淡饮食，不应只是孩子的专属

12. 没经历过便秘，何以谈人生？

盘点宝宝的"肚肚问题"，便秘绝对榜上有名。有家长曾在诊室里苦笑着说，养娃路上没有点儿"便秘"的经历，不足以谈人生。的确，小宝宝生理功能正在发育中，饮食上太过精细，再加上养育环境的保护过度，多重因素的作用下，确实容易出现便秘问题。而遇到这令人郁闷的问题时，又该如何应对呢？

> **宝宝的基本情况**
>
> 年龄：1岁1个月　　喂养方式：配方粉＋辅食
> 睡眠：晚上9~10点睡，早上7~8点醒，白天一小觉
> 诉求：解决便秘问题

宝宝长得虎头虎脑的，虽然刚1岁多，但自己走得已经很稳当了，

好奇地看看这里，摸摸那里，嘴里还咿咿呀呀地边指边说，一看性格就很开朗。说起饮食和睡眠，妈妈脸上有掩饰不住的开心："吃饭吃得挺好，奶一天喝3次，1次150ml，辅食一天吃3次，菜、肉、蛋都有，不挑食，妥妥的小吃货。睡觉也基本没让我操过心，月子里宝宝就能睡整觉，现在一般晚上九十点钟睡，早上七八点钟醒，白天的话中午睡一觉，挺规律的。"

我看了宝宝的生长曲线，身高、体重都在第85百分位，增幅一直很平稳，确实生长得也很不错。按照惯例，下面就该了解宝宝的排便情况了。

谁知道，一听到"排便"这两个字，妈妈就立刻收起笑脸叹了口气："主要愁的就是这个事，宝宝拉的大便很干，就像羊粪蛋一样，一颗一颗的，又圆又硬。拉的时候也是费了九牛二虎之力，小脸涨得通红，小拳头握得紧紧的，现在一说拉屁屁就要哭。"

"大便干结、排便困难，宝宝这是便秘了。有没有采取什么措施缓解呢？"我问。

"老人说这是上火了，让多喝水，每天拿着小水壶跟在孩子屁股后面，隔一会儿就喂一口。便秘没见好，尿不湿的用量却是眼见着翻倍了。"妈妈又叹起了气，"对了，还吃了益生菌，快两个月了，但感觉没啥效果，大便还是干。"

我跟妈妈解释，便秘其实和饮水量关系不大，粪便中的水主要是肠道益生菌败解食物中的膳食纤维后产生的，多喝水只会让尿量增多，并不会让大便变软。想要解决便秘，首先排除病理性因素，比如宝宝是否有肠道发育异常的问题，例如乙状结肠冗长等。妈妈说没有这个情况，那么就要考虑两个因素了——日常生活中膳食纤维摄入量是否足够，肠道菌群是否健康。我接着问妈妈："平时孩子菜吃得多吗？"

"菜？吃啊！菠菜、胡萝卜、西葫芦、黄瓜，都吃。"妈妈说。

"怎么制作的呢？"我接着问。妈妈说："打成泥，或者炖煮得烂一些。说到这儿，我突然想起来了，宝宝大便变干基本上就是从加辅食开始的，跟这个有关系吗？"

导致宝宝便秘的第一个问题找到了——食物膳食纤维摄入不足。添加辅食后，宝宝可以从食物中获取膳食纤维，比如蔬菜、水果、全谷物、豆类等。加工蔬菜时注意不要过细，以免破坏其中的膳食纤维。如果宝宝咀嚼能力不好，可以焯一下剁碎了，不要蒸煮得过烂，要保证吃进去的膳食纤维有效。水果不要榨成汁，因为在榨汁过程中水果中大部分膳食纤维都被过滤掉了，一杯果汁下肚，宝宝收获更多

的是糖分。

"原来是这样。"妈妈若有所思，"可是现在这种情况，一下子让他吃很多菜，也不太现实。"

"嗯，这个顾虑不无道理，一会儿我们会有相应的解决方案。现在先来说第二个因素。"我说，"刚才您说孩子吃了两个月益生菌，但是没什么效果。家里有使用消毒剂吗？"

妈妈说："消毒剂一直在用啊，我们每天都把毛巾用消毒剂水浸过以后擦地，要不然擦不干净啊！孩子的玩具也是，都得定期消毒。还有快递，一定要喷过酒精才能拿回家。"

至此，导致宝宝便秘的第二个问题也找到了——正常肠道菌群被破坏了。用消毒剂擦过玩具或地板后，水分是蒸发了，但还有很大一部分消毒成分残留在物品表面。孩子正处于探索世界的阶段，这里爬一爬，那里摸一摸，残留的消毒成分就被吃进了肚子里。消毒剂不仅能杀死致病菌，进入体内同样会杀死肠道内的益生菌，从而打破肠道菌群平衡，使肠道正常功能遭到破坏，这样就会出现便秘、过敏等症状。案例中妈妈的做法等于"一边花钱买益生菌，一边花钱消灭益生菌"。

便秘的原因找到了，接下来就是如何解决的问题了。在现有情况下，想要短时间内调整饮食结构不太可能，建议服用乳果糖口服液和益生菌制剂，双管齐下。但前提是家中停用所有消毒产品。

乳果糖是一种人工合成的双糖，只有到结肠才能被细菌败解，产生水和短链脂肪酸等，不会在胃、小肠被分解吸收，从而进入人体被利用，也就是不会穿透肠道进入血液，很安全。乳果糖没有绝对固定的服用剂量，1岁左右的孩子，常规推荐一天2次，1次5ml，但需要根据宝宝的排便情况调整剂量。如果使用乳果糖后宝宝大便性状依旧很干，那么可以调整至 6ml/ 次或 7ml/ 次；如果大便性状偏稀，使用量则可调整至 4ml/ 次或 3ml/ 次。家长可以在医生的帮助下，寻找到一个能够使大便维持在稠糊状或软便状态的剂量，并保持这个剂量一段时间。同时鼓励宝宝多吃青菜、水果、全谷物，增加食物中的纤维素。另外，日常生活中一定要纠正滥用消毒剂的习惯，保护宝宝的肠道菌群。

当便秘情况得到缓解后，先不要着急停用乳果糖，逐渐减量，比如从一开始 5ml/ 次，一天 2 次；到 4ml/ 次，一天 2 次；维持一段时间后，再减量至 3ml/ 次，一天 2 次；最后到 1ml/ 次，一天 2 次。这时候大便性状还能维持在软便状态，宝宝也不排斥排便了，就可以慢慢停用了。

 崔医生提醒：

排除病理原因（乙状结肠冗长等），便秘的原因无外乎肠道菌群不完善、膳食纤维摄入不足。保护肠道菌群，就必须遵医嘱合理使用乳果糖，避免滥用消毒剂；在喂养上，注意给孩子准备富含膳食纤维的食物，且不要做得太烂，锻炼咀嚼的同时，还能预防、缓解便秘。

 想了解更多相关知识，请查阅第二部分的：

第三章 | 5. 把握好辅食喂养的五大原则
第四章 | 3. 辨识大便的稀稠，识别健康问题
第六章 | 9. 孩子便秘太痛苦，适量摄入膳食纤维

　　精心准备的辅食，宝宝嚼上几口就一脸嫌弃地吐掉，不免让家长觉得一头雾水——是自己厨艺太差宝宝不买账，还是这娃太挑食在浪费食物？又或者是……过敏了？可是，宝宝过敏时会有"吐食物"这种奇怪的症状吗？

1 岁 3 个月	母乳 + 配方粉 + 辅食
规律，大便性状正常	怀疑宝宝过敏，希望进行排查

　　这个孩子是顺产的，出生后纯母乳喂养，6 个月左右加了配方粉，目前是混合喂养，母乳每天 1~2 次，配方粉一天 3 次，1 次 150ml。孩子睡眠、排便都挺规律，运动能力也不错，能独立行走，遇到台阶还可以手脚并用地爬两步。辅食方面，一天吃三顿，种类很丰富。

　　"孩子对各种食物的接受度怎么样？啃咬咀嚼能力如何？"了解完孩子的基本情况，我问妈妈。

　　"咀嚼能力偏弱一点儿，现在能吃小块的食物，稍微大一点儿的可能就咽不下去了。"妈妈说，"现在米饭、馒头、面条、蔬菜、红肉、鱼肉、蛋类都试过了，吃的量也够。但我觉得他可能有过敏的情况，又不太确定是不是过敏。"

　　"孩子有异常表现吗？吃什么食物的时候会有这种表现呢？"

　　"就是吐。他不喜欢吃鸡蛋，一吃就吐，除了吐，倒是没有其他情况。"奶奶说，"你说不吃鸡蛋怎么行呢？我们都挺着急的。"

"6个月加蛋黄的时候，给他喂了一口，接着就吐出来了，吃其他食物没有这个情况。"妈妈补充道，"再就是过1岁生日的时候，吃了一口蛋糕，也是立马就吐出来了。"

"有时候吃早餐也吐。"奶奶说，"您这么一说，好像吐的时候都是早餐中有蛋饼。"

这么看来，孩子吃了蛋黄、蛋糕、蛋饼之后，第一反应是吐出来，而这些食物有一个共同的原料——鸡蛋。可以判定，孩子是对鸡蛋过敏，应彻底避食蛋及蛋制品至少6个月。

"他没起疹子，也没有便秘、便血的症状，怎么就能断定对鸡蛋过敏呢？"妈妈提出了疑问。

过敏主要影响人体三大器官——皮肤、消化道、呼吸道。根据过敏原不同，反应较强烈的器官也有所差异。食物过敏影响的第一个器官就是消化道，而消化道最早起反应的部位是口腔。

案例中孩子的情况其实是口腔过敏综合征，这是一种由食物诱导的口腔黏膜过敏性疾病，大多会在食用某种食物后几秒钟到几十分钟内，发生口唇、口腔黏膜、舌甚至咽喉部位的黏膜水肿、充血，并伴有痒、烧灼或刺痛等感觉。对于语言表达能力还比较弱的孩子来说，吃东西后感觉不舒服，最直接的摆脱不适的办法就是吐出来。食物吐出来之后，体内存留极少，不适感立刻减轻，通常也不会导致更严重的后果。所以家长很少会想到是过敏。实际上，这时候如果拿手电筒观察孩子的口腔，和食物接触的部位很可能已经红肿了。

"原来是这样，那还需要做个过敏原检测确认一下吗？"妈妈问。

我向家长解释，诊断食物过敏的金标准是"回避＋激发"试验，孩子一吃含有鸡蛋的食物就吐出来，不吃就没事，实际上家长在家已经进行了多次"回避＋激发"试验，完全可以诊断为对鸡蛋过敏，应彻底避食蛋及蛋制品至少6个月。但现在市面上的儿童食品，不含鸡蛋的很少，所以购买时一定要看清配料表。

有时候，孩子抗拒某种食物，真不能全怪他，有可能是过敏。通常，大家比较熟悉的过敏反应有湿疹、急性荨麻疹、皮肤瘙痒、腹泻、腹胀、便秘、喘息、呼吸困难等。当孩子的反应是吐出来，和平时印象中的过敏反应有所不同时，很多家长就可能以为是孩子挑食、不好好吃饭、学坏了等，而忽视了过敏的因素。

所以，对待过敏，我们既不要扩大化——没有出现疑似过敏的症状，甚至没有吃过某种食物，就凭空猜测，臆断宝宝是过敏了；也不能忽略，认为没有出现荨麻疹、湿疹等常见的过敏反应，就不是过敏。

想了解更多相关知识，请查阅第二部分的：
第三章 ｜ 9.储备知识，应对恼人的食物过敏

14. 担心孩子过敏啥也不敢吃，结果……

孩子的免疫系统尚未发育成熟，和成人相比更容易对食物过敏，这可苦了家长们：每添加一种新食物都小心翼翼，一旦出现某种症状就怀疑是不是过敏了，对于如何判断应对也是一头雾水……有些家长灵机一动，带孩子去医院做过敏原检测，看看他究竟对什么过敏，认为这样不就能彻底放心了吗？很遗憾，现实情况并非如此简单。

宝宝的基本情况

年龄：1 岁半　　喂养方式：母乳 + 配方粉 + 辅食

排便：基本正常，偶尔便秘　　诉求：怀疑过敏，希望进行排查

"崔大夫，可算挂着您的号了！"一见面，妈妈就急切地打招呼。

"别着急，坐下慢慢说。"

"主要担心孩子的过敏问题，"妈妈说，"他现在是 1 岁半，从出生开始，在'吃'上面可谓一波三折，都快把我搞魔怔了。"

"孩子是顺产的，出生后纯母乳喂养，但我产假后要上班没办法亲喂，就想着先让他适应一下配方粉，2 个月的时候开始混合喂养，但他很不喜欢吃配方粉，只想吃母乳，我觉得他可能是对配方粉过敏。"

"吃的是普通配方粉吗？除了不喜欢吃，孩子有其他不适反应吗，比如呕吐、腹泻、腹胀、起疹子？"

"是普通配方粉。倒没有您说的这些症状，但他不接受配方粉，应该就是感觉不舒服吧？我看过您的书，深度水解配方粉可以治疗牛奶蛋白过敏，所以我就把普通配方粉换成了深度水解配方粉。"妈妈

回答。

我向妈妈解释，孩子抗拒吃配方粉，可能是因为习惯了母乳，可能是牛奶蛋白过敏，也可能是对配方粉不耐受。

判断孩子是不是对牛奶蛋白过敏，不能靠凭空猜测，而是当孩子出现了疑似过敏的表现，比如腹胀、腹泻、便血、呕吐等胃肠不适，湿疹、荨麻疹等皮肤症状，呼吸急促、哮喘等呼吸道症状后，在医生指导下，将配方粉换成不含牛奶蛋白成分的氨基酸配方粉，看过敏症状是否消失，如果真的消失了，再试图尝试原来的配方粉，如果疑似过敏的症状又出现了，就说明孩子确实是对牛奶蛋白过敏。这就是通过"回避＋激发"试验来确认过敏原的方法，也是目前判断食物过敏的金标准。

"这样啊，"妈妈若有所思，"我们当时吃了深度水解配方粉三个月，然后转成适度水解配方粉，又吃了三个月，现在吃的是普通配方粉。"

"孩子辅食吃得怎么样？"

"6月龄的时候加的辅食，但还是因为担心过敏，觉得他是过敏体质，所以给他吃得比较保守，米粉、蔬菜，偶尔吃点肉，而鸡蛋、海鲜、坚果那8类易致敏食物都没敢给他吃。1岁左右，他出现了便秘，医生说可能还是对牛奶蛋白过敏，我们就格外注意，一是把普通配方粉换回了深度水解配方粉；二是改吃一些无蛋白辅食，像是无蛋白大米、无蛋白面粉，这些东西味道不好，孩子也不爱吃，基本就是靠深度水解配方粉撑着。"

我看了孩子的生长曲线，明显比同龄人显得瘦小一些，身高在第15百分位，体重还不到第10百分位。

"我想给他查一下过敏原，看看到底什么能吃什么不能吃，心里有个数，也能轻松规避。"妈妈说。

说到这里，相信大家和我一样，能够感受到妈妈对于食物过敏强烈的担忧：孩子抗拒配方粉、出现便秘，未经过科学诊断妈妈就认为是牛奶蛋白过敏；为了预防过敏，放弃让孩子尝试新食物；想要查过敏原，来指导孩子的饮食。

先来看过敏原检测。食物过敏是免疫系统将食物中的某种成分识别成对身体有害的物质，释放出免疫介质而引发的一系列过度反应。过敏原检测就是基于免疫系统的这些反应来判定被检测者对哪些食物过敏的。所以查过敏原的前提是人体摄入了这种食物，免疫系统对其进行了标记，这样检测出来的结果才可能有指导意义。未摄入的话，检测是没有预见作用的。

而且，过敏原检测有很大的局限性。其一，过敏原检测能查的过敏原种类是有限的，也就是说很多食物靠过敏原检测是查不出来的。其二，过敏原检测的结果并不完全准确，有可能查出来牛奶蛋白是阴性，但孩子喝了牛奶还是会有过敏反应。这是因为，目前医院能做的过敏原检测只针对急性过敏，也就是免疫球蛋白 E（IgE）介导的过敏反应，而有些过敏是非 IgE 介导的，这就是为什么过敏原检测结果显示为阴性，可孩子吃了还是会过敏的原因。

所以，过敏原检测不是想做就能做，其结果也不能直接拿来诊断食物过敏，医生会结合孩子的临床表现、既往病史、体征等情况综合分析。

综上，案例中的孩子吃无麸质大米、无麸质面粉，偶尔吃肉，没有吃过鱼、虾、鸡蛋、坚果，本身也没有明显的过敏症状，做过敏原检测的意义不大。

其次，家长出于谨慎，选择完全放弃添加易致敏食物，认为这样就能预防过敏，但其实这样不仅不能让孩子更安全，反而会陷入更深的困境。最新的研究结果表明，除非孩子一辈子都不碰（相信这一点没有人能做到），否则在辅食添加阶段，刻意回避易致敏食物，并不能降低未来孩子对这些食物过敏的概率。尽早适时引入，反而可以在一定程度上诱导孩子对食物的口服耐受，从而减少过敏的发生。

另外，从营养摄入的角度看，彻底回避也不是个好办法。8 类易致敏食物涵盖的范围极为广泛，真的彻底回避，不仅会影响日常饮食的多样性和均衡性，也会给正常生活制造相当大的麻烦，甚至对孩子的心理造成不良影响。

说回案例中的孩子，我们的建议是：

正常添加辅食。每次只添加一种新食材，连续添加 3 天，确认孩子没有不良反应，再继续添加下一种新食物。当孩子接受的食物逐渐多了之后，搭配要尽可能丰富，最大限度地保证营养全面、充足，这才是帮助孩子免疫系统发育成熟、降低过敏概率的正确方式。

科学缓解便秘。孩子便秘比较严重，先采用"乳果糖＋益生菌"双管齐下的方式缓解，日常生活中鼓励孩子多吃青菜、谷物、水果，增加膳食纤维的摄入量，同时注意不要滥用消毒剂及相关产品，包括手口湿巾，避免破坏肠道菌群。

放松养育心态。妈妈对过敏的担心可以理解，但应对的方式需要适当调整。孩子是独立的个体，总有一天会接触到各种各样的食材，作为家长，陪伴孩子，协助孩子不断解锁新技能，让他们变得强大起来，孩子才能更好地适应未来的社会。

崔医生提醒：

相对于 30 年前，过敏的孩子确实增加了不少，严重过敏也确实会影响孩子的生长发育。但是不能因为害怕过敏，就顾此失彼，耽误了饮食的多样性，这样反而更不利于孩子的生长发育。添加辅食时，应该循序渐进引进新食材。如果遇到疑似致敏的食物，可以用"回避＋激发"试验的方式来帮助判断。如果确认孩子对这种食物过敏，则要严格忌食 3～6 个月后再尝试。用这样的方法排除掉孩子过敏的食物，留下可以接受的食物，既能保证营养需求，也能最大限度地免受过敏影响。另外，还需要提醒的是，"回避＋激发"试验中的激发环节，最好在医生指导下进行。如果是自行在家中排查，回避时呈阳性（孩子停止吃某种食物后，过敏症状就消失了），那么就可以基本锁定过敏原，开始忌食，不需要再额外进行激发试验，以免让孩子反复接受刺激，加重过敏症状。

☆ 想了解更多相关知识，请查阅第二部分的：

孩子养得好不好，最直观的表现就是"身高有多高、体重有多重"，更准确一点儿地说，还要观察生长曲线，看孩子身高、体重增长得怎么样。如果生长得不够理想，一定要及时排查原因，很可能问题就出在了日常喂养上。虽然很多家长在孩子的饮食上下了很多功夫，但是如果功夫没下对，既累了自己，也耽误了孩子。

走进诊室后，妈妈开门见山，直接说出了问题："崔大夫您看看，这孩子都快 2 岁了，还又瘦又小的，小区里和他一般大的孩子看着比他大一圈！"

我安慰妈妈别着急，先看看孩子的生长曲线。果然，孩子的生长情况不是很理想，体重在第 13 百分位的水平，身高只在第 9 百分位的水平。保证生长发育，营养是最重要的物质基础，所以我们先从孩子的饮食入手来了解情况。

妈妈说，孩子每天喝鲜牛奶或配方粉，但总量一般不超过 100ml。一日三餐是奶奶帮忙准备，搭配得很合理，主食、肉、菜都有，但孩子吃的量并不多，尤其是主食。听到这里，我觉得不太合理：通常 1~3 岁的幼儿，每日奶量要保持在 500ml 左右。孩子奶喝得很少，主食也不怎么吃，是怎么维持正常生活的呢？

妈妈说："他平时就吃这个量，可能也习惯了吧？"

我接着问："孩子睡眠情况怎么样？"

妈妈情绪有点儿激动："晚上睡不踏实，一晚上得醒好几次，我都要崩溃了。主要是吃母乳，晚上醒了就要吃着母乳接觉，虽然睡觉时间是晚上11点到早上5点，但这中间至少要喂6~7次母乳。"

噢，原来还在母乳喂养。我跟家长分析，营养跟不上，睡眠质量没有保证，时间久了，生长发育是会受到影响的。

妈妈提出了疑问："可是他每天都吃很多母乳啊，这孩子特别依赖母乳，心情不好了要吃母乳，睡觉前要吃母乳，饿了也要吃母乳，一天至少得十几次。我觉得每次母乳也能喂几十毫升，加一块儿一天不也好几百毫升吗，营养不差呀。"

原来，妈妈是这样想的。

我跟这位妈妈解释了，在这里也跟大家介绍一个概念，叫作"食物的特殊动力作用"，指的是我们的身体在对食物进行咀嚼、消化、吸收、代谢时，额外消耗能量的现象。也就是说，吃饭时不光摄入能量，也会消耗能量。当然，吃一顿饭究竟会消耗多少能量，与食物的种类、进食量和进食速度等多种因素都有关系。比如宝宝喝100ml奶，在2分钟内喝完、5分钟内喝完、10分钟内喝完，实际消耗的能量是不一样的。

回到案例中来，孩子很零散地吃母乳，虽然每次吃得并不多，但在这个过程中会相应消耗一些能量，最终身体真正摄入并保留的能量就减少很多，并不能满足生长发育所需。

另外，宝宝已经1岁10个月，日常饮食应以饭菜为主、奶为辅，奶仅仅作为一日三餐外的营养补充。一日三餐中，主食一定要吃够量。原因在于：第一，主食种类丰富，可以搭配着吃，以谷类为主，薯类、豆类巧安排，能激发孩子的进食兴趣；第二，家长可以根据孩子的啃咬、咀嚼能力来做出不同性状的主食，比如捞面、蒸米饭、馒头、花卷、包子、饺子等，孩子胃肠道的消化吸收能力也会逐渐增强；第三，主食饱腹感比较强，有助于孩子建立起良好的饮食习惯，保证良好的生活节律。

最后提醒家长，当孩子过分依赖母乳，已经影响到正常的生长发育时，建议有计划地引导孩子离乳，孩子的健康成长更重要。

崔医生提醒：

想了解更多相关知识，请查阅第二部分的：
第三章 | 7.主食吃不够，宝宝难长肉
第三章 | 14.过了这个年龄，奶将不再是主要营养来源
第八章 | 2.7月龄~2岁宝宝生长发育评估

16.这一次，居然被孩子的大便难住了

从孩子出生起，大便似乎就成了家长态度变化最大的对象，从避之不及，到拿着有大便的纸尿裤端详。一不小心，家长甚至成了大便

的"奴隶"——只把注意力放在追求完美大便上，忽略了科学的喂养方式，更忘了关心宝宝的生长。

　　这个孩子是由父母带着，爷爷奶奶跟着，专程从外地赶到北京来的，主要目的就是想解决孩子大便的问题。那么，这个孩子的大便到底有些什么问题呢？

　　进到诊室，家长开始讲起了孩子的"大便史"："我家这孩子在出生刚一个月的时候，大便里就有血丝，正好那会儿也感染了新冠病毒，我们就想着可能是胃肠道受刺激出问题了，也去咨询了我们本地的医生，医生怀疑可能是过敏了，所以我们开始给孩子吃氨基酸配方粉，一直吃到了现在。"

　　我问："氨基酸配方粉的先期作用是诊断牛奶蛋白过敏。通常使用几天的时间就能感受到问题是否得到了解决。为什么你们给孩子吃到现在 1 岁 10 个月这么久呢？"

　　"似乎解决了。吃氨基酸配方粉后，大便变成了墨绿色，也看不到是否有血丝，孩子也没什么不舒服。"

　　"那似乎是在变好了，最多坚持六个月，就可以换成深度水解配方粉了，为何没换呢？"我问。

　　家长解释："崔大夫，您不知道，都是因为他这个大便啊。虽然后来没有血丝了，但是次数有点儿少，两天 1 次，偏稀，还特别臭，颜色是绿的，我们就觉得还是保险点，一直吃着吧，都说氨基酸配方粉刺激小，我们怕万一再换了，情况更严重就糟了。

"我们本来想着吃了辅食后会好点，大便应该就能正常了，结果还是不行。人家说的那种黄金便，我们家就从来没出现过。我们就寻思可能还是哪里没给孩子做对。

"后来，我们查资料说也有可能是肠胃炎，就给孩子吃了 5 天抗生素，发现大便更稀了，次数倒是也多了，一天能到 3 次。吃完 5 天抗生素后，发现他还有点儿流鼻涕，担心是甲流，赶紧又给他吃了奥司他韦。这一病肠胃更不好了，奶也不爱吃，辅食也不爱吃了，愁死人了。其实我们也是很矛盾，一方面担心他吃得少，一方面又不敢给他吃，就怕肠胃更不舒服，现在就是给他吃点米粉，偶尔吃点菜。"

我看了下这个孩子的生长曲线，身高只有第 30 百分位的水平，体重只有第 5 百分位的水平，生长发育可以说很不理想。我接下来问家长："您静下心来想一想，您最担心的事情是什么？给您三个选项：一是吃的量，二是排便，三是生长。您来排个序吧。"

家长说："第一是排便，第二是吃，第三是生长吧。"

接下来，我详细跟家长解释，其实我们关注孩子的饮食也好，观察大便也好，目的是什么，都是为了孩子生长发育得好。如果大便好，吃得不好，生长得不好，那有什么意义呢？所以家长千万不要本末倒置。因为大便有问题，导致辅食也不怎么敢给吃，那这样的情况下，大便肯定不会是正常的，生长发育肯定也会有问题。

其实，喝氨基酸配方粉的孩子，大便本身就有点儿臭味；氨基酸配方粉的颗粒很细，喝这种配方粉的孩子大便偏稀一点儿也是正常的。这样的情况并不会对孩子有什么影响，并不是说只有金黄色大便才是好的。因为吃氨基酸配方粉出现的大便"问题"，家长过度担忧，盲目给孩子用药，饮食供应不到位，给孩子带来了完全不必要的"后续影响"，确实是很遗憾的，所以事情从这里就开始不对了。这也提醒我们，遇到疑惑的问题一定要及时就医，千万不要盲目用药，而应遵医嘱采取正确的喂养以及护理方式。

但是现在也没必要再去懊悔之前的事情，最重要的是当下和以后。建议给孩子逐渐把氨基酸配方粉换成深度水解配方粉，如果接受起来比较好的话，一个月后，再换成适度水解配方粉；同时，让孩子尽可能多吃辅食。注意这种转变不要太快，可以先从把米粉变稠开始，等孩子慢慢接受了之后，再把量逐渐增多，之后再把辅食的颗粒度变大，种类变多。让孩子逐渐适应一日三餐辅食加普通配方粉或鲜牛奶的搭配。

 崔医生提醒：

大便确实能在一定程度上反映宝宝的健康状况，但并不是唯一指标，大便的情况也可能对应多种可能。如果家长把握不准，可以找医生寻求正确的指导。正常来说，只要宝宝吃得好、睡得好、生长正常，不用太在意大便的颜色和性状。

 想了解更多相关知识，请查阅第二部分的：

第二章 ｜ 1. 配方粉添加有时机，不可过于随意
第二章 ｜ 2. 配方粉种类多，可按这些思路选择
第二章 ｜ 6. 更换配方粉段数或品牌时，记得要转奶
第三章 ｜ 5. 把握好辅食喂养的五大原则
第八章 ｜ 2. 7月龄~2岁宝宝生长发育评估

2~5 岁的宝宝，陆续开始进入幼儿园，逐渐进入学龄前阶段，经历从家庭初步走向社会的转折。在饮食上，随着母乳逐渐退出"成长的舞台"，一日三餐渐成规律，"小大人"在饮食上也有了更多的选择。相应地，家长遇到的与"吃"有关的问题也就变得更多样化——从曾经只关注"是否能吃"，到现在开始忧心于不同食物所带来的"吃的效果"。于是，就诊诉求也变得越来越个性化。

一吃水果就不舒服，问题出在哪里？

水果是很常见的食物，也是能为孩子补充维生素等各类营养素的好帮手。但是，有些孩子吃完水果，各类不适便会找上门，其中最常见的就是拉肚子。遇到这种情况，家长的第一反应往往是水果太凉了，刺激了孩子的肠胃。但事实上，真相常常并非如此，在接下来的这个诊室故事中，我们就一起破个与水果有关的"奇案"吧。

孩子刚满2岁，来常规体检。他平时的生活比较规律，每天奶量保持在500ml左右，吃三顿饭。

"饭都是奶奶做的，搭配得可好了，肉、蛋、菜、主食，每天换着花样来，孩子很喜欢吃。"妈妈说，"睡觉的话，他自己睡小床，属于早睡早起型的，每天晚上9点左右睡，早上7点左右醒，让人很省心。"

"只要天气允许，我和爷爷就带他出去玩，小区里有个儿童活动区，我们经常去那里，滑滑梯，荡秋千，和其他孩子跑跑跳跳，做做游戏，孩子可开心了。"奶奶补充道。

我看了孩子的生长曲线，身高、体重都在第50百分位，增长趋势比较平稳，查体也没有发现任何异常。

刚从检查床上下来，孩子就说肚子疼，要去厕所，奶奶急忙带着他去了。

"对了崔大夫，这个得请教您一下，他总是拉肚子，无论是吃鸡蛋，喝牛奶，吃肉，还是吃菜，感觉他什么情况下都可能拉肚子。"妈妈说，"但是吧，又不是每次吃这些食物都拉肚子，我们也不知道是怎么回事，摸不着头绪。我看过您的书，说是拉肚子的时候可以吃点乳糖酶缓解，但给他吃了之后效果也不明显。"

"孩子腹泻时有其他症状吗，比如呕吐、发烧、便血？"我问妈妈。

"没有，就是感觉肚子里总有气，放屁比较多，拉完就好了，跟没事人一样。"妈妈回答。

我跟妈妈分析，孩子腹泻时没有呕吐、发烧的症状，也没有其他不适，基本可以排除感染和过敏的可能。除去这两个原因，引起腹泻最常见的因素就是和喂养相关了，比如食物不耐受、消化不良等。

"这么说的话，我想起来了，他好像只要水果吃多了就会拉肚子，如果不吃水果，吃别的食物就不会拉肚子。"妈妈说。

这时，奶奶带着宝宝回来了，听到妈妈在说水果，连忙附和："对对，吃水果就容易拉肚子，肯定是因为水果太凉了！"

"可他吃其他从冰箱里拿出来的食物就不拉肚子呀！是不是和牛奶一起吃的原因？听说有食物相克的说法，这俩搭在一起吃是不是就容易拉肚子？"爷爷也提出了疑问。

孩子一吃水果就拉肚子，不吃水果就没事，问题的源头显然指向了水果。吃水果拉肚子的原因通常有两个：一是水果被病菌污染了，病菌吃进肚子里，会引发腹泻、发烧等症状；二是果糖不耐受，孩子的身体不能充分地消化、吸收果糖时，就会出现胀气、腹泻。

案例中，奶奶提到了"水果太凉"。有的孩子肠道比较敏感，吃了凉水果可能会觉得肚子不舒服，但吃其他冰冷的食物通常也会出现类似症状，案例中的孩子不会，所以可以排除这一原因。至于爷爷的疑问"食物相克"，则是根本不存在的，任何食物只要适量吃，一般都是没有问题的。

综上，案例中孩子拉肚子的原因应该是果糖不耐受。

果糖不耐受听起来很陌生，但生活中并不罕见。果糖是一种单糖，它的代谢不受胰岛素的影响，主要通过肝脏来完成。当果糖不能被及时、完全地消化吸收时，未吸收的果糖就会进入结肠，经过细菌发酵，释放出大量气体和酸性物质，刺激肠道蠕动，从而导致孩子腹泻且排气增多。

由于个体差异，每个人对果糖的耐受度不同，出现的症状也轻重有别，严重的果糖不耐受可能会出现腹痛、恶心、呕吐的症状，甚至引发器官损害。但不用担心，多数情况下的果糖不耐受仅表现为轻症，就像案例中的这个孩子。

治疗果糖不耐受，目前没有特效药。确诊为果糖不耐受后，家长就要适当控制孩子的水果摄入量，尤其是果糖含量较高的水果，比如西瓜、杧果、哈密瓜、葡萄等。平时吃水果时，可以少量多次地吃一些果糖含量低的水果，比如柚子、橙子、草莓等，并留心观察孩子的反应。如果孩子仅仅吃少量水果还是腹泻，最好暂停果糖摄入，一段时间后再少量尝试。另外，一些市售食品像是果汁、糖果、饼干、冰激凌等大多都含有果糖，购买前应仔细查看配料表。

崔医生提醒：

果糖不耐受，确实更易被人忽视。孩子因吃水果而出现不适时，家长常会想到过敏、凉等原因，这时就需要父母带着"破案"的心态，观察水果与孩子身体不适间的关系，例如孩子是否吃了某种特定水果才会不舒服，吃了其他凉的食物是否有不适，等等，然后再冷静分析，才能准确找到原因。

想了解更多相关知识，请查阅第二部分的：

2. 腹泻期间"清肠胃"，越清泻得越厉害

《红楼梦》中有段关于生病期间的饮食描述，大意是说，贾府中的风俗秘法，无论上下，凡遇伤风咳嗽，总以"净饿"为主，饮食中不见油星。"生病便要清肠胃"这一铁律，作为祖先的智慧被传承了下来，使得许多家长在护理生病的宝宝时，首先会注意保证饮食清淡。但不承想，如果清淡得不得法，反而会让宝宝"更受罪"。

宝宝的基本情况

2 岁 3 个月　　　　　　配方粉 + 正餐（清淡）

持续腹泻

感染诺如病毒痊愈后，腹泻症状仍较明显，咨询解决办法

这个宝宝是因为腹泻多天不见好转，家长带来诊所就诊的。妈妈表示，之前宝宝感染过诺如病毒，呕吐症状比较明显，所以在饮食上非常注意。现在宝宝已经没有其他症状了，唯独拉肚子的问题一直没能彻底解决，不知道是不是病毒把肠道给伤到了？

听家长说他们对饮食很注意，我刻意仔细询问了具体的饮食安排。

家长告诉我："因为拉肚子，所以给他吃得很清淡，基本上忌油忌盐，只喝清粥，水果也差不多都停了。不过营养上，我们把配方粉的量增加了不少，还买了复合维生素和钙、镁、锌之类的营养素，给他每天吃。"

"其实问题恐怕就出现在饮食安排上。"

听了我的话，家长非常惊讶。"崔大夫，我们已经吃得简单到不能再简单了，怎么还可能有问题，总不能什么都不吃吧？"

对于家长的疑惑我很理解，因为传统上，当肠胃出现问题的时候，人们往往会采取"清肠胃"的做法，也就是吃极度清淡的食物，甚至是短期的断食。但宝宝的情况和成人是不一样的。

我告诉家长："首先，奶制品中含有大量乳糖，要消化吸收乳糖就需要乳糖酶的帮助。乳糖酶主要由小肠黏膜上皮细胞分泌，正常情况下，分泌量是足够分解人体摄入的乳糖的。但当感染疾病致使肠道受损伤时，小肠黏膜会遭到破坏，进而影响乳糖酶的分泌。没有足够的乳糖酶，未被分解的乳糖进入结肠后，经细菌败解就会释放大量气体、水分和短链脂肪酸，导致肠道内的渗透压失衡，更多水分从体内被吸收进肠道，从而出现继发性乳糖不耐受腹泻现象。你们现在把正经饭菜几乎都砍掉了，还加大了配方粉的摄入量。本来宝宝消化奶的能力就下降了，现在还要面对更多的奶，拉肚子的问题当然得不到改善。再说一个你没意识到的问题，配方粉里面含有很多奶本身就有及额外添加的油脂，那你这边忌油，那边还大量喝着配方粉，这不是自相矛盾吗？"

家长听后恍然大悟："配方粉里还加了油啊？我可从来没想过这个问题。而且我一直觉得是病毒没清干净，或者是病毒把肠道伤得太厉害，才拉个不停，原来问题是出在吃上面！说实话，我们都觉得在饮食安排这方面，一点儿毛病都没有……"

其实很多家长都会犯这个错误，觉得宝宝从小就是喝奶长大的，奶肯定是最没危害的食物。但生长发育的每个阶段，身体都有自己的特点，不可一概而论，比如新生宝宝只喝母乳就能健康成长，大孩子只喝奶可能连维持生存都是问题，就是这个道理。

对于腹泻的宝宝来说，饮食还是应该在他自己愿意接受的基础上，尽量保持正常，只要不过分油腻、难消化就可以了。当然奶也不是不能喝，我们可以通过添加乳糖酶，来解决乳糖不耐受的问题。每次吃奶前15分钟，足量服用活性乳糖酶就可以了。通常建议吃上两周左右，给内源性乳糖酶的恢复创造一点儿空间。相信宝宝会慢慢好起来的。

想了解更多相关知识，请查阅第二部分的：

3. 我几乎从不建议断母乳，这次除外

不管是在日常的看诊中，还是在媒体平台上，我几乎从不要求或者建议妈妈给孩子断母乳，然而这位家长是一个例外。这是一个 2 岁 5 个月的孩子的案例。当我进入诊室后，看到的是一个略显疲惫的妈妈，到底是什么让她如此辛苦呢？

宝宝的基本情况

年龄：2 岁 5 个月　喂养方式：母乳 + 正餐

睡眠：晚上 9 点睡，早上 8 点醒，夜醒频繁

生长发育：体重、身高基本在第 40 百分位的水平

诉求：解决睡眠问题

坐下后，我请妈妈先介绍一下孩子的基本情况，她这样描述："这孩子每天吃三顿饭，进食量还可以，咀嚼也可以，有一点儿挑食，但是挑食的种类不多，主要不喜欢吃牛羊肉和海鲜，而且只是不喜欢吃，偶尔吃一点儿之后也没有过敏的情况。除此之外，其他食材还都挺喜欢吃的。

"为了把这个孩子培养好，我从怀孕开始就不工作了，现在是全职妈妈，也一直坚持母乳喂养。目前喂母乳的时间和次数没有什么规律，他有需要了，我就给他吃。白天母乳吃得少，因为要带他出去玩，之前看您视频说孩子要形成生活规律，每天要户外活动，所以我们基本就是定点出去，定点回来。母乳现在主要是早上起来吃一次，中午睡觉前吃一次，晚上睡觉前吃一次。"

听着都还不错，我看了下生长曲线，这个孩子体重、身高基本在

第 40 百分位的水平。那家长现在的困扰是什么呢？

"崔大夫，我现在最大的问题是睡觉，不光他睡不好，我也睡不好。他现在晚上 9 点睡，早上 8 点醒，这一晚上得吃 10 次母乳，翻个身就要吃。然后吃完乳头还一直含着，不吃了也爱含着，还得我拔出来，有时候一拔他又醒了。睡个觉我一动不能动，又累又困，就感觉整天都是混混沌沌的状态，要崩溃了。"妈妈说。

其实对于快两岁半的孩子来说，这种情况已经不是因为饿才吃母乳了，吃母乳完全成了一种安抚行为。而且这种安抚看来已经超出了妈妈和孩子的承受能力。原本这个孩子可能会长得更好，妈妈也可以不那么累的。另外，这种安抚性喂奶还容易出现一个情况，那就是孩子非常依赖妈妈。

妈妈马上说："是的，他特别依赖我。不管是白天，还是晚上，我一步也不能离开，我一离开，他就哭。"

我接着问道："您刚才说到他的主食吃得不错，那他现在吃的食物性状怎么样？"

妈妈回答说："做米饭的话，基本上就是那种稠糊状的，我们会把米饭蒸熟了，放点水打成泥。面食的话，疙瘩汤吃得多，馒头几乎不吃。"

我跟家长说："我为什么问这个问题呢，是因为我发现这个孩子在说话的时候，发音不清，这很可能是啃咬、咀嚼不够造成的。正像您刚才说的，孩子吃的食物性状都是糊状的，他的啃咬功能得不到锻炼，咀嚼能力差，口腔肌肉发育得就不是很好，这就会影响他的语言发育。"

这个时候，爸爸接过话来说："他说话特别不清楚，而且还有很重的鼻音。全家人只有妈妈能猜出一些，但是也不能完全听懂，所以这孩子有时候一看谁听不懂，就发脾气。"

我接着问："孩子睡觉的时候会张口呼吸吗？"

妈妈说："没错，是爱张着嘴睡觉。"

我继续解释："不知道你们有没有注意到，孩子下颌有点儿小，上唇有些翘，鼻梁有点儿塌，这种情况会使鼻内的空间小、压力大，上气道不通畅，所以孩子就用嘴巴来帮助呼吸，鼻音也就会重。而这些都与长时间含着乳头，啃咬机会少，咀嚼能力得不到锻炼有关。所以看似一个小问题，但其实会影响很多事情。"

"对了，崔大夫，他晚上还会打呼噜，您说是不是也是这个原因啊？平躺着会打鼾，侧躺就没事。"

"是的，都可能有关系。您想想，孩子老是醒来，可能是憋醒了，而醒来之后就要吃奶寻求安抚，形成了一个恶性循环。我的建议就是：第一看耳鼻喉科，第二让孩子练习啃咬、咀嚼，第三断母乳。"

必须要说的是，母乳喂养固然非常好，但它是喂养方式，不是安抚方式，当母乳喂养已经变成一种安抚方式，给孩子和大人都造成了困扰，那么需要果断一点儿，权衡利弊，尽早断掉母乳。

崔医生提醒：

母乳对宝宝来说，无疑是最好的食物；母乳喂养，对于孩子肠道菌群的建立以及亲子关系的维护，都非常重要。然而，随着孩子生长发育，他的营养供应有了更多的选择，当母乳喂养已经单纯变为安抚，且给妈妈带来了很大的困扰时，建议断奶。

想了解更多相关知识，请查阅第二部分的：

第一章 | 1. 母乳，新生宝宝最理想的食物
第一章 | 3. 正确识别宝宝的饥饱信号，轻松哺乳不迷茫
第一章 | 16. 母乳虽好，却也终须一别
第三章 | 2. 辅食的作用，不仅仅是提供营养
第三章 | 5. 把握好辅食喂养的五大原则

虽说有苗不愁长，但家长似乎对长高总有种执念，希望孩子的个头儿蹿一蹿，再蹿一蹿。要是发现自家孩子比同龄孩子矮，更是忧心忡忡，用尽各种办法也要把身高追上去。有些甚至还动了打生长激素的想法，但生长激素真的是能帮助每个孩子快速长高的"神药"吗？

3 岁　　　　　　　母乳＋正餐
晚上 9~10 点睡，早上 7 点左右醒
体重、身高在第 5 百分位的水平
咨询是否需要打生长激素的问题

这个孩子是个男孩。妈妈说："怀上他很不容易，怀孕过程也很艰辛，出生后全家人都将宝宝视若珍宝，照顾得无微不至。怀孕的时候我就看您的书和视频了，完完全全照书养这孩子，笔记就记了好几本。

"他是剖宫产的，可能是这个原因，感觉运动能力不太强，不喜欢

在外边跑、跳、蹦，性格比较安静，喜欢看绘本、玩彩泥，一个人能玩很长时间，睡眠还可以，比较规律，每天晚上 9~10 点钟睡，早上 7 点左右起床。

"现在有一个比较严重的问题，前几天入园体检，我看他和同龄孩子比太瘦小了，有位妈妈建议我给他打生长激素。我这心里直打鼓，想知道孩子这种情况，到底该不该打生长激素？"

生长曲线显示，孩子的身高、体重增长得确实不太理想，一直在第 5 百分位徘徊。

"孩子吃饭怎么样呢？"我问妈妈。

妈妈说："吃饭吃得挺好的，一天喝两次奶，一次 150ml，三顿饭。他饭量可不小，每次给的食物都能吃光。我记得您说过每顿饭主食得占一半，所以就格外注意这点，换着花样来，比如这顿是粥，下顿就是饺子，今天是馄饨，明天就换面条，每次都满满一小碗。"

"主食占一半，指的是你刚才说的粥、馄饨、饺子吗？"我问妈妈。

"对啊，这些主食占一半，另一半就是其他的，像菜、肉、蛋之类的。唯一一点就是做的时候得烂糊点，一旦做硬了他好像就嚼得很费劲，在嘴里嚼半天也咽不下去。"妈妈说，"我怕他不消化，万一积食更麻烦，所以有时候他吃完了还想要，我也不敢再给他。"

我向妈妈解释，孩子吃完了还想要，说明没吃饱，关键在于主食没吃够。家长觉得粥、馄饨、饺子是主食，孩子吃得也不少，其实这类食物不是真稠，而是假稠。假稠，指的是主食中的含水量过多，碳水化合物比例较低，不能满足孩子生长发育所需。比如粥，用一小把大米熬成一大碗粥，只要熬的时间长看起来就会很稠，孩子吃得就显得很多，但其中的大米含量其实并不多。

　　案例中的孩子长期吃假稠的食物，同时又被限制摄入量，实际上是吃了个"水饱"，能量的摄入长期不足，身高、体重增长自然不理想。

　　"那您说怎么办呢？需要打生长激素来干预吗？"妈妈急切地问。

　　这里要说明一点，很多家长觉得孩子长得矮，其实是主观上的判断，或者和别的孩子对比得出的结论，这样做是不科学的。每个孩子都是独立的个体，评价其身高是否达标，要看孩子自己的生长曲线，只要在第 3 百分位和第 97 百分位之间，且增速平稳，都是正常的。即使孩子身高在第 3 百分位之下，也要咨询专业医生，进行全面评估后再采取相应的干预手段，而不是一上来就打生长激素。

　　生长激素确实能促进身高增长，但其使用有严格的限定条件，比如因自身内源性生长激素分泌不足导致的生长缓慢。如果只是单纯想让孩子长高，是不可以使用的，因为生长激素也有影响体内脂肪代谢、矿物质代谢等副作用。

案例中的孩子虽然个头儿比较小，但身高曲线在第 5 百分位，且整体的生长趋势没有大幅度的波动，较为平稳，是不需要用药的。退一步讲，孩子进食不足或胃肠道的消化吸收能力跟不上，这些根本性的问题没有解决，即使打了生长激素，效果也不一定尽如人意。

针对案例中的孩子，我们给出的建议是：

一是吃真稠的食物，比如馒头、花卷、蒸米饭、捞面等含水量偏低的主食。孩子目前咀嚼能力较弱，可以将大米泡一夜后碾成碎米，蒸成碎米饭给孩子吃，或者把面条煮熟捞出后，用勺子弄得碎、短一点再吃。这样做出来的食物相对细，却很稠，能首先满足孩子的主食摄入量，保证生长发育所需的能量。

二是逐渐锻炼啃咬、咀嚼能力，鼓励孩子自己拿着食物吃，比如削了皮的整个苹果、大馒头等。待孩子咀嚼能力有所提高后，可以引入韧性食物，比如整根的红薯干、牛肉干等，这样既能提升啃咬、咀嚼能力，也有助于牙齿的正常咬合。

三是每三个月定期复查，密切关注孩子的生长情况。目前先不考虑注射生长激素。

想了解更多相关知识，请查阅第二部分的：

第三章 ｜ 7.主食吃不够，宝宝难长肉
第六章 ｜ 4.优质蛋白，让孩子长个儿的好帮手
第八章 ｜ 4.2~5岁孩子生长发育评估

现在，各种营养补充剂让人眼花缭乱，"促生长""提升免疫力"的宣传功效也让家长很动心，于是，在心动数次之后，家长们很可能就将难以解决的喂养问题，寄希望于营养补充剂，希望能够弥补孩子因不好好吃饭而可能造成的营养缺失。但其实，要想解决根本问题，还得从饮食入手。

3岁7个月　　　　　　　高能量配方粉＋正餐

身高在第8百分位，体重在第3百分位

解决孩子瘦小且生长缓慢的问题

看诊时，妈妈很焦虑地说，最近一年多，孩子的身高、体重增长非常慢，几乎没怎么长，现在身高在第8百分位，体重在第3百分位，又瘦又小，家长想知道这是什么原因造成的，他们又该如何调整。

孩子生长缓慢，和饮食、消化吸收、运动、疾病等因素都有关系，我们从饮食开始，回顾近一年的情况。

妈妈介绍："其实一年前就有这个迹象了，长个儿的速度太慢，他

爸爸刚好认识一个医生，说可以喝高能量配方粉试试看。不过，他也没问清楚到底怎么吃，我就大致算了一下，一天吃三次，一次80ml，这样每天摄入的总热量和过去喝的奶粉差不多。"

这里跟大家普及一下高能量配方粉的概念。高能量配方粉有特别的配方成分，营养密度更高，因此热量也比一般配方粉高。一般100ml普通配方粉的热量是67~70千卡，而100ml高能量配方粉的热量可以达到100千卡。高能量配方粉适用于需要追赶生长的婴幼儿，最好在医生指导下使用。

"吃饭的话，现在是一天三顿，我看过您的科普，每顿都要有主食，但主食他只爱吃米饭，不爱喝粥、吃面条，也不爱吃馒头。因为担心他这样会营养不均衡，所以我会给他隔一天换一次主食，但吃得不好。"妈妈说，"他爱吃肉，但总是嚼不烂，又怕他吃多了积食，所以一般每顿就给他吃几小块。另外，他不喜欢吃青菜，所以排便有点儿费劲。"

综合来看，在饮食上，孩子摄入的奶量、主食量是不够的，三餐营养也不均衡。

"我担心他营养不均衡，所以给他加了很多营养素，有维生素A、维生素D、葡萄糖酸锌、γ-氨基丁酸、益生菌、DHA。"妈妈说。

我向家长解释，除了维生素D，绝大多数营养素其实都能从食物中获取，与其每天吃这么多种营养素，不如好好吃饭。

"吃多了怕他积食、不消化。"姥姥接过了话茬儿。

这里再跟大家强调一下，不要因为担心"积食"就限制孩子的饮食，这种做法是得不偿失的。即使真的出现了所谓"积食"的情况，也要首先考虑孩子的啃咬、咀嚼能力，消化吸收能力是否跟得上，或食物的做法、性状是否合适，再去有针对性地调整。

了解完基本情况，就是查体了。查体过程中发现，孩子体形有前挺后撅的情况，即站立时肚子向前挺、屁股往后翘。蹦跳的时候也是弯着腰、撅着屁股蹦，这说明孩子的腰腹核心力量比较弱。

　　"孩子平时户外活动多吗？"我问妈妈。

　　"他不喜欢动，就爱自己看看绘本、玩个玩具什么的。体质也比较弱，生过几次病，说实话，我们也不太敢带他出去玩，游乐场、早教课都没怎么去过，怕被传染疾病。"妈妈说，"唉，就因为这个，幼儿园总共才上了一个月。"

　　了解到这里，孩子生长缓慢的原因慢慢浮出了水面。

　　一是饮食摄入量不够。喝高能量配方粉的目的是追赶生长，就是要尽可能多吃，通常对摄入量不做特别限制，每次孩子能吃多少就吃多少，最起码喝的量与原来的配方粉量相同，但家长却折算成和之前配方粉一样的热量，减少了高能量配方粉的摄入量，其实这样就失去了高能量配方粉的意义。主食方面，孩子爱吃米饭，不爱吃其他主食并不是一件值得担忧的事情，米饭同样养人。现阶段要解决的重点是让孩子多吃，吃进去，把身高、体重追上来。如果觉得主食太单一，可以变换肉、菜的种类和做法，或者把主食做成孩子感兴趣的造型、颜色，保证主食进食量。

　　二是营养不够均衡。虽然孩子补充着多种营养素，但整体的饮食搭配、摄入量不合理，同样会影响营养素的效果。以长高为例，γ-氨基丁酸确实有助于骨骼生长，但并不是影响身高的唯一因素，还需要钙、维生素 D、维生素 K 等的帮助，需要全身的肌肉和器官同时生长，这些营养素更多是从均衡的饮食中获得的。家长可以参照《中国居民膳食指南（2022）》来搭配食材，包括谷物、新鲜的水果蔬菜、奶制品、蛋类、禽鱼肉、豆类等。

三是运动量不够。孩子整天待在家里，体力消耗得少，能量消耗也少，胃口自然会受到影响。建议家长带孩子每天进行适量的户外运动，不仅有助于新陈代谢、骨骼发育，促进生长激素分泌，还能保证白天好胃口、夜晚入睡快且睡得香。针对腰腹核心力量不足的问题，建议多做一些增强核心力量的运动，比如给孩子创造"爬斜坡"的机会，把稍宽一些的光滑木板平稳地架在椅子或箱子上，让孩子往上爬；或滑滑梯的时候，条件允许的话，鼓励孩子从滑梯的斜面往上爬。也可以在走路时练"核心"，比如走走马路牙子、独木桥、摇晃的小桥等。此外，一些不良习惯也要避免，比如长期坐在地垫上弯着腰低头看书、玩玩具，窝在沙发上看电视，低头看电子产品等。

根据以上几个方面，多管齐下来改善孩子生长缓慢的问题，同时定期复查。

 崔医生提醒：

孩子要补钙，家长有些紧张，也有点无从下手。这样的纠结急躁无益于事，不妨换个思路去解决问题。让肖发展衡量合理，适宜于饮食，确保食物摄入量，确保均衡合理，营养均衡。同时注重运动与睡眠。如果特别有需要，营养素可以在医生的指导下适当合理补充，但这绝对不是解决问题的核心因素，更不能代替一日三餐。

☆ 想了解更多相关知识，请查阅第二部分的：

不管是穿衣冷热，还是吃饭冷热，都是非常受家长关注的事情，尤其是两代人共同养育孩子的家庭。下面就跟大家分享一个关于吃饭冷热的案例。这个孩子现在快 4 岁了，她在很小的时候来过我们诊所，后来去了日本生活。这次来是因为马上要到春节了，一家人回国到北京跟老人一起过春节，顺便来做个详细体检，解决一个非常急迫的问题。

3 岁 11 个月		鲜牛奶 + 正餐
正常	规律	
关于吃饭冷热问题，家人存在分歧，希望找到答案		

妈妈很无奈地说："崔大夫，我们家现在因为给孩子吃饭这个事，已经起了战争。"

"怎么还起战争了，好不容易过个团圆年，好好沟通，别着急，说说到底怎么了？"

"是这样的，崔大夫。我们在日本，孩子早上上学走的时候，她会带上我们给准备好的便当，中午的时候，就直接吃了，对冷热没那么在意，不像咱们习惯加热后再吃。最开始我也有点儿担心，但是他们同学都是这样的，而且孩子接受起来也没什么问题，所以自从上幼儿园以来，一直是这样做的。不光是在幼儿园，其实在家里，我们也没给孩子吃热的，孩子很适应吃常温下甚至是有点凉的食物了。

"但是这次回来我爸我妈急眼了，非说我害了孩子，每次必须让她吃热的，吃饭吃到一半觉得凉了，还会去加热一下，再让孩子吃。"

"那孩子能接受吗？"我追问道。

"不止不接受，甚至非常抵触，到现在为止，这才回来不到半个月，已经说过好几次不想在北京待了，要回日本——"

还没等妈妈说完，一旁的姥姥急了："崔大夫，您说说，那饭菜都拔凉了，他们就那么给孩子吃，孩子的肠胃哪能受得了啊。等给孩子吃出病来，后悔都来不及。您说，孩子回来一趟不容易，我就想给弄点可口的、热乎的，这不是为了他们好吗？这可好了，大的小的都不领情。您说说，我错了吗？"

"您先别着急，我能理解，我相信您女儿也能理解您的初衷，都是为了孩子好，而且毕竟我们中国人千百年来都是这样过的，您这样考虑也有您的道理。要是说现在让您，包括让我喝一杯凉水，吃一碗凉饭，肯定咱们都会觉得不舒服。因为我们长久以来，就是吃热乎饭喝热乎水这么过来的。

"但是反过来，您想想，让从小适应了凉食物的孩子吃热的，是不是等同于让我们吃凉的食物呢？会不会有一种可能，孩子在吃您精心准备的热乎饭菜时，其实也非常痛苦呢？"

"您说的这个我倒是没想到，我就是怕她的肠胃受凉。"

"其实啊，人的肠胃受不受得了，主要不在于是凉一些还是热一些，而在于变化，持续的凉或热只要她习惯了，都没什么问题。人就怕一会儿凉一会儿热，频繁地刺激。您想，孩子在日本这么长时间，她习惯了凉，非让她改变习惯，让她吃热的，她也会觉得不舒服。再有，过一段时间，是不是还要回去日本呀？这么短时间，又要再变回

那边吃凉的习惯，其实对于孩子来说是很难受的，对她胃肠道的挑战也是非常大的。这件事情本身没有对错，就是我们作为大人，最好是从孩子的接受度，从孩子的习惯入手来照顾她，这样对孩子来讲，才是最好的，也是最适合的方式。"一番讲解过后，老人释怀了，年轻人也如释重负，希望这一家人能度过一个愉快的春节。

经具备表达能力和选择意愿的孩子。因此标准答案在孩子那里。吃冷的还是热的？很简单，尊重孩子的习惯。

☆ **想了解更多相关知识，请查阅第二部分的：**

第六章 | 13. 温热食物不等于养生，冷的食物未见得伤胃

7. 基本不吃甜食，为何还会有龋齿？

人的一生会有两副牙齿：乳牙、恒牙，恒牙会在 6~12 岁期间替代乳牙，逐渐萌出，并伴随主人经历数十年、近百年的"酸甜苦辣"。牙齿一旦出现损伤，是不可逆的，且治疗过程往往比较"痛苦"。因此，保护好人类这一生的朋友，是每一个家长需要从小就给孩子做好的教育。

宝宝的基本情况

年龄：4 岁	饮食：正餐，很少吃甜食
排便：正常	诉求：常规体检，解决牙齿表面有黑点的问题

这个孩子的主要诉求其实是常规体检，她的饮食、睡眠、排便、运动、认知情况都不错，身高、体重均在第 85 百分位。可以说，生长发育得都很好。但是在查体过程中，我发现孩子 3 颗牙齿表面有黑点，建议去口腔科检查一下。

"崔大夫，我们之前带她看过医生，医生说是色素斑点，很难用牙刷刷掉，建议做色素去除和牙面抛光。"妈妈说，"我们觉得孩子还小，就没给她做。"

"距离上次检查多久了？"我问妈妈。

"将近一年了。"妈妈说，"之前是一颗牙上有黑点，现在又多了两颗牙，看来还真得找医生看一下了。"

口腔科医生检查后发现3颗有黑点的牙齿，其中1颗是色素斑点，剩下2颗是龋齿，龋洞已经很明显了，需要尽快补牙。

"崔大夫，幸亏您提醒，要不然牙齿继续坏下去，就得做根管治疗了！我一直都很注意她的饮食，很少让她吃甜食，怎么还会有蛀牙呢？"妈妈一脸疑惑。

我跟妈妈解释，龋齿是一种细菌性疾病。致龋菌在败解食物残渣尤其是糖分的过程中，会形成酸性物质，而且大量细菌聚集还会形成牙菌斑，长期附着在牙齿表面，一点儿一点儿地侵蚀牙齿，最终形成龋齿。所以，就算孩子一口糖都不吃，不做好口腔清洁的话，可能还是会得龋齿。而且，食物残渣里的糖可不仅仅来自糖果、巧克力等甜食，日常饮食比如配方粉、米饭、馒头、面条等，同样含有糖。控制甜食摄入可以在一定程度上预防龋齿，但并不能说"不吃糖就不会得龋齿"，因为我们每天都吃粮食、喝奶。

"她每天也都刷牙，自己刷得可开心了，我觉得我们挺注意口腔卫生的呀！"妈妈说。

我问妈妈，孩子刷完之后大人会给她再检查一遍吗？妈妈说不会。这就是问题所在了。刷牙看似挺简单，实际上是个技术活，像牙齿内侧、咬合面、牙缝，都比较难清理，孩子的刷牙力度、频率、时长达不到，就很难真正刷干净牙。一般我们建议，家长要帮孩子刷牙到至少6岁，可以先让孩子自己刷，家长再刷一遍，还要养成用牙线的习惯，把牙缝清理干净。

"原来是这样，那以后还真得注意了，不能放任她不管，本来还觉得她自己能刷牙是件好事呢！"妈妈说，"那您说，反正乳牙迟早要换，可以先不管它，等着自然脱落吗？"

这个问题也是不少家长的疑惑，答案是"不能"。因为龋坏的乳牙如果不及时治疗，可能会逐步发展为牙髓炎、根尖周炎，进而影响恒牙的牙胚，引起恒牙发育不良、排列不齐等问题。所以一旦发现孩子有蛀牙，一定要积极配合医生。如果耽误治疗，花更多钱不说，孩子也会更遭罪。

"好的好的，谢谢您，我们这就跟口腔科医生约时间。"妈妈说。

最后，再跟各位家长朋友说一下如何预防龋齿。

平时多啃咬、多咀嚼。一方面，咀嚼可以刺激唾液分泌，对口腔中的牙齿有清洁作用；另一方面，相对粗糙、富含纤维成分的食物在咀嚼过程中对牙面有摩擦和清洁的作用，这些都有助于口腔"自洁"。案例中的孩子平时喜欢吃较为软烂的食物，一定程度上也加快了龋齿的发生。

认真刷牙，及时漱口。吃过食物后，可以喝一两口清水漱漱口，及时清除口腔中的食物残渣。刷牙时一定要刷到位，刷干净。

定期检查。建议每3~6个月带孩子进行一次口腔检查，有问题早发现，早干预。如果条件允许，最好定期带全家进行龋齿风险评估。因为龋齿是由细菌引起的，如果家庭成员的口腔环境致龋风险较高，那么在和孩子共同进餐或亲密接触的过程中，很可能会传染给孩子。

做好涂氟或窝沟封闭。通常，医生会根据年龄和口腔检查结果，来决定孩子是否需要涂氟或窝沟封闭。涂氟是把氟化物涂在牙齿表面，保护牙齿少受外界不良侵蚀。窝沟封闭是用特殊材料填充磨牙咬合面上凹凸不平的坑隙，防止牙齿被侵蚀，减少龋齿发生的风险。具体什么时候做，听从医生建议即可。

想了解更多相关知识，请查阅第二部分的：

第七章 ｜ 8. 想要远离龋齿，无须完全拒绝甜食
第七章 ｜ 12. 零食诱惑多，记得关注营养标签

经常遇到一些家长，他们非常苦恼孩子挑食的问题。从家长的角度，我非常理解这种烦恼，但很多时候，我会更共情孩子。因为细聊下来我发现，很多孩子被定义的"挑食"，往往不是真正的"挑食"，而是一种自我意识的呈现，同时，跟大人一样，他们也有不爱吃某些食物的权利。这，真的不是"挑食"。

　　来看诊的小姑娘上幼儿园中班，活泼可爱。在待诊区，她带着其他小朋友看书、做游戏，俨然一副大姐姐的样子。一见面，小姑娘就很有礼貌地打招呼："崔爷爷您好。"接着和我分享起她在幼儿园的趣事，咯咯咯地笑个不停。妈妈说，孩子平时喜欢跳绳、跑步，是班里的运动小达人，老师、同学都很喜欢她。

　　孩子已经上了幼儿园中班，认知、语言、运动、社交发育都不错，家长还有什么困惑吗？

　　"有一点儿，"妈妈说，"这孩子特挑食。"

　　听到妈妈的话，我跟孩子说："你先跟奶奶到外面玩会儿好吗？需要检查了我再叫你进来。"随后，我向妈妈解释："孩子 5 岁半，有比较强的自我意识和自尊心了，谈她的问题时最好避开。"

　　"没错，您想得真周到。"随后，妈妈打开了话匣子，"她不爱吃家里做的饭菜，愁死我了，费半天劲做顿饭，夹两口就不吃了。天天嚷着吃意大利面、三明治、松饼、汉堡，您说这能当饭吃吗，没啥营养还不好消化。平时她还特爱吃甜食，这牙也受不了啊。"

　　"这个转变是什么时候开始的，还有印象吗？"

　　"说起来，就这一年多时间吧。以前她挺爱吃奶奶做的饭的。"妈妈说，"对了，她上的是国际幼儿园，老师说她在幼儿园吃饭吃得不错。"

和妈妈聊完，我把孩子叫进了诊室，我问她："幼儿园的饭菜和家里的饭菜有什么不一样吗？"

"不一样啊。奶奶做的饭总是炒菜、炖肉、馒头、包子、米饭，我都吃腻了。幼儿园里的种类更多，我更喜欢三明治、意大利面、松饼，好吃。"小姑娘说，"家里的饭我不爱吃，我爱吃的妈妈不让我吃，我也挺烦恼的。"

小姑娘一句话就说中了要害：国际幼儿园有西餐，她接触后觉得更喜欢，回到家却被妈妈要求吃回中餐，还说她挑食，于是产生了冲突。

曾经有一个引发热议的问题：为什么小孩喜欢挑食而大人不会？高赞回答是：因为每次父母买的都是他们喜欢的饭菜，如果孩子有权利去买自己喜欢的饭菜，那么父母也可能会变得很挑食。养育的路上，家长都会竭尽全力，恨不得把所有的爱都给孩子，但却忽略了一个关键点——养育是以孩子为中心的，应关注孩子的个性和需求，不断调整育儿方式和方法，适应孩子的变化和发展。

以饮食为例。假设孩子出生后一直是母乳喂养，添加辅食后，孩子被新鲜的食物口味吸引，逐渐形成了自己的口味偏好，于是他就有可能变得非常喜欢吃辅食，从而排斥味道比较清淡的母乳，这是很正常的。孩子在成长，认知能力在提高，在面临多项选择时，自然会倾向于自己更喜欢的那一项。案例中的孩子也是如此，在中餐和西餐中她选择了西餐。

作为家长，一旦孩子的选择和自己设想的不一致，就容易产生焦虑：西餐都是凉的，怎么能吃西餐呢？进而"关心则乱"，给孩子贴上挑食的标签，强迫她接受中餐，结果反而加剧了孩子对中餐的抗拒。仔细想一想，是家长把孩子送去了国际幼儿园，反过来却怪孩子挑食，这个逻辑实在是讲不通。

案例中的孩子 5 岁多，已经到了学龄前阶段，对很多事情都有了自己的想法，渴望被听见、被尊重。家长了解到孩子的真实感受——奶奶做的饭我都吃腻了，我更喜欢吃幼儿园的西餐之后，就能有针对性地调整养育行为了。

首先，保持平和的心态，允许孩子有自己的饮食偏好。孩子不爱吃的食物可以改变其烹调方式，尝试将中餐、西餐相融合，中餐西做或西餐中做，比如中式汉堡、蔬菜鸡肉卷等；也可以用孩子喜欢的食物做引子，与不爱吃的食物搭配在一起，开始只加一点点不爱吃的食物，后面逐渐加量。当孩子能接受之前不喜欢的食物时，及时给予肯定，正面强化进步，引导她接受更健康、更适合自己的饮食方式。

其次，孩子已经能理解一些健康知识，平时可以用她能理解的语言介绍各种食物的营养。如：营养均衡能促进智力、体力的发展，长期不吃蔬菜容易便秘，不吃肉或许会缺铁，吃太多甜食会变胖，等等。明白了其中的道理，孩子就能有更强的内驱力去全面摄入营养，让自己长得壮，变得更聪明。

最后，如果孩子特别抗拒某一种食物，千万不要强迫进食或采用饿几顿的方式，可以用含有同类营养素的食物进行替代，比如不喜欢吃芹菜，可以用西蓝花、胡萝卜、菠菜代替；不喜欢喝纯牛奶，可以用酸奶、奶酪代替；不喜欢吃鱼肉，用海带、紫菜代替，实在不行还可以吃 DHA 补剂，一样能满足需求。

在养育孩子的过程中，家长扮演的是引导者的角色，一条路走不通就换另一条路，给孩子提供选择的机会，让他去感受、去体会，逐步引导他们学会管理自己的生活，帮助他们建立自信心，培养独立性，更好地适应社会的变化和挑战。

想了解更多相关知识，请查阅第二部分的：

第四章

6~12 岁的小学生，好好学习更要好好吃饭

相对于之前相对轻松的生活，6~12 岁的小朋友们处于略紧张忙碌的小学阶段，因此家长关于孩子饮食的烦恼，又多了学业的"加持"——起床时间早、用眼压力大、美味诱惑多，有的问题看似是生活角度的问题，但与饮食不无关系，对于家长来说，学会让饮食成为各个生活场景中的助力，就成了当下的必修课。

一日之计在于晨，早晨重点是早餐

很多家庭，年轻的父母习惯晚睡晚起，随之而来的问题就是三餐的不规律，尤其是早餐，被很多成年人所忽视。然而这种生活方式会影响到学龄期儿童，真的不可取。若学龄期的孩子也习惯于晚睡，那影响会更大。这次来就诊的是一个 9 岁的孩子。他是因为不舒服来就

诊的，但在就诊过程中，我却发现了一个大问题，孩子不吃早餐！这可真的不是个好习惯。

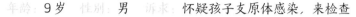

"崔大夫，我们这孩子从前天开始有点儿发烧、咳嗽，现在不是支原体肺炎挺多的吗，我们特别担心，所以想查一下。"一见到我，孩子的妈妈直接说出了自己的诉求。

接下来，我给孩子做了详细的检查，也做了鼻咽拭子病原体检测，最后发现这个孩子其实不是家长担心的支原体感染，而是普通的鼻病毒感染，也就是普通感冒。看诊时这个孩子的发烧其实已经好了，之前就烧了一次，最高到 38.6℃，家长给孩子吃了一次退烧药，体温就降下来了；咳嗽呢，其实也不是很严重，而且查体发现，孩子咳得并不深。接下来对症治疗就好了。家长也不需要太过担心。

这个看诊其实很快就结束了，家长也放心地打算要离开诊室回家了。妈妈一边收拾一边说："快中午了，我们就去隔壁商场吃点饭吧。今天早上又没吃饭，肯定饿了。"我一看时间，已经 11 点半了，就问妈妈："怎么早餐没吃呀？"

这下，妈妈的话匣子打开了："这孩子经常不吃早餐，就等着中午那顿。他早上起床太费劲了，睡不醒，醒了就赶紧穿衣服、洗漱，匆匆忙忙出门，有时候路上一边走一边吃点面包，有时候就干脆不吃了。"

这可不是个好习惯呀。我们常说一日三餐，是因为一日三餐的饮食规律非常符合人的生理需求。早餐在饮食营养中非常重要，尤其对于孩子来说，吃完早餐，要上半天的课，早上没有充足的能量做基础，这半天的精力是很难维持的。所以，建议早餐不仅要吃，还要吃好，保证营养，做到高质量，要包括碳水化合物、蛋白质，比如面包、鸡蛋、牛奶等。

另外，特别不建议在路上吃早餐。如果是在车上吃，因为不可避免会有颠簸，所以有呛噎的风险；如果是边走边吃，虽然呛噎风险小一些，但是能量随着走路会被消耗，本来路上吃得也不会多，再一运动消耗，剩下的能量就更少了。另外，我们吃饭的时候，原本血液应该更多地集中在胃肠道，帮助消化吸收，可走路的时候，血液会更多地集中在肌肉上，胃肠道的消化吸收能力肯定会受到影响。

所以，最好是晚上早点儿睡，早上早点儿起床，安安静静、不紧不慢地吃一顿营养丰富的早餐，这对于学龄期的孩子很重要，对于上班族的爸爸妈妈也非常重要。

想了解更多相关知识，请查阅第二部分的：

第六章 | 24. 时间再赶，也要吃一顿"满分"早餐

在我们诊所，生长发育门诊实行的其实是团队诊。什么是团队诊呢？就是在给孩子做健康体检时，儿科医生会根据孩子的实际情况，为其安排眼科、口腔科、耳鼻喉科、发育测评中心或心理咨询等相关科室的检查，目的是为孩子做全方位的生长发育评估。

孩子的基本情况

年龄：**6 岁**　　性别：**女**　　诉求：健康体检

这个案例中的小朋友 6 岁了，家长带来诊所进行健康体检，经过儿科的详细检查，孩子的生长发育良好，不过到了眼科后，问题就暴露出来了。眼科医生诊断，孩子存在严重散光，以及中度近视。

听到这个结果，家长非常崩溃，有点儿无法接受，毕竟孩子还这么小，眼睛就已经存在这样的问题，很可能需要一直戴眼镜生活了。家长非常心疼，同时也很不解，觉得之前检查过眼睛也没发现什么问题，怎么突然就这样了？

我问家长："孩子上次检查眼睛是什么时候？"

家长思考了一下说："有三年多了，那会儿还没发生疫情。"

"三年多没有检查过眼睛，这期间发生了多大的变化都是可能的。那这期间，是怎么用眼的呢？经常到户外玩吗？"

"很少出门，因为这几年不是疫情比较严重嘛，怕孩子生病，就很少出门，连幼儿园都很少去。"

"很少出门，那会经常到窗户边上向外看看，接触比较亮的光线吗？还有平时在家玩的时候，光线怎么样？"

"没到窗边待过，窗户那里，冬天冷夏天热的，怕孩子不适应。平时在家，大部分时间在客厅待着，看绘本、玩积木玩具之类的，有时候会到爷爷奶奶的房间玩，不过没特别关注过光线，反正白天天亮了，基本不太会开灯。"

不出门，在家里接触不到达到一定亮度的光线，这对于孩子的视力发育肯定是非常不利的。

"我们每天都给孩子吃叶黄素呢，都说这个对眼睛好。"

这又是一个误区了。叶黄素确实对视力发育有一定帮助，但是并不能靠它弥补一切不利于视力发育的行为。我给这位家长再次解释，也希望讲给所有人听，保护视力，一定要尽量保证每天至少2个小时的户外运动时间，让孩子接受这种比较强亮度的自然光线刺激。在家的时候，光线也要足够亮，白天天有点儿暗时，也要打开灯。

另外，对于这个孩子来说，现在已经需要戴眼镜了，之后还要定期复查眼睛。这样的情况，3个月必须来复查一次，有什么问题，在医生的帮助下，及时干预，把问题的影响降到最低。

最后，一定要注意均衡饮食。可以促进孩子眼睛发育的营养元素，除了叶黄素，还有其他营养元素，如钙、铬、维生素C、维生素A、花青素、玉米黄素、β胡萝卜素等。与其单一补充叶黄素制剂，不如均衡饮食更靠谱。

力，不能就能避免把希望都寄托于营养素补剂。相比起来，保证日常户外活动，坚持良好的用眼习惯，重视均衡饮食，确保饮食多元化，获取全面且均衡的营养更重要。

☆ 想了解更多相关知识，请查阅第二部分的：

第五章 ｜ 7.微量元素检测，没那么靠谱
第六章 ｜ 17.课业忙用眼多，"护眼营养素"要跟上

3.又热、又渴、又累，来瓶运动饮料可好？

随着孩子逐渐长大，户外活动越来越多，运动的时间和强度也会增加，因此，孩子在运动后怎么补充水分和能量，便成了许多家长关注的重点。

孩子的基本情况

年龄：8岁　性别：男　诉求：健康体检

这次来到诊室的是一个 8 岁的"老熟人"，因为他从小就一直来我这里体检、看诊，所以他的整个生长过程，我都非常清楚。这个孩子小时候有一段时间大运动发育落后，8 个半月的时候，不会匍匐爬，不会从趴自行到坐。幸运的是，后来经过我们的康复干预，家长也根据指导，在家里给孩子增加了趴、爬等运动，所以运动能力很快就追赶上来了。到 13 个月时，孩子已经能很好地走路了，而其他的运动发育得也不错。

在这个事情后，家长非常重视孩子的定期体检，尤其会重点关注孩子的运动发育情况，这些年来也经常鼓励孩子去参加各种运动活动。现在，听家长说，孩子在网球、篮球、游泳这些项目上表现得都非常棒。确实，我们也能看出这个孩子长得挺结实的。

这次的常规体检结果显示孩子一切正常，不过家长也提出了一个很典型的问题，我们一起来分享一下。

家长问："崔医生，这孩子运动完，您说可以喝运动饮料吗？他每次运动的时候，我都给他准备两瓶，寻思让他运动完能补充点能量和矿物质。"

"其实没必要，给他准备白开水就好了。如果运动时间比较长，体力消耗比较大，还可以带上点零食，补充能量。"

"啊？运动饮料不就是专门为了运动准备的吗？我看好像很多运动员休息的时候也喝呢？"

"运动员大多数是成年人，即使不是成年人，运动量也不是我们普通人日常运动能比的，所以他们在比较大的身体消耗后，喝运动饮料确实能起到缓解疲劳的作用。

"但是对于孩子，尤其是才 8 岁的孩子来说，其实是完全没必要靠喝运动饮料补充体力的。反而还会因为其中所含有的电解质、维生素、葡萄糖等元素的过多摄入，扰乱孩子体内的正常代谢。"

"哦，原来是这么回事呀。那我就给他准备点白开水，准备点零食吧。"

"这是可以的，但还要提醒一下，孩子在剧烈运动后，不要马上喝水、吃东西。因为剧烈运动后，身体的器官处于非常活跃的状态，突然喝水，可能会刺激身体，增加心脏、肺等器官的负荷。所以运动后让孩子歇一会儿，等身体平稳一些，再喝水、吃东西。运动也要掌握科学的方式，这样才能真正达到强身健体的目的。"

想了解更多相关知识，请查阅第二部分的：

第六章 | 19. 运动后补充能量，不能靠运动饮料
第六章 | 21. 浓茶、咖啡、碳酸饮料，青少年禁用的"提神大法"

4. 孩子的青春期来了，你做好准备了吗？

成长是一个奇妙的过程，不知不觉间，曾经的小不点就慢慢长大了。面对孩子身体出现的各种变化，家长可能会有些不知所措，这到底是正常发育还是性早熟？而在吃的方面，又需要做哪些调整呢？

孩子的基本情况

年龄：10 岁　　性别：女　　诉求：担心孩子性早熟，来咨询

来看诊的是一个 10 岁的女孩。今年上四年级，学习成绩稳定，人

缘也好，是班里的学习委员。小姑娘很爱笑，一见面就热情地跟我们打招呼。

"崔大夫，孩子的乳房好像开始发育了，您看这个年纪就发育，算正常吗？不会是性早熟吧？"妈妈说。

查体后发现，孩子的乳房确实开始发育了，在这个阶段是很常见的表现。通常，大部分女孩会在 9~10 周岁进入青春期，男孩则是在 10~11 周岁。当孩子发育过快，比如女孩在 8 周岁前出现第二性征，男孩在 9 周岁前出现第二性征，家长就要重视起来，去医院找专业医生评估是否存在性早熟问题了。

"啊，这么早？总觉得她还是个孩子呢！要是现在发育了，会不会影响长个儿啊？"妈妈提出了疑问。

我向妈妈解释，正常发育的情况下，是不会影响身高的。想让孩子长个儿，记住四个关键词：营养均衡、适量运动、睡眠充足、心情愉快。

"吃的方面我们特别注意，给孩子吃的几乎都是有机食品。像牛奶、水果、蔬菜，都是买那种带有机食品标志的。"妈妈说，"最近她奶奶给她吃了不少营养品，燕窝、蜂王浆、虫草之类的，说是对身体好。另外，她比较爱吃垃圾食品，比如汉堡、薯条、蛋糕，还爱喝饮料，让她少吃点，怎么说都不听。"

这里要说明一下，营养均衡指的是丰富、均衡的饮食结构，并不是所有食材非得是有机食品才行，更不是通过吃各种保健品来盲目进补。

家长可以参照《中国居民膳食指南（2022）》来为孩子搭配食材，包括谷物、新鲜的水果蔬菜、奶制品、蛋类、禽鱼肉、豆类等，做到一日三餐定时定量、饮食规律。像人参、蜂王浆、虫草等补品，不适合给还处在发育阶段的孩子吃，很容易出现补过头导致发育过快的情况。高热量食物也要尽量少吃，比如油炸食品、含糖饮料、小零食等，吃多了可能会导致体重超标，从而增加孩子发生代谢综合征、性早熟的风险。

"听见崔爷爷说的了吧，以后少吃点垃圾食品。"妈妈转过头对孩子说，"回头我跟奶奶说，那些补品也不吃了，还是得好好吃饭。"

"运动方面的话，她现在在跳啦啦操，跳得还不错，去美国参加过培训呢！"这时妈妈手机响了，就出去接电话了。

"崔爷爷，我不喜欢跳啦啦操，里边都是大孩子，我也不喜欢那个打扮，穿着很短的小背心和短裤，我觉得挺难为情的，但妈妈非要让我去。"小姑娘小声对我说。

妈妈回诊室后，我让孩子先出去玩，来跟妈妈聊一聊这个问题。

得知孩子对啦啦操的排斥，妈妈很诧异："练这个对体形塑造多好啊，还能锻炼身体。"

妈妈把自己的想法强加到了孩子身上，却忽略了孩子才是成长的主角。这也是不少家长在养育中容易陷入的误区。尊重孩子的兴趣，倾听孩子的需求，给孩子充分的选择权，才能激发孩子的内驱力，帮助孩子成长为更好的模样。

此外，进入青春期的孩子，身体发生了很多变化，心理上可能会感觉到害怕、担忧，家长要跟上孩子的步伐，除了警惕性早熟，还要正确认识青春期，给孩子提供各方面的支持，比如恰当的性教育，引导他们用积极、科学的态度走过青春期。

就像案例中的孩子，抵触参加啦啦队，不想穿暴露的衣服，家长在充分了解孩子的想法后，可以和孩子共同商量，找到她感兴趣的运动项目，或者调整现有的培训模式。总而言之，适合孩子的才是最好的。

医生提醒：

通常女孩会在8岁左右、男孩在10岁前后进入青春期。与孩子交流问题时，多注意方式。在日常生活中，家长也应让孩子摄取均衡的膳食，吃足量、不过高热量的食物，积极参与合乎自身特点的活动项目。

★ 想了解更多相关知识，请查阅第二部分的：

第六章 | 23. 摄入过多高热量食物，小心性早熟
第六章 | 25. 青春发育期，这样吃更营养

第五章

13~18 岁的大孩子：
饮食问题的根源在于心态

13~18 岁，孩子们通常处于青春期，有人将这一阶段形容为"人生的第二次诞生"，是孩子在精神层面的"断乳"。这个说法不无道理，这个时期是孩子认识世界、认识自己的重要时期，不管是审美，还是自制力、自我调控能力，都需要正确的引导。不只是认知层面，饮食层面也需要家长给予更多的关注，因为这个年龄的孩子很少因为饮食问题就诊，往往是因为其他问题才"顺带"被提出来的。因此饮食问题常常容易被忽略，但这对于孩子顺利步入成人阶段又是至关重要的。

1. 这些食物口味诱人，但真的不能多吃

日常诊疗中，我发现一个很明显的倾向，就是孩子越大，家长在饮食上的防范往往就越松懈，而这会造成很多健康上的隐患。

一个 13 岁的男孩，因家长感觉他运动协调性不太好来诊所就诊。妈妈怀疑他是受扁平足的影响，但我查体后发现其实孩子的扁平足并不明显，反而其他问题需要引起重视。

到了诊室后，我发现这个孩子体重超标严重，身高也偏矮。于是我重点询问了孩子的日常饮食。

提到孩子的饮食，妈妈很无奈地说："他尤其喜欢油炸的东西，还有烧烤、汉堡什么的，各种零食、甜点也没什么节制，爷爷奶奶都惯着他，从来不阻拦，我一个人也管不住他。"

我告诉家长，孩子的运动问题和扁平足关系不大，主要还是肥胖的影响。目前的饮食模式，很显然能量（包括脂肪甚至反式脂肪酸）摄入过多，会影响身体代谢和激素分泌，对孩子的健康和发育都非常不利，一定要及时纠正。

孩子妈妈还是有些疑惑："我知道反式脂肪酸对身体不好，所以他吃零食虽然没节制，但我们一般都会买标示'零反式脂肪酸'的品种。而且我给他做饭基本上都用健康的油，像橄榄油、核桃油什么的，应该不会有很多反式脂肪酸吧？"

听到她的回答，我意识到这位家长也犯了很多家长共同的错误，就是对反式脂肪酸的了解过于片面了，于是给她进行了详细的解释。

就拿橄榄油来说，大家都认可初榨橄榄油是很健康的油，但却并不十分了解它其实只适合冷吃，也就是调拌凉菜或沙拉。中国家庭吃初榨橄榄油，很多还是采用煎、炸、炒的方法。初榨橄榄油的烟点很低，非常容易加热过度，一旦油温过高就会产生氢化反应而生成反式脂肪酸。所以看起来你似乎一直都吃得很健康，但实际上却是在长期隐性摄入反式脂肪酸。因此不管使用哪种油脂，在烹饪过程中，都一定要注意不能油温过高。

至于市面上的成品零食，很多都会在包装袋上标注"零反式脂肪酸"，看到这个家长们往往会放心地让孩子放开吃。但标注"零反式脂肪酸"并不代表完全不含反式脂肪酸。按照规定，食品中反式脂肪酸含量 ≤ 0.3g/100g（固体）或 100ml（液体）时，就可以标注"无"或"不含"反式脂肪酸了。所以"零反式脂肪酸"的食品，同样不能毫无节制地让孩子吃。

反式脂肪酸的"马甲"非常多，什么精炼棕榈油、氢化植物油、人造黄油、人造酥油、代可可脂、起酥油、人造奶油、植脂末等，一

旦配料表中出现这些名称，那么就必然存在反式脂肪酸，不适合给孩子过多食用。

另外，天然食物中也含有反式脂肪酸，主要是反刍动物（如牛、羊）的肉、脂肪、奶和奶制品，吃此类食物时必然会摄入少量天然来源的反式脂肪酸。世界卫生组织建议反式脂肪酸的最大摄取量不超过总能量的1%，也就是说，如果按一个成年人平均每天摄入能量2000千卡来算，则每天摄入反式脂肪酸不应超过2.2克，所以尽可能避免加工来源的反式脂肪酸摄入，就显得更加必要了。

 崔医生提醒：

家长在选购食品时，除了关注配料表，还要学会分析配料表，比如食品外包装上标明"零反式脂肪酸"的，也未必完全不含反式脂肪酸，所以零食尽量少吃，烹饪上多用蒸、煮、炖、煨的方式，少用油炸、煎、炒。

 想了解更多相关知识，请查阅第二部分的：

第六章 | 6.擦亮眼睛，远离反式脂肪酸
第六章 | 25.青春发育期，这样吃更营养

2. 压力大时，要把目光转移到哪里？

上初中后，孩子们的压力逐渐大了起来，但他们可能还不具备足够的纾解压力的能力，所以很可能将目光放到最能满足当下快乐的"吃"上面，但这潜藏着很大的风险，需要家长不管在身体上还是在

心理上，都能给予正确的引导和帮助。

13 岁　　　女　　　接种流感疫苗

　　这次来看诊的是一个 13 岁的初中生。家长一进门就说了这次就诊的主要诉求："崔医生，这次主要是想给孩子打流感疫苗。10 月份学校统一给接种的时候，因为生病错过了，我看新闻说虽然甲型流感高峰已经过去了，但是乙型流感可能还会有一波，所以就想着是不是也有必要给孩子打了。"

　　这个想法是对的，流感疫苗其实对预防甲型流感和乙型流感都有帮助，现在还属于流感的高发季，确实是有必要接种的。

　　"崔大夫，这次除了接种流感疫苗，正好也有个问题想跟您聊聊。自从孩子上初中后，明显感觉她变得更能吃了，以前挺苗条的小姑娘，现在感觉越来越壮了。她这能吃吧还不是说吃饭，主要是晚上，你就听着她一边写作业，一边吃，吃起那薯片来，一包不带停的，嘎吱嘎吱一直吃。你一说她吧，她就说学习压力大，边吃零食边写心情才会好。"

　　这种情况确实是一个问题。

　　从饮食角度来说，我们建议一天吃三餐，定时定量，饮食规律，这也是保证孩子健康的生长发育的基本要求。在此基础上，可以给孩子适量选择一些营养丰富的食物当作零食。睡前吃太多零食，尤其是高能量的零食，多余的能量得不到释放，所以孩子才会变得像家长所说的"越来越壮"。这种情况确实需要改变，那要怎么改变呢？

一方面，家长需要给孩子耐心地讲这种吃法的危害，包括影响体形，现在孩子其实也开始在意自己的形象了；还有就是为了健康考虑。

另一方面，家长也要想一想，孩子这样做的原因。像刚才家长提到的，孩子也说了，学习压力大。那么建议家长心平气和地跟孩子聊一聊为什么压力大，再有针对性地帮她想解决办法，比如是数学跟不上，还是英语跟不上，遇到了哪方面的具体问题。此外，要让孩子意识到，纾解压力除了吃零食，还有其他的途径，比如运动、闭目养神、听会儿音乐等，当然也可以吃完饭一家人一起出去散散步，然后再回来写作业。

当然，如果孩子学习到比较晚，那么在睡前半小时，适当吃一点儿零食补充能量也是可以的，但是一定要注意别选择高热量的食物，可以自制一些小饼干、小点心等。同时，要离开学习桌专心地享用，不要一手写字一手拿零食吃，这样既不健康也影响专注力。

想了解更多相关知识，请查阅第二部分的：

"A4 腰""直角肩""漫画腿"……以瘦为美的观念，在悄悄影响着青少年群体，形成一股身材内卷的风气。但其实，对于还未成年的孩子来说，最重要的是健康，千万不能陷入盲目追求身材的偏执中去。

　　　　　　15 岁　　　　女　　　　二宝健康体检

　　某个周六，妈妈带着两个孩子来到了诊室。妹妹来体检，姐姐在家没人带，就陪同就诊。

　　妹妹 4 岁，生长发育一切正常，在谈到饮食的时候，妈妈忍不住吐起了槽："在我们家做饭可太难了。妹妹要吃米饭、馒头这些主食，姐姐现在长大了，15 岁，老想着减肥，米饭、馒头一概不吃，说是怕长胖，我还得单独给她再做一份。"

　　"我们班好多同学都不吃晚饭呢。"姐姐在一旁不服气地说。

　　我注意到，姐姐一点儿也不胖，身材甚至有些消瘦。"都这么瘦了，还要减肥呀？"我问姐姐。

　　"现在的氛围就是这样，大家都觉得越瘦越好，都喜欢身材好的，胖了会被歧视的。"姐姐说，"现在商场里、网上很多衣服的尺码也都小得过分，稍微胖一点儿都穿不上！"

　　我跟姐姐说："追求美是人的天性，但如果体重降下来了，身体却垮掉了，是不是就得不偿失了？"

"崔爷爷，我就是把米饭、馒头、面条换成了南瓜、地瓜、玉米，什么都少吃点，应该没什么关系吧？"姐姐问。

　　"你现在 15 岁，还在长身体，需要全面充足的营养来支持生长发育。"我说，"主食、蔬菜、肉、蛋、奶，每顿都要吃，尤其是主食，一定要吃够量。南瓜、地瓜、玉米虽然膳食纤维丰富、饱腹感强，但能量相对较低，你吃得又少，可能就满足不了身体所需。能量长期供应不足，身体就容易出问题啦。千万别照搬大人的减肥餐，这不适合你们。"

　　"我也担心这个呢。她刚开始减肥时，我们都没当回事，觉得女孩子爱漂亮，减一减，饿了自然就会吃了，可现在她吃得越来越少，眼看着瘦了一大圈。"妈妈说。

　　"健康的美，病态的瘦，你想选哪个呢？"我问姐姐。

　　姐姐若有所思地说："其实我也觉得太瘦了不好，有好几个同学更

夸张，一点儿主食都不吃，一滴油都不沾，只吃鸡胸肉和沙拉，有的还催吐、吃药，挺可怕的。"

长期过度节食会给身体带来巨大的健康隐患，可能会演变成厌食症、暴食症，严重的还会威胁到生命。在减肥之前，我们要先有正确的"胖""瘦"观念，可以通过体重指数（BMI）来判断，计算公式为BMI＝体重（kg）÷身高的平方（m^2）。儿童青少年要采用不同性别、不同年龄的BMI判定标准，具体可参考国家卫生行业标准《学龄儿童青少年超重与肥胖筛查》（WS/T 586-2018）。

案例中的孩子，明显属于偏瘦的范围，完全不需要减肥。真心地希望，青少年群体能摆脱无谓的身材焦虑，把关注点更多地放在发展个人兴趣爱好上，增强自信心。家长、学校也要加强这方面的引导，帮助青少年树立健康的审美观。

营医生提醒：

青少年要尽量保持体型匀称，不要偏瘦。合理选择健康零食，摄入足量的碳水化合物，多吃蔬菜、水果，联合运动方法，健康塑形，这比过高、过低体重都能让青春发育更顺利。合理安排运动的时间，要充足睡眠、避免熬夜。

母乳，对宝宝来说是非常珍贵的礼物，也是最理想的食物。母乳喂养，对于妈妈和宝宝来说，也是建立亲子互动非常重要的行为。为了支持和推动母乳喂养，国际母乳喂养行动联盟将每年的 8 月 1 日至 7 日定为"世界母乳喂养周"，我国也将每年的 5 月 20 日定为"全国母乳喂养宣传日"。随着各种媒体平台上对母乳喂养的宣传越来越多，在日常的儿科诊疗工作中，我们确实发现越来越多的家长意识到了母乳喂养的重要性，但在养育实践中，家长们仍不可避免地存在很多疑惑和困扰。我非常开心见到母乳喂养得到家长们的认可，也非常愿意为大家扫清在母乳喂养中的疑惑。

宝宝出生之后，新手爸妈面临的第一个大问题，就是第一口食物应该给他吃什么？先直截了当说答案：宝宝出生后的第一口食物建议是直接喂养的母乳，尤其初乳更是要重视且珍惜。为什么这么说呢？

初乳营养丰富

宝妈刚分泌的乳汁，也就是我们常说的初乳，营养非常丰富。它颜色偏黄，有些甚至呈现橘黄色，性状也相对比较浓稠。

有些老一辈人可能认为初乳很脏、有毒，不能给宝宝吃。这就大错特错了。大家看完下面的讲解，希望也能跟老人好好沟通。

新生儿出生后，妈妈会在或长或短的时间内，自然产生乳汁，供给孩子做食物。大自然的这种安排，其实可以说是对宝宝最好的安排。对于新生儿来说，初乳可是妈妈为他量身定制的"液体黄金"，营养极为丰富且适合宝宝，它能够满足足月宝宝生长发育所需要的全部营养素（除了维生素 D，这个需要额外补，其他章节会讲到）、能量和液体量。

初乳含有大量抗体和免疫活性物质

具体来说，初乳不仅含有丰富的蛋白质、脂肪、维生素、矿物质等营养素，还包含大量的抗体和免疫活性物质，比如免疫球蛋白、乳铁蛋白等，这些有助于增强宝宝的免疫力，降低宝宝患传染病和过敏的概率。

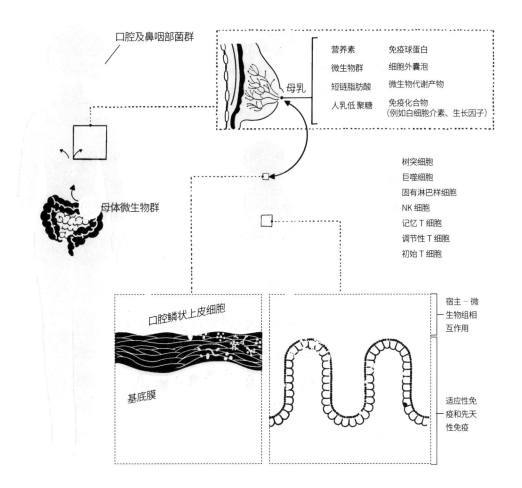

口腔及鼻咽部菌群

母乳

营养素　　　　免疫球蛋白
微生物群　　　细胞外囊泡
短链脂肪酸　　微生物代谢产物
人乳低聚糖　　免疫化合物
　　　　　　　（例如白细胞介素、生长因子）

母体微生物群

树突细胞
巨噬细胞
固有淋巴样细胞
NK 细胞
记忆 T 细胞
调节性 T 细胞
初始 T 细胞

口腔鳞状上皮细胞

基底膜

宿主－微
生物组相
互作用

适应性免
疫和先天
性免疫

母乳喂养对宝宝的免疫功能、口腔及肠道菌群都有着非常重要的影响。母乳中含有的营养素、微生物群、人乳低聚糖等物质，能帮助宝宝构建和完善健康的口腔及肠道菌群。母乳微生物群能刺激免疫细胞分泌 IgA，IgA 能够在免疫调节机制中发挥关键作用；人乳低聚糖还可以对肠道内的免疫细胞（如树突细胞）等发挥免疫作用。

图 2-1-1　母乳喂养模式图[*]

＊KOREN O, KONNIKOVA L, BRODIN P, et al. The maternal gut microbiome in pregnancy: implications for the developing immune system[J/OL]. Nature Reviews Gastroenterology & Hepatology. 2024(21)35－45. https://doi.org/10.1038/s41575－023－00864－2.

这里还要提醒大家的是，妈妈分娩后，越早分泌的乳汁，其中的抗体含量越多，我们一直提倡的"三早原则"（早开奶、早接触、早吮吸），就是为了让宝宝尽早得到妈妈赋予的营养大餐。

吮吸初乳有助于尽早建立和完善肠道菌群

宝宝在吮吸妈妈乳头的过程中，得到的可不仅仅是乳汁本身的营养，很多人不知道的是，妈妈的乳头上及乳管内有丰富的细菌，这个细菌可不是我们常听说的那种可致病的"脏"细菌，而是有益菌，宝宝随着乳汁吃下去的这些细菌，进入肠道内，能够帮助他们建立和完善肠道菌群。

吮吸初乳有助于尽早建立亲子关系

除了提供充足的营养、帮助建立完善的肠道菌群，母乳亲喂还有利于宝宝的心理健康发育，增进亲子关系。妈妈与宝宝的肌肤相触，一呼一吸间的微妙互动，奶阵来临时宝宝嘴巴忙碌的吮吸……所有这些看似微小的行为，对妈妈和宝宝的心理抚慰都是极大的，在这个过程中母子间形成的默契是任何行为都无法超越的情感交互。

所以，条件允许的情况下，我们鼓励妈妈在产后尽早让宝宝吮吸乳头，刺激泌乳，同时也能让宝宝早点儿吃到妈妈的乳头，早点儿喝到母乳。

刚生完宝宝后，有的妈妈没有胀奶的感觉，会怀疑自己是不是没有奶，继而担心宝宝饿着，于是就着急添加配方粉。其实，乳房在孕期就开始为分泌乳汁做准备了，绝大部分妈妈在生产后就会出现少量的泌乳，随着宝宝的吮吸，泌乳量会逐渐增加。新生儿的胃容量非常小，出生一天的宝宝胃容量大约是 5~7ml，出生三天的宝宝胃容量会增大到 22~30ml，一周左右时胃容量大概为 44~59ml，一个月时宝宝的胃容量为 60~90ml。所以千万不要老是觉得孩子会饿着。另外，足月出生的健康宝宝，出生时体内本身就储备了一定量的营养和水分，即便初乳的量很小，通常也能满足出生后 3 天内宝宝身体的需要。

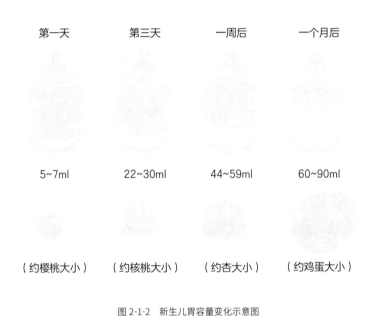

第一天	第三天	一周后	一个月后
5~7ml	22~30ml	44~59ml	60~90ml
（约樱桃大小）	（约核桃大小）	（约杏大小）	（约鸡蛋大小）

图 2-1-2　新生儿胃容量变化示意图

还有一件事要提醒大家，新生儿在出生后的前 5 天出现体重减轻现象是很正常的，因为胎宝宝原本在子宫羊水中生活，出生后暴露在干燥的空气环境中，必然会存在水分蒸发和丢失的情况，另外胎便的排出，也会使体重减轻。足月的健康宝宝只要体重下降没有超过出生体重的 7%，家长就不要着急添加配方粉。过早添加配方粉会增加宝宝消化不良甚至过敏的风险，反而为建立、完善他的免疫系统帮了倒忙。此外，宝宝一旦习惯了奶嘴奶瓶喂养，可能就会对吮吸妈妈的乳头失去兴趣，导致母乳喂养受阻。

特别阐明一下，直接母乳喂养要远远优于吸出母乳用奶瓶喂养。

直接母乳喂养方便快捷，省时省力。宝宝不仅能吃到新鲜、恒温的母乳，还能获得乳房或乳头上的细菌，促进免疫系统发育。每次吮吸乳房，宝宝可以按照自己的需求控制摄入量，家长可以让宝宝先把一侧乳房吃空，再换另一侧，吃到前奶、中奶、后奶，既保证营养还能吃饱。此外，宝宝的吮吸是刺激泌乳的最好方法，吮吸越频繁，妈妈的泌乳量就越多，而且亲喂还有利于妈妈产后恢复，增进亲子关系。

母乳瓶喂则需要手动挤奶或使用吸奶器，经过抽吸、储存、冷冻、解冻等环节，不仅步骤烦琐，乳汁的营养和味道或多或少也会受到影响。长时间瓶喂还可能让宝宝产生乳头混淆，从而影响再次亲喂。

2. 哺乳姿势，关系宝宝的安全与妈妈的舒适感

母乳喂养对宝宝来说，无疑是非常重要的。然而对于妈妈尤其是新手妈妈来说，实现母乳喂养，也是需要技巧的。不少新手妈妈

可能都有过这样的哺乳经历："每次喂奶都好痛，像被马蜂蜇了一样！""宝宝很饿，我的胸也很胀，但他就是喝不到奶！"确实，刚开始母乳喂养的时候，妈妈和宝宝还在磨合期，会面临很多的问题。

乳头周围的皮肤比较脆弱，宝宝吃奶时妈妈的乳房可能会有轻微的疼痛，但这种不适感通常不会持续太长时间。但如果每次喂奶都很费劲，或者妈妈乳房长期疼痛，很可能和妈妈的喂奶姿势、宝宝的吃奶姿势不恰当有关。

不正确的吃奶、喂奶姿势，会带来一连串不利的连锁反应：宝宝不能有效吮吸，吃不饱、易哭闹；吃不到足够的乳汁，宝宝会更加用力地吮吸，容易造成妈妈乳头皲裂；乳汁不能被顺利地吸出来，容易发生胀奶，严重的会引起乳腺炎；妈妈感觉到乳房疼痛，宝宝又长时间吃不饱，坚持母乳喂养的信心和决心也会受到影响……

出现这些负面情况中的任何一种或几种，对于新手妈妈来说都是一种煎熬。因此，妈妈要了解一些常见的喂奶姿势以及宝宝正确的含乳姿势，对于实现顺利哺乳非常重要。

常见的喂奶姿势有摇篮式、交叉摇篮式、橄榄球式和侧卧式等，妈妈可以多多尝试，找到适合自己和宝宝的姿势。无论哪种姿势，都要确保宝宝的头颈部得到稳固的支撑，毕竟小宝宝需要更多的保护。当然，也要确保妈妈哺乳时是放松的、舒服的，如果有需要，还可以借助一些小工具，比如靠垫、枕头或毛巾卷等支撑后背或手臂。

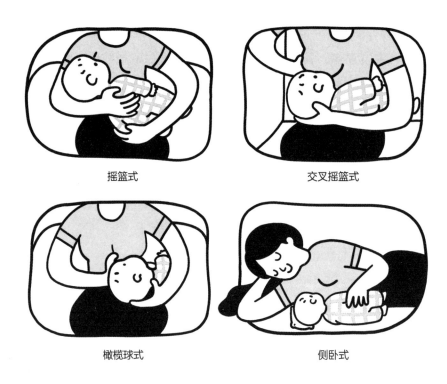

摇篮式   交叉摇篮式

橄榄球式   侧卧式

图 2-1-3　常见的哺乳姿势

正确的含乳姿势

哺乳时，妈妈还要帮助宝宝正确含乳，因为只有正确含住乳头，宝宝才能实现有效吮吸，吃到足够的乳汁。

让宝宝掌握正确的含乳方式，可以这样做：妈妈手呈 C 字形，托住乳房，先用乳头轻轻碰触宝宝小嘴的四周，刺激宝宝产生觅食反射，从而张开小嘴。当宝宝的嘴张得足够大的时候，妈妈顺势将乳头和大部分乳晕（注意是大部分乳晕）送到宝宝嘴中。

这时，妈妈可以观察一下，如果宝宝有下面这些表现，说明他含乳的方式是对的：宝宝的上下唇向外翻，嘴巴包住了整个乳头和大部分乳晕，上嘴唇含住的乳晕比下嘴唇多一些；宝宝的两侧面颊是鼓起的；宝宝在吮吸时，速度较慢且比较用力，有时可能会稍作停顿；能看见宝宝吞咽的动作或者能听到吞咽声。

图 2-1-4　正确的含乳姿势

如果宝宝在吃奶过程中，出现了下面这些表现，说明含乳姿势是错的：宝宝的上下唇向内抿，嘴张得不够大；宝宝只含住了乳头，没有含住大部分乳晕（这种情况特别容易造成妈妈乳头疼痛或皲裂）；宝宝的鼻子被乳房堵住，无法顺畅呼吸；宝宝吮吸的时候，两侧面颊内陷，没有鼓起来；宝宝吮吸的速度较快，感觉比较急躁，且不用力，偶尔能听到咂咂声。

当宝宝有这些表现的时候，妈妈要及时帮宝宝调整一下含乳姿势，首先尝试把手指放到宝宝嘴里，然后再调整含乳的姿势，千万不要强行将乳头从宝宝的嘴里扯出来，以免宝宝哭闹及妈妈乳头疼痛。

只有妈妈和宝宝都觉得舒服、满意，才是正确的喂奶姿势。多多练习，相信您和宝宝一定会配合得越来越好！母乳妈妈，加油！

3. 正确识别宝宝的饥饱信号，轻松哺乳不迷茫

宝宝，尤其是小宝宝，还不具备用语言表达饿了、饱了的能力，所以家长往往会陷入"他是不是饿了""他到底吃没吃饱"的猜测与困惑中。其实宝宝不管是饿还是饱，都会释放一些信号，家长需要的就是耐心观察，及时捕获这些信号，根据宝宝的生长发育状况，进行科学的喂养。

什么情况说明宝宝饿了

"宝宝一哭就是饿了"，这其实是一个误区。小月龄宝宝还不会说话，哭是表达需求的最直接途径，当他感觉渴了、饿了、排便了、困了、身体不舒服了、烦躁了、无聊了……都会哭。我们可以说，宝宝饿了可能会哭，但不能反过来说，宝宝哭了就是饿引起的。因此，妈妈要学会识别宝宝饥饿的信号，以免增加不必要的心理负担。

通常，如果宝宝的哭声短而低沉，带有一定的节奏，并且有吮吸手指或咂嘴寻找乳头的表现，那就说明他是饿了，需要及时喂奶。

如何判断宝宝吃饱了

判断宝宝是不是吃饱了，这里有几个关键点，供家长们参考。

看吃奶情况。宝宝吃奶时，一般吮吸 2~3 次就会吞咽一次，妈妈能感受到这种有节奏的吞咽。通常每次哺乳，宝宝能吮吸单侧乳房 15~20 分钟以上，每天母乳喂养 8~12 次。哺乳结束后，妈妈至少一侧乳房已排空。

看精神状态。吃饱后，宝宝的脸上会露出满足的神情，妈妈很轻松就能把乳头从宝宝嘴里拔出来，或者宝宝会主动离开妈妈的乳头。

看排便情况。妈妈开始常规哺乳后，喂养充足的状态下，宝宝每天小便的次数会达到 6 次以上，且尿液颜色清透，呈浅黄色或无色，没有刺鼻的异味。宝宝出生 3~4 天后，大便的颜色能从胎便的黑绿色和过渡期的深黄绿色，逐渐变为棕色或金黄色。需要提醒家长的是，如果宝宝的尿液经常或持续有异味，需要先排除患代谢性疾病的可能；如果大便呈陶土白色，可能是胆道发育异常。这些情况都要及时看医生。

看体重变化。宝宝出生后前 5 天，因为要排胎便等原因，会出现生理性的体重下降，这是正常现象，只要体重下降没有超过出生体重的 7%，就不用太担心。一般来说，正常足月儿出生后第一个月，体重会增长 1~1.7kg，出生后 3~4 个月，体重会达到出生体重的 2 倍左右。但是由于个体差异，每个宝宝的体重增长速度是不同的。家长带宝宝进行儿童保健体检，特别是产后 42 天复查时，可以向医生咨询宝宝的增重是否合格，还可以通过定期记录宝宝的身高、体重、头围，画出生长曲线，综合判断宝宝的生长情况。只要宝宝在正常范围内生长，就无须担心。

总结一下就是：只要宝宝体重增长正常、大小便正常、精神状态也不错，妈妈们大可放心，宝宝的喂养是充足的，他能吃饱。

还有一个问题妈妈时常会纠结：宝宝在吃奶时睡着了，妈妈应该叫醒他，让他接着吃，还是不打扰他，让他接着睡？这个问题并没有标准答案，妈妈可以根据经验来判断。比如，如果宝宝刚开始吃奶没多久就睡着了，最好叫醒让他吃饱了再睡。因为在饥饿状态下宝宝的睡眠是不安稳的，可能睡着后不久还会饿醒，长此以往既影响睡眠，也不利于养成良好的喂养习惯。叫醒宝宝时，可以轻轻拉一拉他的耳垂，或动一动乳房，也可以抚摸一下宝宝的脸蛋。如果宝宝差不多快吃饱的时候睡着了，就不用再叫醒他了。

4. 如何确定宝宝是否需要补钙、铁、维生素……

家长总是希望给孩子最好的营养，担心宝宝营养不够，总想着补点什么。于是，家长们或多或少就有了这样那样的焦虑。宝宝睡觉爱出汗，是不是缺钙？DHA 被称为"脑黄金"，有助于宝宝脑部和视力发育，这么重要，是不是补得越多越好？缺铁可能会贫血，什么情况下需要补？维生素是维持人体机能不可缺少的营养素，要不要全都给娃安排上？我们这就来详细说说。

钙需要额外给孩子补充吗

10 个家长，9 个都在担心宝宝缺钙。枕秃、睡觉爱出汗、出牙晚、头发黄、夜里容易醒，似乎不论出现什么问题，都能和缺钙联系起来。

钙确实很重要，特别是对于长身体的宝宝来说，骨骼的健康离不开钙。但是就现在的生活水平来说，想要缺钙，真的不容易。我们先来看看《中国居民膳食指南（2022）》推荐的宝宝每日钙摄入量。

图 2-1-5　不同年龄段宝宝每日钙摄入量推荐

6 个月以内的宝宝，食物主要是母乳（或母乳＋配方粉）。通常，只要妈妈饮食均衡，宝宝正常喝奶，就可以从母乳中获得足够的钙质。配方粉喂养的宝宝就更不用担心缺钙了，只要奶量充足，配方粉中的钙含量完全能够满足宝宝对钙的需求。

添加辅食后，钙的食物来源就更多了，比如深色绿叶菜、豆制品、肉等，都含有丰富的钙。只要饮食丰富、营养均衡，也能获得足够的钙，不需要额外补充。

如果盲目补钙导致钙摄入量超标，不仅影响锌、铁、镁等其他营养素的吸收利用，钙质还容易沉积在骨骼以外的器官中，引发结石风险，千万不要有"反正吃不坏，先补了再说"的想法。

事实上，对于绝大多数宝宝来说，想要不缺钙，最该补的却是另外一种营养素——维生素 D。

维生素 D 需要额外补充吗

维生素 D 是促进钙吸收的"助推剂"。也就是说，钙想要在骨骼中充分发挥作用，必须依靠维生素 D 的帮助。除了促进钙吸收，维生素 D 还发挥着重要的免疫调节作用，它具有天然的抗炎特性，能在一定程度上抑制机体产生过敏反应，改善自身免疫性疾病。

母乳中维生素 D 含量极少，靠晒太阳补充的量也有限，还存在晒伤的隐患，最有效的方式就是口服维生素 D 制剂。

一般来说，在我国，纯母乳喂养的宝宝，从出生几天后（通常是出院后）到满 1 岁前，每天补充 400IU（10μg）维生素 D；1 岁以上的宝宝，每天补充 600IU。

最新版的《儿科学》还建议"推荐长期补充维生素 D，直至儿童和青少年期。"所以说，维生素 D 其实可以补一辈子。

铁需要额外给孩子补充吗

铁参与血红蛋白、细胞色素和各种酶的合成，还参与氧的运输。如果体内缺铁，会影响以上物质合成，引发不同程度的缺氧症状，比如肤色发白、头晕、食欲减退、烦躁不安、萎靡不振等。长时间缺铁严重，还会导致宝宝注意力不集中、记忆力减退、生长发育迟缓等，甚至影响认知发展。

一般情况下，足月出生的宝宝 6 个月以内不需要额外补铁。因为出生前宝宝已经从妈妈体内获得了足够的铁，这些铁在他出生后会按需释放，能够维持其正常生长发育到 6 个月左右。

宝宝满 6 个月添加辅食后，需要更多地从食物中获取铁，此时要注意摄入富含铁元素的食物，如强化铁的婴儿米粉、红肉泥等。如果宝宝能从辅食和配方粉中获取足够的铁，也不用额外补充。

1~3 岁的幼儿，饮食结构逐渐向成人饮食过渡。可以说，铁元素的最好来源是含铁丰富且容易吸收的食物，包括红肉（猪肉和牛肉等）、肝脏、豆类、铁强化的谷物等，而非含铁的营养品。

值得提醒的是，添加铁元素含量高的食物时，可以同时搭配维生素 C 含量高的食物，比如橙子、草莓、西蓝花、彩椒、绿叶菜等，这样能促进身体对铁的吸收。

DHA 是人体大脑神经元细胞膜和视网膜细胞膜的重要组成部分，能促进神经细胞生长、神经信号传递，确实对宝宝的脑部和视力发育十分有益。中国营养学会推荐，0~3 岁婴幼儿 DHA 的适宜摄入量是每日 100mg。

对于母乳喂养的宝宝来说，DHA 的主要来源是母乳，妈妈们可以按照中国营养学会的建议——每周吃鱼 2~3 次，且至少有 1 次是富脂海产鱼，以此来加强 DHA 的摄入，这样的话，母乳中 DHA 的含量就能满足宝宝的需求，无须再额外补充。如果母乳妈妈很少吃海产品，就需要每天补充 DHA200mg。

对于混合喂养或配方粉喂养的宝宝来说，奶粉里通常会添加一定量的 DHA，家长可以计算一下，看看宝宝每天从配方粉中摄取的 DHA 量是否足够。

开始添加辅食后，就可以多给宝宝吃一些深海鱼类、海藻类食物了。如果通过膳食结构调整不能满足推荐的 DHA 摄入量，可以在医生指导下服用 DHA 补剂。

最后总结一下，只要食物多样、膳食均衡，绝大多数营养都能从食物中获取，宝宝真正需要补充的只有维生素 D。对任何营养素，我们都要保持理性的态度。如果实在担心宝宝某种营养素摄入不足，可以寻求专业医生的帮助，在科学评估饮食情况的基础上，作出判断，再有针对性地补充。

5. 哺乳前乳头消毒，对宝宝是害而非爱

很多妈妈尤其是新手妈妈，在养育宝宝时特别容易小心谨慎得过了度。父母爱子，情之深意之切非常可以理解，但有些行为确实得不偿失，甚至适得其反。

比如在喂奶前，很多妈妈习惯用消毒湿巾擦拭乳房、乳头，因为

担心上面有细菌，觉得消毒后再给宝宝吃更安全。

其实真的不应该这么做。为什么这么说呢？我们先从妈妈们担心的"细菌"说起。说到细菌，大家的第一反应往往是脏、可怕，因为觉得有细菌就代表着生病，没有细菌才能保持身体健康，但其实这是个非常大的误区。

很多人不知道的是，人类的生存过程本身就是和细菌共生共存的，在人体中寄居着大约 100 万亿个、1000 余种细菌，这个数量相当于人体自身细胞总数的 10 倍以上。*

这么多种类和数量的细菌与我们共生着，如果按照"有细菌就生病"的说法，那我们岂不是长期处于生病状态？显而易见，答案是否定的。因为细菌分为很多种，通俗来讲包括益生菌、中性菌、致病菌。正常情况下，这些细菌处于动态平衡状态，益生菌占主导地位，中性菌、致病菌相对比较少，它们相互制约、相互依存，与人体和平共处，所以也不会对人体造成损害。但是当人体因各种原因抵抗力下降，或者细菌生存的环境发生改变时，这种平衡就可能被打破，致病菌比例上升，从而引发疾病。

宝宝最早获得益生菌进而建立完善的肠道菌群的途径，一是自然分娩，通过妈妈的产道获得；二是直接母乳喂养，通过吮吸获得。

在母乳喂养的过程中，妈妈乳头周围和乳腺管内的细菌，会随着

* 也有研究认为，人体内约有 39 万亿个细菌，而人体细胞数约为 30 万亿。

宝宝的吮吸随乳汁一起进入宝宝的胃、肠道，过路或定植下来，并继续发展，形成宝宝的动态肠道菌群。

完善的肠道菌群可以促进母乳的消化吸收，让宝宝更好地摄取母乳中的营养，帮助他更好地生长发育；同时还能保护肠道黏膜。肠道黏膜发育好了，过敏的概率自然也会降低，所以从某种程度上说，完善的肠道菌群能够改善人体机能，刺激免疫系统成熟，帮助抵御"外敌"，对宝宝的生长发育十分有益。

喂奶前到底要不要消毒

介绍了这么多，关于喂奶前到底要不要消毒的答案显而易见。

如果频繁使用消毒湿巾或手口湿巾擦拭乳房，不仅会擦掉乳头周围的细菌，还可能造成消毒成分残留。消毒成分被宝宝吃进肚子里，会"误杀"肠道中已经存在的益生菌，日积月累，肠道菌群就会逐渐失衡，致使肠道功能紊乱。

此外，频繁使用消毒湿巾清洁乳房，乳头和乳晕部位分泌的保护性油脂也会连同细菌一起被擦掉，致使这部分皮肤干燥，严重的甚至会引发乳头皲裂，给母乳妈妈带来不必要的疼痛性损伤。

因此，哺乳前不需要刻意给乳房消毒，如果觉得不干净，可以偶尔用纱布巾蘸温水擦拭一下即可。这样的话，母亲皮肤，特别是乳房区域的正常菌有了生存空间，与宝宝的肠道菌群也能和谐相处、健康共存。

需要提醒的是，哺乳前洗净双手还是很有必要的！

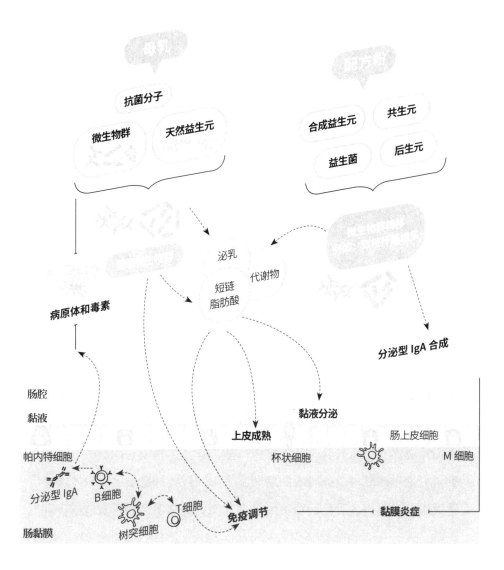

图 2-1-6　母乳喂养有助于完善肠道菌群的建立*

*LEMOINE A, TOUNIAN P, ADEL-PATIENT K, et al. Pre-, pro-, syn-, and Postbiotics in Infant Formulas: What Are the Immune Benefits for Infants? [J/OL]. Nutrients. 2023,15 (5):1231.https:// doi.org/10.3390/nu15051231.

"爱美之心，人皆有之"，妈妈们也不例外。

化妆，染发，做指甲，妈妈们也想打扮得美美的，可一想到宝宝，还是这不敢做那不敢碰。母乳妈妈只能素面朝天吗？当然不是！下面我们就来探讨一下。

母乳妈妈只能素面朝天吗

妈妈们对"变美"诚惶诚恐，主要是担心彩妆、染发剂、指甲油中的化学成分经自身皮肤吸收，进入乳汁再被宝宝吮吸后，影响其健康。这种心情完全能够理解，但有句话说得很中肯——"抛开剂量谈毒性都是要流氓"，评估某种物质对健康有没有影响，必须考虑的一点是"摄入量"。

对于在正规渠道购买的、符合国家标准的彩妆、染发剂、美甲产品，正确使用的情况下，本来就不会危害使用者的健康，只要妈妈们平时用着没有什么异样，比如过敏，哺乳期使用是没有问题的。其中的成分透过皮肤被身体吸收的量非常有限，还要经过层层代谢才能到达乳腺，最后进入乳汁的量更是微乎其微，通常不会对宝宝造成不利影响。

母乳妈妈变美的注意事项

真正需要注意的是，变美后的妈妈和宝宝之间亲密接触的方式。

妈妈化妆后，和宝宝近距离互动时，宝宝的小手可能会触摸到妈妈的脸，化妆成分残留在宝宝手上，一旦吃到肚子里，可能会引发胃肠不适。此外，宝宝皮肤娇嫩，如果不小心蹭到化妆品，出现过敏的概率也比较高。所以建议妈妈们尽量化淡妆不化浓妆，化妆后尽量别让宝宝摸你的脸，也别和宝宝脸贴脸，更不要让宝宝亲你的脸。安全起见，可以卸了妆再和宝宝亲密接触。

染发后，头发上可能会残留一些染发剂成分，妈妈在和宝宝玩耍时，尽量不要让宝宝触摸自己的头发，更不要吃到头发。建议尽量使用纯植物成分的染发剂，采取比较快的染发方式，比如快染，以缩短头皮与染发剂的接触时间。也不要频繁染发，以免刺激头皮、损伤发质。

再说美甲，市面上指甲油种类繁多，妈妈们做美甲时，一定要去正规的美甲店，选择成分安全的美甲产品。街边的三无美甲店就别去了，安全性难以保证。做完美甲回家后，洗净双手再和宝宝亲密接触，不要让宝宝啃咬自己的指甲。另外，指甲油多多少少会散发出刺激性的气味，去美甲的时候，就不要带着宝宝了。还有，如果妈妈需要经常用手触碰宝宝的食物，比如做辅食，那要不要做美甲就应谨慎决定了。

最后简单地总结一下，母乳喂养妈妈是可以化妆的，但别让宝宝碰到彩妆；也可以染发、美甲，但要避免宝宝吃头发、啃指甲。注意这些，就放心大胆地去变美吧。

有的人可能觉得，母乳妈妈还在喂奶，就先别讲究美，把宝宝喂好就行了。这样的要求对妈妈们来说未免苛刻了些。分娩后，面对刚出生的宝宝，面对身体、心理等一系列的变化，妈妈们需要时间去调整、适应，在保证安全的前提下，适当让自己变得美美的，有助于妈妈们增加信心，恢复状态，保持愉悦的心情。心情好了、状态佳了，照顾宝宝也会更加得心应手，何乐而不为呢？

母亲是非常伟大的，这一点真的毋庸置疑。除了操心宝宝的食物，妈妈们也会对自己的饮食非常在意，一方面是希望自己吃得健康，另一方面是妈妈们想让接受母乳喂养的宝宝得到更优质的营养。于是各种担心、疑惑迎面而来。

"婆婆说想要奶水多就得多喝汤，猪蹄汤、鲫鱼汤、排骨汤轮番上阵，每天喝到吐，看着肚子上的'游泳圈'，只能长叹一口气。"

"担心宝宝拉肚子，月子里我妈不让我吃水果，红薯、西蓝花也不能吃，说容易造成宝宝胀气。这是真的吗？"

说起哺乳期饮食，相信不少母乳妈妈都有过类似的经历和困惑。

哺乳期到底吃什么、怎么吃，才能既保证宝宝有足够的口粮、妈妈又不长胖？喂奶期间真的要忌口吗？

哺乳期妈妈应该怎么吃

先来说怎么吃。哺乳期多吃点、吃好点，保证营养的确很重要。因为只有妈妈吃好了，乳汁才能更充足，更有营养。但多吃点并不是吃得越多越好，更重要的是科学搭配、膳食均衡。

坚持饮食多样化。妈妈在生完宝宝后的前几天可能会比较虚弱，胃口也不太好，饮食要清淡、稀软些，比如面条、馄饨、粥、蒸鸡蛋、煮烂的菜肴等，这些都很容易消化，之后就可以慢慢过渡到正常饮食。整个哺乳期都要注意饮食的多样化，每天的膳食应包括谷薯类、蔬菜水果类、畜禽鱼蛋奶类、大豆坚果类食物，可以通过选择小分量食物、同类食物种类互换、粗细搭配、荤素双拼、色彩多样的方法，达到这一目的。

《中国居民膳食指南（2022）》给出了母乳妈妈一天摄入的食物量参考，见图 2-1-7。

适当增加富含蛋白质、钙、铁、维生素的食物。母乳妈妈既要分泌乳汁、哺喂宝宝，还要满足自身恢复所需的热量，对很多营养素的需求比平时要更多一些，比如蛋白质、钙、铁、各种维生素等，可以适当增加富含这些营养素的食物摄入。比如：鱼肉，鸡肉，瘦肉（猪、牛、羊），蛋，奶和奶制品，大豆和豆制品就是优质蛋白质、钙元素来源；动物血、肝脏、红肉是很好的铁元素、维生素 A 来源；绿叶菜、青椒、西红柿、胡萝卜、橙子等富含维生素 B 和维生素 C，也要适当多吃一些。

值得提醒的是，适当增加摄入，可不是大吃特吃、吃得越多越好。有研究表明，母乳喂养平均每天可额外消耗约 500 千卡的热量，妈妈们可以估算一下，每天比孕前多吃 500 千卡左右的热量就是比较合适的了。

保证水分摄入。分泌乳汁，加上自身代谢的增加，母乳妈妈对水分的需求也有所增加，所以每天都要补充足够的水分。如果妈妈觉得喝足水比较困难，或者容易忘记喝水，可以试试在每次哺乳前喝一杯水，把这件事作为一个固定动作，慢慢就能形成习惯坚持下来了。也可以喝一些清淡的汤，比如豆腐汤、蔬菜汤等。千万不要为了追奶无节制地喝太油腻的汤，比如猪蹄汤、排骨汤、鸡汤，不仅影响妈妈的

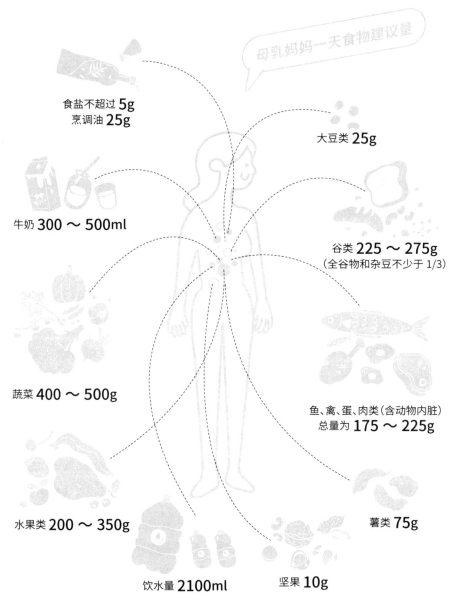

母乳妈妈一天食物建议量

食盐不超过 5g
烹调油 25g

大豆类 25g

牛奶 300 ～ 500ml

谷类 225 ～ 275g
（全谷物和杂豆不少于 1/3）

蔬菜 400 ～ 500g

鱼、禽、蛋、肉类（含动物内脏）
总量为 175 ～ 225g

水果类 200 ～ 350g

薯类 75g

饮水量 2100ml

坚果 10g

图 2-1-7　母乳妈妈一天食物建议量

食欲，导致营养过剩、乳腺管堵塞，还可能引发宝宝腹泻。

说完了怎么吃，接下来讲讲哺乳期不能吃或尽量少吃的东西。

含酒精的食物不能吃。酒酿、月子酒等含有酒精的食物，母乳妈妈要严格回避，酒精会通过乳汁进入宝宝身体，对宝宝的睡眠、大运动发展和认知等产生不利影响，还会抑制泌乳反射。即使煮沸过，其中的酒精也不会完全消失，为了宝宝的健康，哺乳期不要喝酒！

含咖啡因的食物不能吃。咖啡因同样会通过乳汁影响宝宝，导致宝宝紧张、易怒、失眠，还可能引发胃食管反流。新生儿和早产儿对咖啡因更加敏感，因此在宝宝 3 个月内，母乳妈妈应避免饮用含咖啡因的饮品，比如咖啡、茶；3 个月后也要慎重，每天咖啡因摄入量应小于 200mg。

中草药遵医嘱。有些母乳妈妈会用中草药来催奶。中草药虽然是天然的，但并非绝对安全，不建议贸然服用。某些中草药的成分也可能会进入乳汁，对宝宝的健康产生不利影响。如果一定要喝，建议先咨询医生。

不要随便忌口。目前没有证据表明，母乳妈妈忌口可以预防宝宝过敏。只有母乳妈妈本身对某种食物过敏，或者确定宝宝的过敏症状是由妈妈吃的食物引起的，妈妈才需要回避该种食物。也就是说，除非妈妈或宝宝对某些食物过敏，否则通常不用忌口。实际上，哺乳期间妈妈摄入不同种类的食物，乳汁的味道也会有所变化，这种变化反而有助于宝宝在未来更容易地接受各种各样的食物，养成良好的饮食习惯。

所以说，别担心了，哺乳期间，母乳妈妈并不需要刻意安排特殊的饮食，只要吃得多样、均衡、全面，相信你和宝宝都会收获健康。

8. 母乳不够吃，试试这些追奶方法

当妈妈真的不容易：刚生下宝宝，担心自己没奶；好不容易下来奶了，又担心营养不够，逼自己吃各种"有营养"的食物；还要害怕奶量不够宝宝吃，想尽一切办法增加奶量。关于追奶的技巧，用搜索引擎随手一检索，就有成千上万个结果。但总结下来，真正靠谱的是以下这几点。

坚定母乳喂养的信心

天生母乳不足的妈妈很少，所以首先不要怀疑自己，不到万不得已，不要轻易动摇母乳喂养的决心，要相信，通过科学的追奶方式，你是有能力喂饱宝宝的。

让宝宝多吮吸

乳汁不是攒出来的，而是吃出来的。宝宝吮吸乳头时，会把"我要吃奶啦"的信号通过乳头传递给妈妈的大脑；大脑收到信号后作出判断，向脑垂体下达分泌催乳素和催产素的指令；催乳素指挥泌乳细胞生产乳汁，催产素则有助于乳腺的肌上皮细胞收缩，刺激乳汁排出。这样一个流程走下来，宝宝就可以吃到香甜的乳汁了。

相反，如果没有吮吸，妈妈的大脑就相当于被告知"宝宝不需要

吃奶",于是大脑会下达停止产奶的指令,抑制乳汁的产生,避免妈妈胀奶。

因此,宝宝的吮吸是促进妈妈泌乳最有效的方法。当母乳不足时,先别着急添加配方粉,尝试让宝宝多吮吸,建议每日哺乳 10～12 次,每次至少 15 分钟。如果已经因为母乳不足开始混合喂养,也最好让宝宝先吸母乳再吃配方粉,以免宝宝吃饱后,不肯再吮吸乳头。

良好的身体和心理状态是保证泌乳量的关键。刚刚完成角色转换,妈妈往往不能适应新的生活节奏,宝宝的喂养、排便、睡眠等问题,自己身体一系列的变化,都会让妈妈不知所措,从而陷入焦虑、纠结中。前面提到,泌乳需要催乳素和催产素的助攻,妈妈身体状态不好,激素水平也会不稳定,进而影响泌乳量。

遇到困难时,妈妈可以尝试通过和周围有育儿经验的朋友交流,阅读相关书籍,或求助专业的儿科医生,来缓解焦虑情绪。觉得疲惫了,可以找点能让自己彻底放松的事情,比如看书、追剧或者买买买,享受只属于你的自由时光。

新生宝宝的睡眠规律还没有很好地建立起来,妈妈的休息时间无法保证,睡整觉都成了奢望。这时,白天家人帮忙搭把手,照顾一下宝宝,让妈妈好好补个觉;夜里宝宝吃奶的时候,尽量不让妈妈一个人战斗,这些小细节,都能给予妈妈温暖,增强母乳喂养的信心。

平时,家人也要多关注妈妈的情绪,多一点儿关心,少一点儿指责。尤其不要陷入一个误区：宝宝哭便是要吃奶，经常哭是由于妈妈乳汁不足。事实上，宝宝哭闹可能是不舒服、困倦等原因造成的，对新生宝宝来说，无论哭闹的原因是什么，吮吸都会让他变得安静。因此，家长要学会识别宝宝饥饿的信号（起初表现为身体活动增多，然后开始哭闹），家人也要理解、支持妈妈，避免给妈妈增加不必要的心理压力。

均衡饮食

母乳妈妈的饮食，应做到食物多样、营养均衡，同时适当多补充一些优质蛋白质和水分。千万不要执着于猪蹄汤、排骨汤、鸡汤、酒酿、中药偏方等各种"下奶神器"，也不要大量进食蛋白粉、阿胶等补品，过度进补不仅不利于泌乳，还可能对宝宝造成伤害。

9. 宝宝偏爱一侧乳房，务必及时干预

虽然为母乳喂养做了很多准备，但是真要实践起来，还会遇到各种问题。

大家都知道，喂奶要交替着一边一边来：让宝宝先吃一侧乳房，如果吃完了还没吃饱，再换另外一侧；下次哺乳，从没吃过或吃得比较少的那一侧开始喂。 这样做的目的，一是确保宝宝"前奶""后奶"都能吃到，获取的营养更均衡；二是轮流哺喂，有利于保持两侧乳房大小相对对称。

但在实际生活中，不少妈妈会遇到这样的情形：哺乳时，宝宝只偏爱一侧乳房，即使另一侧乳房已经严重胀奶，宝宝还是不愿意吃。出现这种情况，通常和以下几方面因素有关。

妈妈的哺乳习惯。如果妈妈是左撇子或右撇子，喜欢把宝宝放在某一侧，感觉喂奶更容易，久而久之，宝宝也会更偏爱这侧乳房。也有些妈妈在哺乳时，为了方便看手机、吃东西、听音乐等，会让宝宝先吃某一侧乳房，以便腾出另一只手做想做的事情，这也会让宝宝养成只吃一侧乳房的习惯。

妈妈的两侧乳房供奶不平衡。两侧乳房的乳腺管和乳腺小叶分布并不是完全一致的，分泌的奶量也有所不同，有的宝宝性子比较急，可能就不喜欢吃奶流速度较慢的一侧乳房，而偏向吃奶水更充足的那侧乳房。如果妈妈某侧乳房存在乳头内陷，或患有乳腺炎等乳腺疾病，或曾经动过手术，宝宝吮吸起来比较困难，也会出现偏爱另一侧乳房的情况。

宝宝身体不舒服。如果宝宝有斜颈，总是向一侧偏着头，就会偏好该侧乳房。宝宝出现了耳朵感染或者鼻塞情况，躺在患侧吃奶会有疼痛和不适感，也会不喜欢吃这一侧乳房。此外，如果宝宝在吃奶的时候受到了惊吓，特别是一些情感细腻的宝宝，可能会把不愉快与当时吃的那侧乳房联系起来，而尽量避免吃那一侧的奶。

不管哪种原因，宝宝长期只吃一

侧乳房，这一侧乳房的乳腺管会变得更加通畅，奶量更多，另一侧乳房分泌的奶量则会相对减少，宝宝吮吸时感到费力，就会更加拒绝，从而形成恶性循环，时间久了，还会导致两侧乳房不对称，形成"大小胸"。

如何改变宝宝偏爱一侧乳房的情况

方法很简单，就是让宝宝多吮吸他不爱吃的那侧乳房。

妈妈们可以尝试这样做：在宝宝饥饿的时候，先让他吃不爱吃的那侧乳房，让大脑接收到这一侧需要更多奶水的信号，以加强排空，促进泌乳，保持乳腺管畅通。

如果宝宝拒绝吮吸，喂奶前可以先和他互动一下，让他靠在他不太喜欢的乳房一侧，趁着情绪好，自然而快速地将乳头放到宝宝嘴里，让他顺势吮吸。也可以尝试在宝宝比较困、还没睡醒的时候，喂他不喜欢的一边，这时宝宝会比较容易接受。

这里要提醒妈妈们，让宝宝多吮吸他不爱吃的那侧乳房，不等于只吃这一侧乳房。还要注意及时吸出宝宝偏爱的那侧乳房的奶，避免乳腺管堵塞，造成更麻烦的后果。情况有所改善后，就要坚持两侧乳房轮流喂，尽量保持同等的哺喂频率。

10. 宝宝吃奶必咬乳头，妈妈如何自救？

宝宝渐渐长大，也越来越"淘气"，原本好端端吃着奶，不知怎么回事，突然咬起了乳头，疼得妈妈直咧嘴，这是怎么回事呢？

宝宝咬妈妈乳头的原因有很多，最常见的是出牙期间牙龈不适，需要通过啃咬来缓解这种不舒服的感觉，排遣由此带来的焦躁情绪。宝宝生病时，也会通过咬乳头的方式来纾解不适。另外，如果宝宝想要引起关注，他有可能也会借由咬乳头的方式吸引妈妈的注意。

妈妈被咬后，尽量保持镇定，不要大喊大叫，不要训斥宝宝，以免宝宝受到惊吓，或误以为妈妈在和自己"玩"，从而更加热衷于咬乳头这个"游戏"；也不要强行将乳头从宝宝口中扯出，以免加重乳头损伤。

建议妈妈这样做：把手指放入宝宝口中，替换出乳头，暂停哺乳。如果宝宝不肯松口，可以将乳房靠近宝宝的面部，轻轻堵住他的鼻子，这样宝宝就会本能地张开嘴来呼吸。这样做的目的是让宝宝明白，咬了妈妈的乳头就没有奶吃。同时告诉宝宝"妈妈的乳头不可以咬，会很疼"，如此重复几次，宝宝就能理解了。

妈妈可以通过以下方式，来避免宝宝咬乳头。

注意宝宝的吮吸动作。哺乳时保持警觉，尤其在宝宝吃得半饱时，观察他的吮吸动作是否发生改变。正常情况下，宝宝会张大嘴巴含住整个乳晕来吃奶，如果宝宝的嘴巴有松动的迹象，向乳头的方向移动，就要留意了，及时纠正他的含乳姿势或暂停哺乳。

帮助宝宝缓解出牙不适。如果宝宝是因出牙不适而咬乳头，可以准备磨牙棒、安抚奶嘴、牙胶等让宝宝啃咬，已添加辅食的宝宝，可选用咬咬乐来缓解牙龈肿胀的感觉。妈妈也可以用指套牙刷帮宝宝轻轻按摩牙龈。

哺乳环境尽量简单、安静。宝宝容易受到外界环境的吸引，比如听到声响会突然转头，从而拉扯乳头。所以哺乳时，最好保证环境相对安静，让宝宝专心吃奶。

11. 掌握几个小技巧，从容应对溢奶、打嗝

如果说宝宝只爱吃一侧乳房、爱咬妈妈乳头只是小问题，那么应对宝宝的溢奶（俗称吐奶）问题，对于家长来说算得上是一个大考验了。毕竟从症状上来说，吐奶太容易与生病时呕吐联系起来。其实对小月龄宝宝，尤其是新生儿来说，溢奶、打嗝都是很常见的。

如何正确应对溢奶

大多数宝宝溢奶是生理性的，家长不必过于担心。

溢奶与宝宝胃部的发育特点有很大关系。正常情况下，成年人的胃呈倾斜状，进食后，与食道相连的贲门括约肌紧张，与小肠相连的幽门括约肌相对松弛，经过胃部消化的食物得以顺利进入肠道而不会反流。宝宝的胃部则是横着的水平位，消化道肌肉发育也不成熟，贲门括约肌较薄弱，而幽门括约肌相对发育较好，吃奶后一旦立即平躺或腹部稍稍受到挤压，奶液就很容易通过食道反流，从而溢奶。此外，如果宝宝吃奶时咽进去了空气，打嗝时也很容易将奶液带出，引

发溢奶现象。大多数宝宝出现溢奶都是这个原因引起的，通常也不会对宝宝有什么影响，家长不必特别担心。只要宝宝体重增长正常，清醒时精神状态良好，就不必担心。随着宝宝消化道肌肉逐渐发育成熟，溢奶现象会慢慢缓解，直至自然消失。

在日常养育时，家长可以注意控制下喂奶的量和速度，尝试少量多次喂食，不要一次性喂得太多太快。如果是瓶喂，选择孔隙大小合适的奶嘴，保证奶流速度适宜。这样在一定程度上可以缓解宝宝出现溢奶的情况。

每次哺乳后，给宝宝轻轻拍嗝，帮助其排出吃奶时咽下的空气。家长可以站着，也可以坐着，让宝宝斜趴在你的肩膀上，一只手托住宝宝臀部，另一只手呈空心掌，轻拍宝宝的上背部，促使宝宝打嗝。拍嗝后没有听到响亮的打嗝声也别担心，有些嗝不用拍就自己出来了。如果吃奶后宝宝已睡熟，担心拍嗝会唤醒宝宝，家长可倚靠在沙发上，使自己的身体呈 45°，这时让宝宝趴在大人身上，宝宝的头高于大人肩膀，下腹抵在大人的身上，保持这个姿势 15 分钟左右，很多时候宝宝也会自行打出嗝。

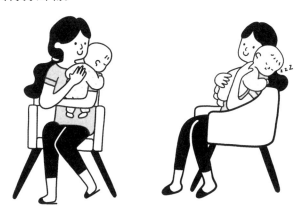

图 2-1-8　帮宝宝打嗝的姿势

喂完奶后，不要挤压宝宝腹部或带宝宝剧烈玩耍；需要更换尿不湿时，也不要过大角度地抬高宝宝的屁屁和腿。

注意，如果宝宝频繁且大量地吐奶，甚至以喷射状吐奶，喷吐物呈棕色或绿色，体重明显下降或长期不增长，吐奶后精神萎靡，或伴随有其他不适，应及时就医。

如何正确应对连续打嗝现象

打嗝是膈肌痉挛的表现，也是宝宝生长发育过程中一种正常的生理现象。

从生理结构上分析，膈肌是分隔人体胸、腹的肌肉，成年人的膈肌呈双驼峰状，胃部膨胀时不易对膈肌产生刺激，因此较少打嗝。而婴儿的膈肌是平的，一旦宝宝吃饱，膨胀的胃部就会刺激膈肌，造成膈肌痉挛，从而开始打嗝。

另外，新生儿胃肠功能较弱，容易胀气，当喂养姿势不当或宝宝哭闹时，他会吸入大量空气，使得胃部顶到膈肌的机会增多，造成膈肌频繁痉挛。所以，新生儿打嗝的情况更为常见。

如果宝宝已经开始打嗝了，要怎么办呢？其实与成年人不同，打嗝并不会给宝宝带来不适，而且通常是自限性的，在不干预的前提下，很快就会自行平复。如果想帮宝宝停止打嗝，可以尝试让宝宝做吮吸动作。另外，啼哭也能起到一定的缓解作用。

除了偏爱一侧乳房、爱咬妈妈乳头、溢奶、打嗝，母乳喂养过程中，妈妈的困扰还有很多，比如厌奶。

"上周明明一顿能吃 20 分钟，今天怎么才吃了不到 10 分钟就不吃了？宝宝乖，再吃点……"

在养育过程中，特别是有小月龄宝宝的家里，这种画面并不少见，一边是家长费尽心思地喂，一边是孩子态度坚决不为所动地退。几番拉扯下来，孩子吃下去的奶量还是没达到家长心里的标准，于是家长不禁生出焦虑感：宝宝是不是到厌奶期了？

事实上，医学上并不存在"厌奶期"这种说法，也没有一个医学上的准确时间界定这个阶段。有的家长会觉得疑惑：话虽如此，可我家孩子有一段时间是真的不爱吃奶呀。确实，有些孩子是会存在厌奶的情况，但把"厌奶"定义成宝宝生长发育过程中的一个必经阶段，是不科学的。

弄清孩子不爱吃奶并非一个必经且让人束手无策的特殊时期之后，咱们再来解决孩子厌奶这个问题。首先要做的自然就是放下焦虑，把厌奶当成一种非常普遍的现象或者说状况，去分析背后的原因，再有的放矢地解决问题。

有些孩子出现厌奶，可能是对家长频繁强迫他吃奶的反击。即便是再小的宝宝，也能明确感知自己的需求，如果家长的做法违背了这个需求，孩子肯定会抵触。设身处地想象一下，我们自己也不可能每顿都吃得一样多，分毫不差。况且小宝宝的食物相对成人来说格外单调，不管是母乳，还是配方粉，都是口感差不太多的液体。所以，不管愿意与否，咱们必须承认这样一个事实：孩子每次吃奶或吃饭，都可能会在量上有差异，有时甚至能差出20%左右，全天累计下来说不定会差上40%，而这都是正常的。

所以我们千万不要让自己被"不同月龄奶量推荐"或者"不同年龄的食物摄入量推荐"这样的标准所绑架，任何指南里的推荐量只是为了给大家参考，是综合了诸多样例之后得出的一个平均数，但是你家的孩子是独一无二的，他会存在个体差异，我们不能教条地去执行这些标准，更不应该以此去强迫孩子。

另外，"进餐环境"对于保证吃饭的效率同样重要。如果妈妈因为担心"厌奶问题"而情绪焦虑，那么这种负面情绪肯定会传递给孩子，无形中会影响他的食欲。再加上来自妈妈的催促或者强迫，在这种"二合一"的压力之下，孩子的吃奶量会受到怎样的影响也就可想而知了。

导致孩子出现厌奶的第二种可能性，就是胃肠不适。现在的养育环境常常过于干净，这乍一听似乎是件好事，但是深究起来却发现事实并非如此——家庭生活环境中消毒产品的滥用，会在无形中破坏孩子的肠道菌群，甚至还会导致消毒剂慢性食入的问题。这种情况下，孩子就非常容易肚子不舒服，也就会出现厌奶的情况。

有的家长可能会问，我们一直这样养育的呀，为什么他小的时候没厌奶，现在却突然厌奶了呢？这是因为孩子越小，反应越不敏感，而随着他不断长大，消毒剂滥用带来的负面影响在不断累积，总会有爆发出来的那一天。所以这就可能给家长一种错觉，即到了一定的年龄阶段，孩子突然就不爱吃奶了。而且这种环境影响是缓慢且潜移默化的，因此很多时候孩子可能除了厌奶，并不会有其他不适的症状，这也会使得家长更加困惑，只好单纯地把厌奶归咎到"厌奶期"上。

导致孩子厌奶的第三种可能性，就是有的孩子非常喜欢吃辅食。这种情况下，就建议在孩子饿的时候，先喝奶后吃辅食。饿的时候首先关注的是饱腹。

总的来说，遇到孩子出现厌奶的情况，家长先别急着担心，更不要把它认定成无法改变的情况，而是要冷静下来排查原因。原因找到了，自然就能去想应对办法，而有了解决问题的方法，焦虑自然也就消失了。

有一句话特别想提醒大家：喂养是为了生长这个结果，不是为了喂养这个过程本身。所以如果你在养育过程中出现了担心的事情，第一件要做的事情是先去评估结果，然后再回来看这个过程中的问题到底需不需要担心。

那么评估结果看什么呢？综合孩子的情绪状态、排便情况等，最重要的是看他的生长发育情况——身高、体重、头围数值曲线如何，语言、运动、认知发育情况如何，等等。如果这个结果是令人满意的，那么说明你眼中的问题，其实很可能并不是问题，没有必要太过担心，而如果实在把握不准无法进行评估，也不要太焦虑，你还可以向医生求助，请他来帮助你。

我们常说，预防宝宝过敏，应该尽可能坚持母乳喂养，特别是直接母乳喂养。然而，宝宝吃母乳后出现了口周红肿、湿疹、腹泻、腹胀、呕吐、大便带血或便血等疑似过敏症状。这是怎么回事？是宝宝对母乳过敏吗？要不要断奶？

先别着急下结论。母乳是宝宝最理想的食物。在没有配方粉之前，人类就是靠着母乳的哺育，一代又一代地繁衍生息。所以在临床上，宝宝对母乳过敏的概率是非常非常低的。

存在过敏症状 ≠ 过敏

母乳喂养的宝宝出现过敏症状，可能根本不是过敏。

不少母乳宝宝存在大便偏稀、胀气的情况，有一些宝宝的大便可能还带有血丝或血点。看到宝宝排便时有血丝，家长往往很紧张，怀疑是母乳过敏引起的，其实绝大多数情况并非母乳过敏，而是母乳的特点决定的。

母乳中富含人乳独有的低聚糖，这是一种可溶性的食物纤维，可以被肠道中的益生菌败解，产生气体和水分。因此，母乳喂养的宝宝，大便普遍偏稀，排便次数和排气也比较多，这是很正常的。

宝宝要排便了，肚子里有气、大便又稀，向外排的时候，会带有一点儿冲力，再加上排便次数多，这个冲力可能就会损害宝宝肛门周围的皮肤，出现小裂口，也就是肛裂，从而导致大便带血丝或血点。若家中频繁使用消毒产品，例如用手口湿巾擦婴儿手、口，擦妈妈乳房，等等，长时间会影响婴幼儿肠道菌群的建立，造成肠胀气情况加重，排便时冲力增加，出现肛裂的机会也会增多。

在我们平时看诊过程中，经常碰到这样的案例，尤其是小月龄宝宝。仔细扒开宝宝的肛门，拿手电筒一照，就能看到肛门处有很明显的小裂口，还渗着小血点。这种情况并不是母乳过敏引起的，也不需要停止母乳喂养。

应对肛裂，先了解引起肛裂的原因，然后对症下药，比如停用所有消毒产品，必要时服用益生菌，还可以用黄连素水温湿敷。因为肛裂伤口纵深较大，温湿敷能够使药物到达伤口深部，预防肛裂局部感染。

准备一片黄连素片，　　用温水将黄　　　将黄连素水浸满医用纱布或
200～300ml 温水　　　连素片化开　　　软布，敷在伤口上

图 2-1-9　宝宝肛裂时，温湿敷的步骤

需要提醒的是，用湿纸巾频繁擦拭宝宝肛门裂口处不仅起不到消炎的作用，反而容易刺激伤口。

如果宝宝吃母乳后出现反复湿疹、呕吐、腹泻等过敏症状，排除其他原因后，要警惕宝宝是否对妈妈吃的食物过敏，可以采取"回避＋激发"试验查找过敏原。

首先，妈妈停止食用所有含牛奶、鸡蛋、海鲜、花生等易导致过敏的可疑食物，观察宝宝的过敏症状是否有所减轻。禁食期间，如果宝宝的症状明显减轻或消失，可以初步确认过敏与妈妈的饮食有关。禁食 2~4 周后，妈妈再次分别食用可疑食物，并观察宝宝吃母乳后是否再次出现过敏症状，以此锁定致敏食物。

妈妈重新食用可疑食物时一定要足量，比如在对牛奶进行排查时，应至少一天喝一杯牛奶，以保证有一定量的牛奶蛋白进入宝宝体内，激发过敏反应。如果宝宝在妈妈饮用牛奶后出现明显的过敏症状，就可以确定宝宝对牛奶过敏。

锁定致敏食物后，妈妈就要及时、彻底地回避这种食物。比如，确定宝宝对牛奶过敏的话，妈妈就要彻底回避牛奶和奶制品。

妈妈禁食已锁定的致敏食物 3 个月后，可以再次少量尝试该种食物，并观察宝宝是否有过敏反应。若宝宝没有出现异常，妈妈就可以在日常饮食中逐渐食用致敏食物；如果宝宝再次出现过敏症状，妈妈则需要继续回避该食物。

妈妈忌口期间不必断奶，仍然可以继续母乳喂养。其间还要注意避免一些会给宝宝免疫系统造成负面影响的行为，例如频繁使用消毒剂及相关产品、抗生素等，以免破坏宝宝肠道菌群，加重过敏症状。

综上，母乳宝宝出现过敏症状，绝大多数情况下是不需要同时忌口"八大类"食物或停止母乳喂养的。如果妈妈心中有疑虑，最妥当的做法是咨询专业的儿科医生，找到引起宝宝过敏症状的原因，再有针对性地护理、调整。不然，同时忌口"八大类"食物，妈妈营养摄入会大大降低，既不利于妈妈的身体状况，更不利于母乳质量，进而影响宝宝生长。轻易放弃母乳喂养，对宝宝和妈妈来说都是一种不该有的损失。

先来看以下场景。

场景 1："我的乳汁比较充足，宝宝吃饱之后感觉还有不少，得赶紧挤出来，不然堵住就麻烦了。"

场景 2："最近得了轻微的乳腺炎，只靠宝宝的吮吸不能排空乳房内的乳汁，医生说要及时把乳汁吸出来，以免淤积加重病情。"

场景 3："过段时间产假结束就得回去上班，想工作和母乳喂养两不误，要背奶了。"

以上几种情形，都涉及母乳的吸出和储存问题。挤出来的母乳该如何储存？重新加热时又有哪些需要注意的呢？下面咱们就聊一聊。

吸奶前，妈妈要洗净双手，吸奶器的各个部件以及储奶的容器应在吸奶前已洗净并控干。

吸奶器分手动和电动两种。电动吸奶器（最好是双头吸奶器）使用起来会更高效、方便一些，挑选时应重点关注这几点：能模拟宝宝吮吸过程，刺激喷乳反射；吸力柔和且强弱可调，方便妈妈调整到适合自己的最大舒适负压，促进泌乳；零部件能拆卸、易清洗，保证卫生安全；吸乳护罩尺寸合适，能很好地吸附到乳房上，防止抽吸时漏气。

储奶容器主要有玻璃储奶瓶、塑料储奶瓶、储奶袋三种。如果是要长期储存，放在冰箱里冷冻，建议选择专用的母乳储存袋。现在市面上还有可以直接安装在吸奶器上的母乳储存袋，很方便，能有效避免二次污染。注意避免使用金属制品，这类容器会吸附母乳中的活性因子，影响母乳的营养价值。还要留意储奶袋的密封性，防止母乳变质。

因为冷冻后体积会膨胀，所以吸奶时储奶袋不要装得太满，以留出 1/4 的空间为宜，最后排出空气封口。

快速密封好后，在储奶瓶或储奶袋上贴好标签，记下吸乳当天的日期和奶量。由于母乳只能解冻一次，每个储奶袋最好保存宝宝一顿的奶量，避免剩余的乳汁被浪费。

母乳应该如何储存

储存母乳，要根据宝宝需要饮用的时间，采取不同的储存方式。

如果宝宝在 4 小时内饮用，可以常温避光保存，确保室温维持在 25℃左右。注意储奶袋要竖立放置，避免奶液从密封条处渗出。

如果宝宝在 24 小时之内饮用，要放在冰箱冷藏室。虽然有研究表明，在 4℃左右的环境下，母乳可以保存 48 小时，但家用冰箱使用频率较高，冰箱门开开关关，冷藏室很难保证温度达标且恒定，因此建议冷藏保存最好不要超过 24 小时。注意：尽量靠冰箱里边放，不要放在冰箱门上或冰箱门附近；还要把母乳与其他食物分开存放，避免受到污染。

如果短期内宝宝不饮用，应在 -15℃以下的冷冻条件下储存，可以储存 3~6 个月。存放时，应将挤出时间较早的母乳放在靠近冰箱门的位置，新挤出的母乳依次往后排，以方便优先取用封存日期较早的母乳。

如果乳汁常温保存或放在冷藏室中，取用时只需把储奶袋或奶瓶放在 40℃左右的温水中加热。怕麻烦的妈妈，可以准备一个恒温的温奶器。

千万不要使用微波炉或沸水解冻。因为这样容易出现加热不均匀的问题，比如某一处的温度很高，但四周仍然是冰的；而且这样也会破坏母乳的营养成分。

如果乳汁储存在冷冻室，取用时需先放到冷藏室解冻成液体状，再按照上述方法加热。

值得提醒的是，储存的母乳可能会分成乳水和乳脂两层，这种情况是正常的，给宝宝喝之前可以轻轻摇匀。将乳汁温热后，再把储奶袋上的封口打开，倒进奶瓶，能有效缓解这种分层的现象。

此外，冷冻过的乳汁解冻后，闻着比较腥，味道也可能有变化，这也是很正常的，妈妈不用担心，但有的宝宝可能不太能接受。而且冷冻的环境特别是存储温度不足、有波动等情况，会使母乳中的一些蛋白质变性，对消化系统不是很完善的宝宝来说，饮用后可能会出现腹泻情况。

最后，如果储存的母乳加热之后没有吃完，剩下的就要扔掉，切忌反复冷藏、加热，否则会影响宝宝的健康。

当宝宝稍微大一点儿，开始添加辅食了，周围的人尤其是老一辈人，可能会觉得"母乳越来越稀，没啥营养了，会影响宝宝长身体"，从而劝母乳妈妈给宝宝断奶，改吃配方粉，美其名曰"这样能让宝宝吃饭吃得更好"。真的是这样吗，母乳的营养会越来越少吗？

不，这种说法没有任何科学依据，母乳的营养不会在宝宝6月龄的时候说变少就变少的。相反，母乳非常有"智慧"，其中营养素的成分和数量会随着宝宝的成长而不断变化，以满足他不同阶段的生长发育需求。比如，初乳中蛋白质的含量很高，且含有丰富的抗体等活性物质，能够帮宝宝预防传染病和过敏；过渡乳中脂肪和乳糖的含量逐渐增加，蛋白质的含量慢慢减少，有利于新生儿的快速生长；成熟乳的各种营养成分比例搭配则更加符合生长中的宝宝的需求，也更趋于稳定。

所以，对于6个月以后的宝宝来说，母乳仍然是重要的营养来源，不仅能为宝宝提供丰富的优质蛋白质、钙、维生素等，其中的免疫保护因子还能帮助他增强抵抗力。此外，母乳喂养还有利于增进亲子关系，促进宝宝的心理健康发育，这些都是配方粉所不能比拟的。

当然了，随着月龄的增长，宝宝对各种营养素的需求也越来越大，单纯依靠母乳喂养确实无法满足生长发育所需，需要添加辅食来补足。但这绝不是说母乳没有营养了，只要妈妈有条件继续母乳喂养，就不要轻易放弃。

母乳喂养非常不容易，但从另一个角度来说，这也是专属于妈妈和宝宝的一段温暖又难得的经历。

说到什么时候断奶，不少妈妈可能会心生不舍，想着只要宝宝吃我就喂，自然离乳最好了；也有一些妈妈因为各种原因，比如生病、自身睡眠质量受到很大影响等，想要有计划地引导宝宝离乳；还有很多妈妈陷入了某些误区，像是"妈妈来月经了母乳就有毒了，该断奶了""1 岁是断奶的最佳时间"等，在犹豫要不要给宝宝断奶。

那到底什么时候该断奶，究竟有没有最佳的断奶时机呢？

月经来了，母乳有毒？

先来辟个谣。经常听到老一辈人说"妈妈来月经了母乳就有毒了，不能继续哺乳了"，其实，这个说法没有任何科学依据。宝宝出生以后，妈妈的子宫会慢慢复原，恢复月经是很正常的生理现象。月经恢复的时间早晚也因人而异，有的妈妈在宝宝刚满月时就来月经了，有的则可能要一年左右，这并不代表妈妈的身体出了什么问题，或者母乳有什么问题。哺乳期间来了月经，受激素变化影响，乳汁的分泌量可能会有所减少，味道也可能有细微的变化，这些都不会损害宝宝的健康，可以放心接着喂。

母乳究竟能喂几岁

母乳到底喂到几岁呢？1 岁是不是最佳的断奶时间？

这些问题其实没有标准答案，断奶也没有所谓的最佳时机。通常来讲，建议妈妈纯母乳喂养至宝宝 6 个月后，继续母乳喂养到 2 岁或更久。如果宝宝愿意吃且生长发育正常，妈妈也愿意喂，那么母乳喂养的时间甚至可以更长。

因为母乳喂养是妈妈和宝宝双方的事情，妈妈们各自都有不同的实际情况，对母乳喂养的感受也不一样，每个宝宝对母乳的依赖程度也不尽相同，什么时候断奶，关键还是取决于双方的主观意愿，千万不要被所谓的最佳时机绑架。

自然离乳怎么做

需要提醒的是，如果想要让宝宝自然离乳，有一个非常重要的前提——宝宝的生长和发育是正常的，包括饮食、睡眠、身高体重、社交等各个方面。

如果宝宝只吃母乳，对辅食完全没有兴趣，导致营养不良甚至生长发育缓慢；或夜奶频繁，影响了睡眠质量、牙齿健康；或宝宝过于依赖母乳，遇到任何事情都选择吃母乳来解决，进而对性格养成产生了负面影响，那么就要适当放弃自然离乳，有计划地引导宝宝离乳了，因为宝宝的健康成长更重要。

另一方面，如果妈妈因为疾病、工作、情绪等各种原因，确实无法继续母乳喂养，也要尊重妈妈的选择。

在计划断奶前，家长可以做一些铺垫，循序渐进，给宝宝充分的适应时间。例如，借助一些与离乳相关的绘本，向宝宝传达"你已经长大了，是大宝宝了，不再需要吃妈妈的奶了"的概念，让宝宝先有个思想准备。如果想用牛奶或配方粉替代母乳，最好也要逐步引入，让宝宝习惯不同于母乳的味道，同时确保营养的均衡摄入。

等宝宝接受了要断奶的决定，就可以适当减少哺乳次数了。从白天开始，用其他食物替代母乳，通过讲故事、做游戏、户外活动等方式，转移宝宝的注意力，让他没有时间去想吃母乳这件事。之后慢慢过渡到减少夜奶的次数，直至完成断奶。夜奶通常比较难断，可以请平时经常带宝宝的家人来安抚哄睡。

断奶期间，有可能的话，妈妈要多陪伴宝宝，让宝宝明白虽然没有了母乳，但妈妈仍然会一直在他身边，用其他更多的方式来爱他。

最后想要告诉妈妈们，母乳只是喂养的一种方式，是生活的一部分，并非全部。断奶也不是切断妈妈和宝宝的联结，而是更好地帮助宝宝成长。到了该和母乳喂养说再见的时候，就跟这段美好的时光好好地告个别吧。

17 排残奶——不靠谱的概念？莫交智商税

"断奶啦，排残奶没有？"

"奶水长期滞留在乳房里，容易变质，引发炎症，产生毒素！"

"不及时排出来，可能会引起乳腺增生，严重的会得乳腺癌！"

很多妈妈听到这些话，心里既担心又疑惑，内心非常焦虑。那么，这些说法是真的吗？

首先，断奶后很长一段时间内，几个月甚至一两年，都能从乳头中挤出黄色的、浓稠的奶水，这的确是真的。这些所谓的"残奶"，并不是因为变质或发炎产生的，更不是毒素，而是断奶后存储在乳腺管中的乳汁。"残奶"之所以又黄又浓稠，是因为其中的水分被身体逐渐吸收，浓度变得越来越高，可以理解为浓缩版的乳汁。

"残奶"的量很少，不必刻意排出来，随着时间的推移，会慢慢被身体吸收掉。目前没有任何证据显示，乳汁残留在乳房中，会引起乳腺增生、乳腺结节、乳腺炎或乳腺癌等疾病，所以不用担心。

通过按摩胸部、挤压乳头的方式，把"残奶"挤出来的做法，有两个坏处：一是乳头反复被刺激，反而会触发泌乳反射，导致乳汁越来越多；二是实际操作人员往往没有专业的医护从业资格，一旦按摩或挤压的手法不当，可能导致乳房受伤。

所以断奶后不需要"排残奶"，如果妈妈担心断奶后的乳房恢复情况，可以定期去医院检查。一旦乳房有所不适，比如疼痛或分泌出脓液、血水等，别犹豫，及时就医，千万不要盲目相信"排残奶"这样的说法。

母乳喂养固然非常重要，但万一出现些情况，比如，妈妈用了各种办法就是无法分泌足够的母乳，妈妈生病无法母乳喂养，就需要一个 B 方案，这个 B 方案就是配方粉，它将扛起保证宝宝营养供应的大旗。家长们欣喜可以有这条后路走，但同时也会无措地发现，配方粉喂养仍有太多的难题等待一步步去攻克。

母乳喂养对于孩子的生长发育以及亲子关系来说，都非常重要，经过各种渠道的宣传，很多家长也逐渐明白了这个道理，所以也都在尽可能地给孩子母乳亲喂。但现实总有很多无奈，也有妈妈无法实现或继续保持纯母乳喂养，比如以下这些情况。

如果宝宝患有先天性或遗传性代谢疾病，无法消化、代谢母乳中的营养成分，就需要用专用的特殊配方粉代替母乳。比如苯丙酮尿症（PKU），这是一种常染色体隐性遗传疾病，患儿不能充分分解蛋白质中的苯丙氨酸，就导致苯丙氨酸在体内蓄积过多，继而衍生出一系列有害代谢产物，损伤脑细胞，影响智力。母乳中富含优质蛋白质，但对于患有苯丙酮尿症的宝宝来说，它可能就成了"美味毒药"。

妈妈患有某些传染病，尤其是病毒性传染病，比如结核病、水痘、巨细胞病毒感染等，当疾病尚未得到有效控制时，病毒有可能会通过母婴接触或乳汁进入宝宝体内，造成疾病的母婴传播，这时应视情况遵医嘱放弃母乳喂养，给宝宝添加配方粉。

这里要特别说明一种疾病——乙型肝炎。患乙肝的母乳妈妈，是否能够哺乳要根据实际情况综合判断。这是因为乙肝表面抗原阳性，不等于体内的乙肝病毒有传染性，判断其是否具有传染性的唯一指标是乙肝病毒 DNA 载量。病毒载量越高，表明病毒的复制性越强，或正在复制，传染的可能性就会越高。

因此，妈妈是否可以哺乳，要结合宝宝疫苗注射情况、妈妈服药情况、病毒载量、肝功能情况等多种因素综合评估。如果医生认为妈妈确实不合适母乳喂养，为了宝宝健康还是要遵医嘱添加配方粉。

如果妈妈正在使用哺乳期禁用药物或做了某些检查，比如放射性药物、吗啡类成瘾镇痛药，应暂停母乳喂养，暂时改为配方粉喂养。至于何时恢复母乳喂养，应遵医嘱。

这里要提醒妈妈们注意，如果在哺乳期生病了，最稳妥的办法是先咨询医生，再决定是否需要服药，服用何种药物，以及用药后能否继续哺乳，医生会结合病情、药物本身的成分和使用方式来综合评估。关于哺乳期用药安全分级，目前接受度比较高的是由美国儿科教授托马斯·W. 黑尔（Thomas W. Hale）提出的。他将哺乳期用药按其危险性分为 L1 ~ L5 五个等级，L1、L2 级的药物对乳汁作用很小，不影响继续哺乳。家长可以通过咨询专业医生，了解药物的具体分级。

如果经过各种努力后，乳汁分泌仍然不足，且已经影响到了宝宝的生长发育，那么应考虑混合喂养，把母乳不足的部分用配方粉补齐。

采用混合喂养时，每次喂养应先让宝宝吮吸乳房，如果宝宝没吃饱，再用配方粉补足，不要采用每天几次母乳加几次配方粉的方式喂养。前种方式既可以有效刺激乳房，增加泌乳量，还能让宝宝保持对母乳的兴趣，避免因接触奶瓶而抵触吃母乳。

遇到上述这些情况，就需要及时给宝宝添加配方粉了。当然，如果是妈妈或宝宝患有某些疾病，最好在医生的指导下选择合适的配方粉，比如，针对有特殊医学状况的宝宝，应选择特殊医学用途婴儿配方食品。另外，如果 6 月龄以内的宝宝没有特殊状况，为了降低过敏的风险，建议选择部分水解配方粉。

决定给宝宝添加配方粉后，如何挑选配方粉，又成了摆在家长面前的新课题。其实，只要注意下面这两点，基本就能选到合适的配方粉了。

是否符合国家标准

2023 年 2 月 22 日，我国婴幼儿配方食品最新国家标准（简称新国标）正式实施。新国标包括适用于 0~6 月龄婴儿的《食品安全国家标准 婴儿配方食品》（GB 10765-2021）、适用于 6~12 月龄婴儿的《食品安全国家标准 较大婴儿配方食品》（GB 10766-2021），以及适用于 12~36 月龄幼儿的《食品安全国家标准 幼儿配方食品》（GB 10767-2021），对婴幼儿配方食品的安全性、营养素含量等都做出了更细致、更严格的规范和要求。

在实际挑选时，家长可以注意看配方粉包装罐上的执行标准号，有 GB 10765-2021、GB 10766-2021、GB 10767-2021 字样的，即为新国标配方粉。

需要提醒的是，新国标出台，并不意味着旧国标配方粉就不能喝了，家里的旧配方粉如果没有喝完且仍在保质期内就可以继续喝，喝完再换也来得及。

此外，新国标适用于所有在我国市场上售卖的配方粉，包括进口配方粉。但海淘或代购的配方粉，只需要符合原产国的相关标准，没有办法确认是不是符合我国的新国标。

选购配方粉时，除了看是否符合国家标准，还要考虑宝宝自身的情况、口味等个性特点，适合宝宝的才是最好的。

日常生活中所说的配方粉，一般指普通配方粉，它的基础原料是动物奶，以牛奶最为常见，再借助各种工艺调整营养物质。普通配方粉中含有完整的牛奶蛋白，适用于母乳不足的健康宝宝。

市面上普通配方粉种类繁多，到底选哪种好？其实，任何品牌的配方粉都必须遵循婴儿配方粉全球标准及我国的国标，即努力接近母乳，并在此基础上进行合理的调整。也就是说，各种普通配方粉的基本成分没有太大的区别，只要宝宝能接受它的口味，就是合适的，不用太纠结。

有特殊营养需求的宝宝，就要在医生指导下，有针对性地选择特殊配方粉了。目前市面上的特殊医学用途婴儿配方粉有乳蛋白部分水解配方、乳蛋白深度水解配方或氨基酸配方、无乳糖配方或低乳糖配方、早产 / 低出生体重婴儿配方、母乳营养补充剂、氨基酸代谢障碍配方这几种。★

乳蛋白部分水解配方粉采用加热和（或）酶水解技术，将完整的大分子牛奶蛋白"切"小，更利于宝宝消化吸收。如果 6 月龄以内的宝宝不具备母乳喂养条件，则建议选择部分水解配方粉。

相较于部分水解，深度水解配方粉中的大分子牛奶蛋白被进一步水解，变成短肽和游离氨基酸，常常用来治疗牛奶蛋白过敏。如果宝宝确诊了牛奶蛋白过敏，使用深度水解配方粉 3~6 个月之后，可在医

★中华人民共和国卫生部.食品安全国家标准 特殊医学用途婴儿配方食品通则: GB 25596-2010[S].北京:中国标准出版社, 2010.

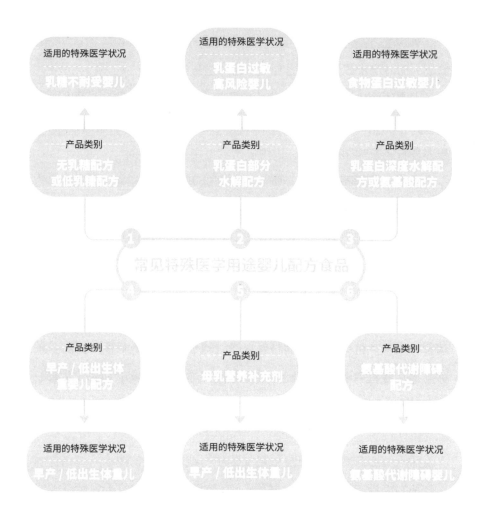

图 2-2-1 常见特殊医学用途婴儿配方食品 *

* 中华人民共和国卫生部 . 食品安全国家标准 特殊医学用途婴儿配方食品通则: GB 25596-2010[S]. 北京:
中国标准出版社,2010.

生指导下逐渐过渡到部分水解配方粉。

如果宝宝过敏情况非常严重，使用深度水解配方粉后还是会出现过敏症状，这时就要更换为氨基酸配方粉了。氨基酸配方粉完全由游离氨基酸制成，彻底规避了牛奶蛋白这个过敏原。使用氨基酸配方粉一段时间，过敏症状不反复后，可以遵医嘱循序渐进地降阶转奶至深度水解配方粉喂养。

再有，氨基酸配方粉可用于牛奶蛋白过敏诊断。怀疑宝宝对牛奶蛋白过敏，可停止食用所有含有牛奶的食物，换成氨基酸配方粉2周，如果情况有明显好转，即可确认宝宝对牛奶蛋白过敏。

无乳糖或低乳糖配方粉适用于患急性腹泻，尤其是患了轮状病毒胃肠炎，以及原发和继发性乳糖不耐受的宝宝。

如果是早产儿或出生低体重儿，则应根据宝宝体重及出生孕周等情况，在医生的指导下选择早产/低出生体重婴儿配方粉。

最后提醒家长注意，使用特殊配方粉的宝宝，何时转奶、如何转奶，都应在医生指导下进行。

冲调配方粉，说起来是一件再简单不过的事情，但真正操作起来，面临的问题也不少——用具选择、冲奶用水、冲调步骤、粉水比例等，挑战往往就隐藏在这些细节里，需要爸爸妈妈在实践中一一面对。

奶瓶。最好选择宽口径的，既容易倒进水和配方粉，也方便清洁。

奶嘴。奶嘴的形状最好接近妈妈的乳头，宝宝更容易接受。同时，要选择和宝宝吞咽能力相匹配的、流速合适的奶嘴，并定期更换。

奶瓶刷、奶嘴刷。用于清洁奶瓶、奶嘴，可以各准备一个。

恒温水壶。恒温水壶能将水始终保持在适宜的温度，冲好了宝宝就能喝，很方便，可以根据自家情况决定是否购买。

第一步，彻底清洁双手。

第二步，将备用的温开水倒入奶瓶中。

第三步，取出适量配方粉，倒入水中。

第四步，将奶瓶拧紧，缓缓地左右摇动奶瓶，使配方粉完全溶解。

第五步，将奶液滴在手腕内侧测试温度，如与体温接近，则说明比较合适；如果偏热，可以把奶瓶放在冷水中，且不断摇晃奶瓶，使其降温，或者放在阴凉干爽处凉至合适温度，以免奶液温度过高烫伤宝宝。

第六步，如果放在冷水中

· 小贴士 ·

室温凉水或冰水能冲调奶粉吗？因人而异，以婴幼儿时要幼儿阶段更喜凉水和冰水流行，目前国内很少有家庭会这样冲调奶粉。服用液体奶之前，如何加热？液体奶多为海淘获得，宽且研发过程，是为室温奶设计的，也就是室温喝奶，无须加热，加热后奶的质量是否会发生变化，现不得而知。

降温，取出后用干净的毛巾或纸巾擦拭瓶身，再给宝宝饮用。

冲配方粉的水，不建议用矿泉水。矿泉水中的矿物质含量比较高，因为奶粉中已经添加了矿物质等营养素，若再用矿泉水冲调，长期喝可能会增加宝宝肾脏负担，不利于生长发育。也不要使用果汁或米汤，不要在配方粉中添加任何营养补剂、调味料或保健品。

一般建议，冲调配方粉用烧开后凉好的温开水或纯净水即可，方便又简单。至于水温控制在多少度，可以查看配方粉包装罐上的说明，通常在 40℃左右，因为太高的温度可能会破坏配方粉中某些营养素的活性。

必须先放水后加粉，顺序不要颠倒。如果顺序弄反，就可能无法准确判断添加的水量是否合适，进而无法准确计算宝宝喝下的奶量。因为奶量并非计算添加配方粉前水的总量，而是配方粉加水冲调后的奶液总量，即：奶量 = 水量 + 配方粉量。

不要自行调整水粉比例。冲配方粉的时候，水加得太少或配方粉加得太多，奶液就会太浓，这样会增加奶粉的渗透压，宝宝吃下去不好消化，严重的可能会损伤肠黏膜。水加得太多或配方粉加得太少，奶液就会过稀，宝宝无法获得足够的营养，容易影响生长发育。所以千万不要随意改变水和粉的比例。正规的配方粉都会在包装上明确标注冲调比例，比如 30ml 水加 1 勺配方粉，还会配备一个标准的勺子，冲调前一定要仔细查看，严格按照比例操作。

左右轻晃，溶解配方粉。水粉混合后，应缓缓地左右摇动奶瓶，让配方粉完全溶解。避免上下摇晃，减少奶液起泡。此外，配方粉中含有的蛋白质、脂肪等物质溶解性较差，所以摇匀后，家长往往会发现奶液中有一些颗粒，或有挂壁现象，这都是很正常的，不会对健康有影响。而且，不同的配方粉，由于生产工艺、添加物质等不同，挂壁的现象也会有所不同，不用担心。

现吃现冲，不要提前。为了让宝宝随时喝上奶，有些家长会提前冲好配方粉，放在暖奶器里，宝宝饿了拿起来就能喂。但奶液是有保质期的，冲调 2 小时后，如果宝宝没喝或者没喝完，就不能继续饮用了。因为时间长了会滋生细菌，危害宝宝健康。

如果提前冲调了，一定要注意储存的时间。实在来不及等热水变凉，可以准备一个专门的容器放凉白开，冲调时用凉白开兑上开水，就变成温水了。

注意配方粉储存。配方粉包装罐上通常会标明储存条件，一定要按照说明进行，比如：将配方粉存放在阴凉干燥通风处，不要放入冰箱；每次冲泡配方粉后，立即扣好盖子或密封好袋口，以免潮湿污染；开封后，最好在一个月内食用完毕。

清洗奶瓶不需消毒。宝宝吃完配方粉后，别偷懒，立刻清洗奶瓶：把奶嘴、盖子、把手等各个构件拆下来，用流动的清水配合刷子，把各个死角残留的奶液都洗干净，再用热水烫一遍，倒扣晾干即可。再次使用前不用清洗，直接用就行。

不推荐使用奶瓶清洗剂、消毒柜、消毒锅等，因为清洁剂一旦冲洗不净，残留下来又被宝宝吃下后，很有可能会破坏肠道内的正常菌群。可以定期，比如说间隔几天，用开水煮、蒸锅蒸的方式杀菌，每次 5~10 分钟。但要注意确认奶瓶的材质是否适合高温杀菌，尤其是塑胶奶瓶，以免热化变质。

当妈妈用尽各种办法后依然母乳不足，或需要长时间外出，或由于其他原因不能实现纯母乳喂养时，混合喂养也是一种选择。

顾名思义，混合喂养就是宝宝既吃母乳，也吃配方粉，母乳不足的部分用配方奶补齐。这样不仅可以保证宝宝正常的生长发育，也能减少妈妈不必要的焦虑。

采用混合喂养时，母乳和配方粉的顺序是有讲究的。原则上来说，在单次进食过程中，建议先喂母乳，将两侧乳房吸空以后，如果宝宝没吃饱，再添加配方粉，也就是"缺多少补多少"。适用于妈妈和宝宝在一起的情形。

这样做的好处是保证宝宝吮吸对乳房的刺激，促进乳汁分泌。再加上妈妈放平心态，保持心情愉悦、饮食合理，乳汁可能会逐渐增加，从而有可能重新回归纯母乳喂养。

如果先吃配方粉，宝宝吃饱以后，就不肯再吮吸乳头，这可能会导致母乳越来越少，最后被迫改为完全用配方粉喂养。

当妈妈需要上班或出差时，没办法亲喂宝宝，就要采取"一次母乳、一次配方粉，再一次母乳、一次配方粉"这样循环喂养的方式了。妈妈可以逐渐摸索，尽量每天在较为固定的时间亲喂宝宝，比如下班后、睡觉前、上班前，外出期间有可能的话也要用吸奶器及时吸出乳汁，刺激泌乳反射，保证乳汁分泌，千万不要懈怠。

为了方便，有家长会把储存的母乳和冲调好的配方粉混在一起，或用母乳直接冲调配方粉给宝宝喝，这些都是不合适的。因为母乳有母乳的营养结构，配方粉有配方粉的营养结构，如果直接把母乳当作水冲调配方粉，混合后的奶液浓度就偏高了。而且，母乳中含有大量的活性免疫物质，如果冲调配方粉的水温过高，也会有损这些免疫物质的活性，发挥不了其应有的作用，反而得不偿失。

混合喂养的宝宝如何把握奶量

家长们还会关心一个问题：混合喂养的宝宝，如何把握配方粉的食用量？家长可以尝试这样做：在第一次冲调配方粉时，稍微多冲一些，如果宝宝这次没喝完，记录下剩余奶量，并从总量中减去，就能大概知道宝宝喝了多少，下次可以按照这个标准冲调；如果宝宝全部喝完仍然不满足，说明这次冲调少了，下次可适当多冲一些。

当然，随着宝宝的成长，配方粉的食用量也会不断变化，家长应多留心，勤记录，不断调整，以满足宝宝的食用量。

这里特别提醒家长，添加配方粉后，要特别注意观察宝宝进食后的反应。一旦反复出现疑似过敏症状，比如呕吐、腹泻、红疹、胀气、便血等，应警惕宝宝是否对牛奶蛋白过敏，并遵医嘱有针对性地应对。

给配方粉喂养或者混合喂养的宝宝喝水，是很多家长尤其是老一辈人的育儿执念。

"人离不开水，不喝水怎么行？"

"多喝水对身体好，从小就得养成爱喝水的习惯。"

"不喝水容易便秘，便秘了更得多喝水。"

"喝奶粉的宝宝更要喝水，不然容易上火！"

"该不该给宝宝喝水"这个问题总是困扰着新手爸妈们。那么，到底该不该给宝宝喝水？

水是生命之源，人体确实离不开水。但在正常情况下，6月龄以内的宝宝，无论是母乳喂养还是配方粉喂养，都不需要额外补水。母乳和配方粉都是液体，含水量高达85%~90%，只要喂养充足，严格按照配方粉标明的水粉比例冲调，完全能够满足宝宝身体所需的水分。

有家长可能会说，水又不是有害的物质，喂一点儿也没坏处吧？可别这么想，小月龄宝宝胃容量小，额外喂水会使他们产生饱腹感，影响奶的摄入量；水会稀释胃液，不利于消化食物；喝水过多，还可能增加肾脏负担。

还有家长觉得吃配方粉容易上火、便秘，不喝水不行。实际上，喝配方粉的宝宝，大便次数本来就比母乳宝宝要少，拉不出大便不一定是便秘，更不是上火，可能只是排便间隔比较长。

宝宝不喝水会不会缺水？家长可能有这样的担心。判断宝宝缺不缺水，有一个简单的方法，就是观察尿液的颜色。如果宝宝在清醒状态下，尿液呈浅黄色或无色透明样，就说明他体内有充足的水分，不用担心。如果尿液呈深黄色，就说明宝宝可能缺水了，需要多补充一些水分，但补充水分不是指直接喝水，而是适当增加喂养量。

当然了，在某些特殊情况下，比如宝宝腹泻、发热的时候，就应该在医生指导下额外补充水分了，以免脱水。

6. 更换配方粉段数或品牌时，记得要转奶

不管是配方粉喂养，还是混合喂养的宝宝，必然会遇到奶粉换阶的问题。此外，还会有些宝宝会因为各种原因更换配方粉品牌。那么这些情况下，需要怎么转奶呢？

总的原则是，无论是同品牌不同段位的转换，还是不同品牌之间的转换，都要循序渐进。

常用的转奶方式有两种：新旧配方粉混合，按顿增加新配方粉。

新旧配方粉混合。具体方法是将原配方粉与新配方粉按一定比例混合，最初加入少量新配方粉，然后逐渐增加新配方粉的比例，直至新配方粉完全替代原配方粉。比如，先在原配方粉中添加 1/4 的新配方粉，如果宝宝吃了两三天后没有出现不适反应，再将新配方粉的比例增加至 1/3，两三天后，如果宝宝适应，可以将新配方粉的比例增加至 1/2，最后逐渐过渡到用新配方粉彻底取代原配方粉。

按顿增加新配方粉。顾名思义，就是先换某一顿的配方粉，比如，先把中午的配方粉换成新配方粉，连续吃三天，如果宝宝没有不适反应，再更换下午的配方粉，连续吃三天，以此类推，逐渐替换掉早晨、晚上和夜间的配方粉，最终实现完全转奶。

如果宝宝没有不良反应，通常 1~2 周即可接受新的配方粉。通常情况下，推荐选择第一种转奶方式。

宝宝在转奶过程中，有几点要提醒大家：一是转奶的时机，应选择宝宝状态好的时候，避免在生病时、接种疫苗前后进行，为的是易于观察宝宝对转奶的适应情况；二是如果宝宝出现不适反应，比如腹泻、起皮疹等，应减少新配方粉的添加或换回原来的配方粉，待症状彻底好转后，再从头开始小剂量的尝试。

再次转奶时，不推荐按顿增加新配方粉的方法，因为这样单次喝下去的量比较大，宝宝重新适应起来是个挑战。

建议采用新旧配方粉混合的方法，添加新配方粉的比例也要适量减少，适当延长转奶时间，比如从在原配方粉中添加 1/10 的新配方粉开始，密切观察宝宝的反应，如果没有出现不适反应，再逐渐增加新配方粉的比例。若出现轻微不适，建议继续按原比例混合，观察几天，情况稳定后，再继续增加新配方粉的添加比例，否则返回上一次添加比例。

如果第二次转奶期间宝宝仍有明显不适症状，最好及时咨询医生，不要再盲目尝试。

吃特殊医学用途婴儿配方粉的宝宝，比如吃早产 / 低出生体重婴儿配方粉、氨基酸配方粉、深度水解配方粉或部分水解配方粉等，转奶的具体时间、转奶方式要在医生的指导下进行。

另外，如果添加辅食和转奶的时间刚好重合，建议待规律添加辅食后再转奶。一方面，优先顺利添加辅食，营养摄入更全面，能够保证宝宝的生长发育；另一方面，如果两者同时进行，宝宝出现不适反应后，很难判断是添加辅食还是转奶引起的。

7. 五个方法，帮宝宝接受瓶喂

在添加配方粉的过程中，或者是当妈妈母乳不足、生病吃药暂停母乳、上班或出门需要暂时和宝宝分开时，即使是母乳宝宝，也要用奶瓶喂宝宝吃奶。然而看似很简单的事情，现实有时候却很"残酷"。

"宝宝一看到奶瓶就把头扭到一边！"

"饿得哇哇哭，就是不碰奶瓶！"

"怎么办，马上要上班了，宝宝还是抗拒奶瓶，奶嘴一塞到嘴里就哭！"

家长当然不忍心看宝宝挨饿，于是使出浑身解数：网红人气奶瓶买来挨个试，结果宝宝总是三分钟热度，很快就没了兴趣；把馒头掏空套在奶嘴上模拟乳房，吃了几次后，宝宝依旧不买账……唉，用个奶瓶怎么就这么难?!

宝宝不接受奶瓶的原因

想要解决这个问题，可以先来分析一下宝宝不接受奶瓶的原因。

奶嘴和乳头的触感不同。习惯亲喂的宝宝，对乳头也会产生依赖。而且随着月龄增加，宝宝的感知觉在不断发展，能敏锐地注意到温暖的乳房和冰冷的硅胶奶嘴是不一样的，自然对奶瓶表现得比较抗拒。

奶液流速不同。母乳喂养的宝宝通过吮吸刺激妈妈分泌乳汁，喝奶的流速可以自己控制，想吃多少就吃多少。但奶嘴就不同了，有些奶嘴的孔太小，吸半天也喝不到多少；有些奶嘴的孔太大，轻轻一吸就容易呛到。这两种情况都会使宝宝对奶嘴产生排斥情绪。

不喜欢配方粉口味。配方粉和母乳的味道是有差别的，平时习惯了母乳，换成配方粉的时候，宝宝可能会不适应新的味道，从而拒绝用奶瓶。

亲喂和瓶喂时的姿势不同。这可能也会让宝宝感觉到不舒服，不愿意用奶瓶喝奶。

让宝宝接受瓶喂，家长不妨试试下面这几个办法。

选择合适的奶嘴。虽然再好的奶嘴也比不上妈妈的乳房，但尽量选择材质柔软，和妈妈乳头形状、大小更相近的奶嘴，宝宝也会更容易接受一点儿。可以多试几个不同的奶嘴，找到宝宝喜欢的那一个。这里有一个小窍门，喂奶前，用温水加热一下奶嘴，让奶嘴的温度接近体温，这样能帮助宝宝更快适应奶嘴。

此外，奶嘴孔有不同的型号，比如圆孔型、十字型、一字型。圆孔型还分为一个孔、两个孔、三个孔，对应着不同的流速。通常，小月龄宝宝适合使用圆孔型奶嘴，奶液能够自动流出，且流量较小，吮吸不费劲，但随着月龄增长，宝宝的吮吸能力也在增强，要及时更换型号。

提前准备，让宝宝熟悉奶嘴。在计划瓶喂前一个月或几周，可以偶尔试着把母乳装到奶瓶里，让宝宝用奶瓶吃；或让宝宝咬一咬奶嘴，逐渐培养他们对奶瓶、奶嘴的感情。不然突然转变的话，宝宝的抗拒情绪可能会比较强烈。

也可以提前做宝宝的思想工作，告诉他："妈妈要去工作，暂时不能亲喂宝宝，宝宝要乖乖的，妈妈下班就回来了。"不要觉得宝宝听不懂，他能从你的语气和表情中理解其中的含义。

选好喂奶时机。留心观察宝宝的状态，一般在宝宝心情愉悦或迷糊犯困的时候，瓶喂比较容易成功。但如果宝宝情绪不太好或身体不舒服，就不要强迫他接受奶瓶了，这时应以安抚宝宝的情绪为重。也可以在宝宝感觉到饿的时候使用瓶喂，真的饿了，也就不那么挑剔了。

妈妈离开，让家人喂。亲喂的宝宝都很依赖妈妈，让妈妈来瓶喂，初期成功率很小。因此可以选择除了妈妈以外，宝宝比较亲近的家人来瓶喂，妈妈暂时离开，帮宝宝养成"妈妈在的时候吸乳头，妈妈不在的时候用奶瓶"的习惯。

调整喂奶姿势。选择宝宝比较熟悉的、感到舒服的奶瓶角度和喂奶姿势，让他的瓶喂体验更好。

有时，遇上宝宝拒绝奶瓶的情况，家长可能会想着往奶瓶里加一些其他食物来改善口感，比如糖、米粉，这些做法都是不可取的。加糖会让宝宝养成偏爱甜味的习惯，增加出现龋齿、肥胖等健康问题的概率；加米粉会打乱配方粉或母乳的营养比例，增加肠道负担。

如果宝宝始终执拗地不肯接受瓶喂，妈妈可以尝试短时间内不再亲喂，把母乳吸出来放在奶瓶里喂，帮助宝宝接受奶瓶，但这种方法是在万不得已时的无奈选择，不要轻易尝试。

总之，从亲喂转向瓶喂，对于宝宝和妈妈来说，都是不小的挑战，千万不要心急，多给彼此一些时间，有足够的耐心加坚持的决心，相信宝宝一定会适应瓶喂的。

选择配方粉喂养的家长，可能还会面临一个非常大的难题，那就是牛奶蛋白过敏。那么，如果宝宝喝奶后出现了疑似过敏的症状，应该怎么办呢？

回答这个问题之前，我们先了解一下宝宝为什么会对牛奶过敏。

宝宝对牛奶过敏，实际上是对牛奶中的蛋白过敏，比如 α - 酪蛋白、β - 乳球蛋白等。

人体的免疫系统就像一支护卫队，保护我们免受病原体的侵害。牛奶是食物，正常情况下，进入人体后不会激发免疫系统的过度反应。但由于宝宝的肠道发育尚不成熟，肠道菌群建立也不完善，大分子牛奶蛋白可能会穿透肠壁间隙进入血液。雪上加霜的是，宝宝的免疫系统也在发展中，处理抗原的能力较弱，于是可能会误把牛奶蛋白当成"敌人"进行攻击，从而引发过度反应，表现出过敏的症状。

牛奶蛋白过敏往往是婴幼儿最早、最常见的食物过敏类型，尤其是 1 岁以内的宝宝。对于小宝宝来说，牛奶蛋白过敏引发的症状主要集中在皮肤和消化道上。皮肤症状大家可能都比较熟悉，比如湿疹、荨麻疹、血管性水肿等，消化道症状包括腹泻、腹胀、呕吐、便秘、腹痛、便血等。如果宝宝对牛奶蛋白严重过敏，可能还会出现呼吸急促、胸闷、哮喘等呼吸道症状。

一旦怀疑宝宝对牛奶蛋白过敏，家长可以通过"回避＋激发"试验初步判断，这里存在两种情况。

一种是母乳喂养的宝宝，吃母乳后出现疑似牛奶蛋白过敏的症状，很可能是对妈妈摄入的含有牛奶蛋白成分的食物过敏。判断到底是不是这个原因导致的，妈妈可以采用"回避＋激发"试验来确定，具体方法可以参照第 179 页"过敏原可能不是母乳"部分。

另一种是配方粉喂养的宝宝，食用配方粉后出现疑似牛奶蛋白过敏的症状。可以把配方粉换成不含牛奶蛋白成分的氨基酸配方粉，再用上述方法判断宝宝是否真的对牛奶蛋白过敏。如果确认宝宝对牛奶蛋白过敏，则应在医生指导下更换配方粉。

关于牛奶蛋白过敏诊断，本书后面的附录中有详细解读，可供有兴趣的读者阅读了解。

不少家长担心，长期喝氨基酸配方粉、深度水解配方粉或部分水解配方粉，会导致宝宝营养不良，影响生长发育。其实，只要是正规渠道购买的合格的配方粉，营养配比都是符合国家相关规定和标准的。而且不论是哪一种配方粉，其中所含有的蛋白质进入人体后，都要被体内的酶分解成短肽和氨基酸，才能被吸收利用。氨基酸配方粉、深度水解配方粉、部分水解配方粉只是在体外提前进行了这个工作，改变的只是蛋白质的形态，并非营养本身。只要宝宝摄入的奶量充足，完全能够满足生长发育所需，长期喝是没有问题的，不用担心。

也有家长提出这样的疑问，宝宝对牛奶过敏，能用羊奶代替吗？很遗憾，这不是一个好的解决方法。羊奶中的许多蛋白质与牛奶蛋白非常相似，也就是说，如果宝宝对牛奶蛋白过敏，有很大可能性（有研究表明这种可能性高达 92%）也会对羊奶蛋白过敏，用羊奶代替牛奶并不能有效解决过敏问题。

还有一些家长问，喝原装进口奶粉会过敏吗？喝婴幼儿配方液态奶（俗称水奶）也会过敏吗？其实，不管是原装进口奶粉还是水奶，只要奶中含有牛奶蛋白，且确认宝宝对牛奶蛋白过敏，都会激发宝宝的过敏反应。

还要提醒家长的是，牛奶蛋白过敏的宝宝，同样可在满 6 月龄时添加辅食。但要注意严格回避一切含有牛奶蛋白成分的食物，家长在购买成品辅食、一些小零食时一定要看好配料表。在规避一切牛奶蛋白制品 3~6 个月后，可以少量尝试相关食物，观察宝宝的身体反应，如果没有出现过敏症状，可以逐渐恢复含牛奶成分的饮食。

面对宝宝要加辅食这件事，很多家长的反应是既期待又紧张，还有些担心。期待的是，喂养终于可以有点儿新鲜的尝试了，宝宝成长又迈出了一大步；紧张的是，辅食的门道那么多，前辈们分享的这个坑那个雷，真的好怕一不小心也会踩上；担心的是，传说的食物过敏、积食发烧，怎么才能避过去？工欲善其事，必先利其器，多了解一些辅食喂养的知识后，就会发现，辅食喂养真的没有那么难。

随着宝宝逐渐长大，辅食添加也慢慢提上了日程。那么，究竟什么是辅食？为什么要给宝宝添加辅食呢？

《中国居民膳食指南（2022）》中对辅食的定义是——除母乳和（或）配方奶以外的其他各种性状的食物，包括各种天然的固体、液体食物，以及商品化食物。也就是说，不管是米粉、蔬菜、蛋黄、肉等固态食物，还是米汤、果汁、鲜牛奶等液态食物，都属于辅食，都应遵循辅食添加原则。

在实际生活中，很多人会下意识地认为，只有固体食物才能算作辅食，所以在宝宝还很小的时候，他们就想喂点果汁、米汤等。其实，这些看起来不像是正餐的液体，也是包含在辅食范围里的。

此外，也有家长会有疑问，在母乳之外给宝宝添加的配方粉，算不算是辅食？实际上，在这种情况下，配方粉的作用是弥补母乳量的不足，和母乳一样，担负着满足宝宝生长发育需求的角色，因此不能算作辅食。

辅食这个概念，主要面向的对象是 6~18 个月的宝宝。在这个时期，宝宝的饮食是"以奶为主，以饭菜为辅"。从宝宝满 12 个月开始，可以增加饭菜量，视情况逐渐减少奶量。宝宝满 18 个月后，就进入了"以饭菜为主，奶为辅"的阶段，辅食的概念也就慢慢淡出了。

为什么要加辅食

奶富含营养，宝宝吃奶吃得也挺好，为什么一定要加辅食呢？如果不吃辅食，多喝点奶是不是也可以？

一般情况下，在宝宝出生后的前 6 个月，只要保证奶量充足，是可以满足他生长发育所需的全部能量和营养的。但是，随着月龄的增加，宝宝的生长发育对各种营养素的需求越来越大，单纯吃母乳或配方粉已经无法摄取足够的营养了，需要引入各种营养丰富的食物来额外补充。

另外，宝宝的胃容量在逐渐增大，相应地，分泌的消化酶也有所增加，流质的母乳或配方粉在胃肠道留存的时间会缩短，影响营养吸收。而辅食可以帮助母乳或配方粉延长在胃肠道的留存时间，提高营养吸收率。

因此，从生理角度来看，添加辅食对宝宝的生长发育是非常必要的。

除了满足宝宝的生长发育所需，为他提供营养之外，添加辅食对于宝宝的生长发育还有其他重要的意义。

满 6 月龄后，宝宝的身体已经做好了逐步接受多样化食物的准备，通过添加辅食，宝宝可以接触、感受和尝试不同种类、性状、味道的食物，满足模仿、探索等心理需求，从而促进感知觉和认知行为能力的发展。

随着月龄的增长，进食不同性状的辅食，让宝宝用舌头碾、用牙齿咬、用牙床嚼，可以提高他们的咀嚼能力，促进颌骨发育、乳牙萌出；还能锻炼口腔肌肉，为语言发育打好基础。

训练手部精细动作，提升手眼协调能力

用小手抓取、捏住食物，然后准确送到嘴里，这个过程看似简单，对宝宝来说却是个不小的挑战，需要不断练习才能熟练掌握。比如吃手指食物（磨牙饼干、泡芙等）时，他在捏、拿和吃的过程中，能锻炼精细动作、手眼协调能力，慢慢地他就会喜欢上吃饭这件事，逐渐实现从被动接受喂养到自主进食的转变。

所以，辅食不仅对生长有益，它在发育方面所发挥的功能性也是相当重要的，一定要及时添加。

- 小贴士 -

手指食物，英文"Finger Food"，指不用餐具而用手指可抓取的食物，小到泡芙、米饼，大到整个苹果、整个梨等。其特点是易入口即化。像是泡芙，妈妈需经过自己喂吃才可入口或成小块状的食物，像是整个苹果。手指食物不等于手指抓食物，比如土豆泥、胡萝卜泥、南瓜泥等就不属于手指食物。这类食物是软后，孩子能用牙龈啃咬，但因自身咀嚼能力有限，他们会直接吞咽，有牙宝宝咬碎吃。

3. 加辅食的时间，并无标准答案

随着宝宝逐渐长大，添加辅食势在必行。那么，在具体操作时，应该在什么时间给孩子吃辅食呢？

世界卫生组织建议：宝宝满 6 月龄时开始添加辅食。

中国营养学会编著的《中国居民膳食指南（2022）》也指出：满 6 月龄起必须添加辅食，辅食添加过早或过晚都会影响健康。

6月龄宝宝已基本具备尝试更粗更稠食物的能力

这一阶段，宝宝的生长发育开始需要除了奶之外的更多营养补充，而且宝宝在满 6 月龄时，口腔的肌肉、骨骼的发育水平也使得他已经具备尝试性状更粗更稠食物的能力了。口腔发育水平与咀嚼辅食是相辅相成的，两者能够互相促进，咀嚼辅食会促进口腔的发育，口腔发育又支持着孩子的辅食咀嚼能力，同时这也关乎孩子的消化情况。

综合观察宝宝的表现

一定要严格遵守满 6 月龄这个时间点吗？早一点儿不行吗？

当然不是！家长需要观察孩子在生长过程中的一系列表现，综合评估是否到了添加辅食的时机。

首先，要评估宝宝的消化吸收和代谢功能的发育情况。具体通过什么评估呢？我们可以观察宝宝的大便性状、大便量，观察宝宝的肚子是不是常咕噜咕噜响，排气多等。如果没有，说明消化吸收和代谢功能发育得不错，具备能接受辅食的前提条件。

其次，观察大人吃饭的时候，孩子的反应。观察他是否表现出要参与的意愿，比如眼睛盯着食物，嘴巴也跟着动；着急地抓够食物；咽口水、流口水等表现。

最后，观察生长发育情况。如果他在已经吃得不少且这段时间也没有生病的情况下，体重仍然增长得比较缓慢甚至已经停滞，这就说明单纯喝奶已经无法满足他的生长发育需要。

如果孩子表现出上面这几个信号中的两个或两个以上，那么别再等着啦，开始给孩子准备辅食吧，他已经做好准备了。

晚一点儿添加辅食行吗

有家长问，添加辅食一定严格不能晚于 6 月龄这个时间点吗？

其实并不是！

我们一直说，养育上没有标准答案，不应照搬教科书，而应该是千人千面。毕竟每个孩子都是独立的个体，所以千万不要被具体的数字束缚。满 6 月龄给宝宝添加辅食，并非一定是指一个时间点，它是一个持续性的时间段，可以根据上面我们提到的信号适当提前，也可以根据孩子的情况，比如刚好有点儿不舒服等，稍稍晚一点点，这都是正常的，不要强求，不要苛责。

4. 宝宝的第一口辅食，最推荐这种食物！

满 6 月龄的宝宝，饮食结构要迈出关键一步了——从只喝液体的奶（母乳或配方粉）到开始尝试吃"饭"。这里所说的"饭"当然与成人的饮食不同，而是"特殊的过渡性食物"，也就是辅食。

那么给宝宝的第一口辅食推荐什么呢？

世界卫生组织在 2007 年指出：婴儿从 6 个月（出生后 180 天）开始可以吃泥、捣碎和半固体食物。

《中国居民膳食指南（2022）》也推荐：宝宝的第一口辅食从富含铁的泥糊状食物开始。

结合这些权威机构的建议以及多年的诊疗实践，我们建议给宝宝的第一口辅食吃富含铁的婴儿营养米粉。

为什么是米粉

有家长会疑惑：为什么推荐米粉呢？别的粉不行吗？

米属于谷物，谷物是一种非常好的能量来源，能提供大量的淀粉、膳食纤维和蛋白质，也是维生素、矿物质和生物活性物质的来源，能给孩子提供足够的能量供应。

还有家长可能会问：谷物有很多种，大米、小米、大豆、燕麦等，为什么非要选择米粉呢？

其实，这并不是一个绝对的选项。这个推荐是基于大多数中国家庭的饮食习惯提出来的。家长朋友们可以想一下自己家里经常吃的谷物是什么？一般来说，家长经常吃的，就是推荐给宝宝吃的。大部分中国家庭以大米为主食，因此，我们建议选择大米米粉，这样宝宝的接受度会更高，过敏风险也会更小。

我曾在诊室接待过这样一个案例，家长听邻居说燕麦很有营养，那家孩子一直在吃，长得可好了，然后她也开始给自家孩子买燕麦米粉吃，但自家孩子吃了以后，过敏了。为什么会这样呢？因为跟她说燕麦很有营养的这个邻居，一家都是外国人，他们家庭习惯吃燕麦，可以这么说，他们家族都带着能耐受燕麦的基因，因此，能够很好地消化燕麦。然而我们这位家长本人及家庭很少吃燕麦，突然给孩子吃，那就很可能出现不适应的情况。并不是燕麦不好，而是它不一定能适合所有的中国家庭和孩子。

为什么要富含铁

那为什么要富含铁的米粉呢？这要从铁如何发挥作用说起。大家都知道，氧气是人类赖以生存的重要物质之一。人在呼吸时，肺会把氧气吸进人体，氧气与红细胞中的血红蛋白相结合，被输送到全身，这样就能够保证机体的正常运行。而血红蛋白的主要成分是铁，当人体内的铁减少，血红蛋白就会变少，红细胞里没有了血红蛋白的填充，自然也就会随之变小，于是就出现了缺铁性贫血。所以一定要保证铁的摄入。

家长可能疑惑，既然铁这么重要，前 6 个月是怎么保证孩子铁摄入的呢？我们也没给孩子补铁啊。

其实，妈妈在 40 周的孕期中，已经通过血液从母体给孩子传送了足够 6 个月消耗的铁，因此大多数足月的健康宝宝前 6 个月，铁都是充足的，不需要补铁。

这也是为什么当宝宝满 6 月龄刚开始添加辅食时，我们推荐富含铁的食物，也就是富含铁的婴儿营养米粉的原因。

为什么不是肉泥等铁含量高的食物

有家长可能会说，红肉不是含铁量很高吗？为什么不能给孩子吃肉泥呢？

从补铁的角度来说，这是没问题的。红肉确实是一种很好的补铁食材，而且吸收率相对也很高。西方一些国家也确实推荐给孩子的第一口辅食是红肉泥。《中国居民膳食指南（2022）》中也提到，首先添加肉泥、肝泥、强化铁的婴儿谷粉等富铁的泥糊状食物。

但是为什么在咱们国家肉泥不作为首选来推荐呢？问题就在于中外的饮食差异。我们想一想，西餐里面是不是以牛排等红肉为主，而咱们中国人的餐桌上，是不是以粮食为主？而这种差异就提示我们：看到各种权威机构的建议时，要学会客观分析。很多建议并没有错，但是建议是基于给出建议的机构所在地区的实际情况给出的，家长要从自己所在地区的实际情况出发来考虑问题。

添加辅食后，家长们尤其是新手家长，往往手忙脚乱，不知道到底应该怎么喂，各种媒体平台上建议也非常多，令人眼花缭乱。添加米粉之后，更是不知所措，毕竟这个世界上食材那么多，制作方法也五花八门。

其实不用焦虑，只要掌握好以下这几个原则，辅食添加并不是难事。

食材种类：从单一到多样

我们已经介绍过，推荐给宝宝的第一口辅食是富含铁的婴儿营养米粉。那要吃多久呢？一般情况下，建议在添加米粉 2 周后，如果宝宝适应得比较好，就可以逐渐添加菜泥、果泥、肉泥、蛋黄等食物了。那么，什么叫适应得比较好呢？通常如果没有出现嘴唇红肿、腹泻、呕吐、湿疹等情况，就可以了。

还要特别提醒的是：每次只能添加一种新食材，且要连续添加 3 天，如果没有不良反应，可以再引入其他新食材；如果出现了不良反应，立即停止添加，至少 3 个月内不要再给孩子吃这种食物。

> **小贴士**
>
> 对于食材，"一种"指的是一小类食材，比如油菜、油麦菜、菠菜等就是同一小类；鸡蛋、鸭蛋、鹌鹑蛋等也是一小类。每次只添加一种新食材，已接受的食物可以作为基础食物与新食材混合吃，而不是对已接受的食物先省略，只吃新食材。

从奶到辅食，从液体到固体，一定需要一个适应的过程，因此一定要坚持由少到多，逐渐增量。在最初添加辅食时，要少量尝试，一两勺即可，添加 3 天，如果没有出现身体的异常反应，再继续增量。

由少到多这个原则不只适用于添加米粉阶段，在添加菜泥、肉泥等阶段，也应该遵循，其间观察孩子的接受度。

刚满 6 月龄，初添加辅食的宝宝，还没有具备完善的咀嚼和消化吸收能力，所以米粉冲调时一定要稀一点儿，稀稠的程度以勺子倾斜的状态下，米粉像水一样流下来为宜。之后，再根据宝宝的接受情况，逐渐增加米粉的稠度，增加到米粉入口后，宝宝能轻松吞咽的程度。每个孩子、每个阶段接受的稠度不同，家长要根据孩子的接受度及时调整，这点不须借鉴他人经验。

刚开始添加辅食的时候，很多宝宝的牙齿甚至还没有萌出，即使有些萌出了，宝宝也不能熟练咀嚼。因此，除了需要稀一点儿，颗粒度也要细一点儿，之后仍然需要根据孩子的接受度，也就是啃咬、咀嚼能力，逐渐把食物变粗，比如变为泥糊状的精细食物、小丁状的食物、小块状的食物。

图 2-3-1　宝宝辅食须由细到粗逐渐变化

食材搭配：每餐都要营养均衡

随着宝宝的生长发育，他能接受以及适应的食材越来越丰富，这时辅食种类要尽可能丰富。这里所说的丰富要注意跨类别，包含主食、蔬菜、肉类，其中主食应该占一半，这样既能保证宝宝摄入的营养全面均衡，又能保证能量充足。有的宝宝可能会排斥没有味道的主食或者味道比较淡的蔬菜，那么可以将主食、菜、肉等混合起来吃。

还需要提醒的是，不建议将水果列入正餐中，水果往往比较甜或者酸，味道比较重，容易影响其他食物的摄入；也不建议在辅食添加初期引入水果，以免宝宝因水果比较有味道而拒绝米粉等食物。可以在宝宝接受米粉后，在两餐之间以加餐的形式给宝宝吃水果。

虽然了解了辅食的添加原则，但面对各种各样的食材，新手爸妈想要正确地做出让孩子吃得开心、吃得健康的辅食，还是需要具体指导的，特别是再加上"辅食添加初期，应选择单一食材。当宝宝接受较为丰富的食材后，最好将各种食材混合在一起喂给宝宝"这个要求后，任务难度瞬间飙升了好几个层级。该怎么出色地完成这个挑战呢？下面我们就介绍几种适合小月龄宝宝的辅食添加方法，给新手爸妈打个底。

1. 单一米粉

这里我们以米粉为例。我们一直建议，最适合中国宝宝的第一口辅食就是富含铁的婴儿营养米粉，因此冲米粉可算是父母必学的"入门课程"，当然它的难度系数也最低。

制作时，只需准备好富含铁的婴儿营养米粉和温水（与冲奶粉的水温一致）就可以"开工"了。冲调时，要记住先放水再放粉，然后用辅食勺慢慢搅拌，直到混合物变得均匀，没有结块就完成了。

冲调米粉的水可以用纯净水或饮用水，不建议使用矿泉水。另外，关于米粉和水的比例，也就是米粉的稀稠程度，需要根据宝宝的吞咽能力决定，最开始要尽量稀，最好达到"用小勺舀起后能匀速滴落"的状态，之后随着宝宝的吞咽能力逐渐增强，米粉糊也可以慢慢变稠。

两种食材的做法

这里我们以米粉加菠菜泥为例。备菜时，准备好富含铁的婴儿营养米粉、温水、菠菜；然后将菠菜择好，清洗干净，放到开水中焯一下后迅速捞出并剁碎备用；之后，冲调婴儿营养米粉，搅拌均匀；最后，把菠菜碎放到调好的米粉中，再次搅拌均匀就完成了。

需要注意的是，菠菜焯水时，时间不要太长，几秒即可，如果煮得太烂会破坏其中的维生素。如果是根茎类蔬菜，比如土豆、红薯等，可以蒸熟碾碎，或在辅食机中打成泥，再放到米粉中。

三种食材的做法

以西红柿肉末面为例。需要准备的食材包括西红柿、炖熟的牛肉、面条。

制作时，先在西红柿顶端划一个十字口，然后将西红柿放入沸水中烫片刻捞出，去皮切成小丁备用，煮熟的牛肉也切成碎末备用；之后开火，在锅内放一点点油，倒入西红柿丁，翻炒至出汁，倒入适量开水，再放入牛肉碎，再次煮开后，盛出来备用；最后，用干净的锅烧水，水开后，下面条，煮熟后将面条捞出来，将适量西红柿肉末倒在面上，搅拌均匀就完成了。

制作时，注意面条不要煮得太烂，以免变得"假稠"，导致宝宝看似吃了很多，但能量并不够。长此以往，能量摄入不足，可能会影响宝宝的生长发育。

由于辅食的制作要依据家庭的实际情况来定，包括种类选择、烹饪方法、搭配习惯、宝宝的接受度等，每个家庭都有自己独特的风格，因此这里提到的三类制作方法，仅仅是为大家提供灵感，爸爸妈妈操作时可以根据自家饮食习惯以及宝宝的情况自行发挥。

人体正常运转，离不开充足的能量供应。那么，能量从哪里来呢？一定是摄入的食物。可供人体利用的能量，主要来源于"三大产能营养素"，分别是：蛋白质、脂肪、碳水化合物。

蛋白质的主要作用是提供构建身体的各类"材料"；脂肪更倾向于储存能量，当人感觉到饥饿时，会消耗脂肪来维持正常的代谢；碳水化合物则"现吃现用"，进入体内会被分解成葡萄糖，快速、及时地为身体提供能量。

可以说，碳水化合物是人体获取能量最主要、最经济的来源。因此每天都要吃够量，尤其是正处于生长发育旺盛期、对能量需求更高的宝宝。

碳水化合物又叫糖类，可以分为两大类。

一类是分子结构相对简单的碳水化合物，大部分存在于加工食物中，比如果汁饮料、面包、蛋糕、糖果等，一小部分存在于天然食品中，比如牛奶、水果、蔬菜等。

另一类是分子结构相对复杂的碳水化合物，主要存在于谷薯类食物中，比如大米、小麦、玉米、小米、马铃薯、山药、芋头等。

显而易见，分子结构相对复杂的碳水化合物应该成为一日三餐的主角，也就是我们常说的主食。孩子的饭菜应尽量按照主食、菜、肉2∶1∶1的比例来搭配，也就是说，每顿饭主食至少要占到一半。

主食如何吃，吃多少

根据《中国居民膳食指南（2022）》的建议，在食物多样的基础上，坚持谷类为主、合理搭配。

谷类是膳食中的主食，碳水化合物含量占60%以上，比如大米、小麦、小米、紫米、燕麦、荞麦、藜麦、糙米、黑米等，是孩子日常饮食的中坚力量，不可取代。清洗时建议不要反复搓洗、不用热水烫、不要久泡；面粉、全麦粉，最好以发面的形式蒸着吃，比如蒸馒头、花卷、包子等。

薯类食物的碳水化合物含量为25%左右，比如土豆、红薯、紫薯、白薯、山药、芋头等，用蒸、煮的方式更健康。

豆类碳水化合物含量占50%~60%，比如红小豆、绿豆等，可以做成绿豆粥、杂粮饭等。

薯类和豆类的摄入量，根据家庭饮食习惯，每天适量即可。

需要提醒的是，给孩子准备的主食，要避免"假稠"的情况。比如粥、汤面，在熬煮和做完后的放置过程中，容易吸收大量的水分而膨胀。在视觉上看起来这一碗饭似乎很多，但其中粮食的含量是有限的。孩子看似吃得不少，但实际上摄入的热量却

- 小贴士 -

2岁以内的婴幼儿，碳水化合物的来源最好是大米、小麦。因为婴幼儿消化吸收能力有限，杂粮类会增加胃肠负担；而市售的薯类往往以蔬菜形式出售，还不十分成熟，也就是淀粉含量有限，即相同的体积所含的能量有限。

盐、油　　　　奶及奶制品

坚果类　　　　大豆类

动物性食物　　蔬菜类

水果类　　　　谷类

薯类　　　　　水

盐　　　　　　　＜ 5 克
油　　　　　　　25 ～ 30 克
奶及奶制品　　　300 ～ 500 克
大豆及坚果类　　25 ～ 35 克
动物性食物　　　120 ～ 200 克
　　　　　　　　每周至少 2 次水产品
　　　　　　　　每天 1 个鸡蛋
蔬菜类　　　　　300 ～ 500 克
水果类　　　　　200 ～ 350 克
谷类　　　　　　200 ～ 300 克
　　　　　　　　全谷物和杂豆
　　　　　　　　50~150 克
薯类　　　　　　50 ～ 100 克
水　　　　　　　1500～1700 毫升

(每日摄入量)

图 2-3-2　中国居民平衡膳食建议

远远不够，即便当时吃饱了，很快就会感觉到饿。长此以往，摄入的能量小于消耗量，就会影响生长发育，导致身高、体重增长不理想。

图 2-3-3　食物假稠（烂面条）和真稠（碎米饭）对比图

8. 添加辅食后，奶量需递减

添加辅食后，宝宝终于摆脱了只能喝奶的单调饮食，餐单开始逐渐丰富起来。不过，家长的烦恼也随之而来——一方面希望宝宝能多多尝试不同种类的食物，尽早适应辅食，另一方面又怕奶量被挤占，宝宝会营养不良。所有的纠结如果总结成一句话，那就是：辅食与奶，每天的比例究竟该怎么安排？

其实，要想解决这个困扰，家长要先明白辅食的作用，这样问题就能迎刃而解了。

辅食的作用

辅食，之所以有个"辅"字，就是在强调它的辅助作用，主要功能是"补充奶的不足"。毕竟，宝宝满6月龄后，日常从奶（无论是母乳还是配方粉）中获取的营养，已经不能满足生长发育所需了，因此就需要借助更多食物来让宝宝获得更为均衡、全面的营养。

另外，辅食还有个功能，就是帮助宝宝完成从"只喝奶"到"正常吃饭"的过渡，在这个过程中，宝宝需要在辅食的帮助下，适应更多的食材、学会咀嚼的动作、建立良好就餐习惯等，让自己能够从一个只会吸吮乳房或者使用奶瓶的小宝宝，变成一个能够独立吃饭、咀嚼固体食物的大孩子，也正是由于这个原因，辅食才有个别号，叫作"离乳食"。

明白了辅食所承载的意义之后，再去考虑辅食与奶的安排，似乎就没有那么纠结了。奶在宝宝刚刚开始吃辅食的阶段，仍然占主导地位，需要保证每日摄入量，而辅食则是视宝宝情况，来弥补奶的不足，同时承担培养训练宝宝啃咬、咀嚼、自主进食等行为的任务。随着宝宝不断长大，他能接受的食物越来越丰富，辅食和奶的比重也会出现动态的变化。通常在满18个月后，就进入了"以饭菜为主、奶为辅"的阶段，"辅食"这个概念也就慢慢淡出了。

辅食阶段，家长仍然应该关注奶的每日摄入量，基本的参考量为：7~9月龄，每日奶量要在600ml以上，10~12月龄应保持每天约 600ml 的奶量，1~2 岁，每日奶量应该保持在 500ml 左右 ⋆。

当然，每个宝宝存在个体差异，奶量会上下浮动，且随着宝宝不断长大，辅食的进食量逐渐增加，奶量是会相应减少的。家长在了解过平均推荐摄入量的基础上，灵活掌控就好，千万不要陷入"数据焦虑"中，每日纠结于宝宝的实际摄入量与推荐量之间的差异。

其实，判断宝宝的奶量与辅食安排是否合理的最科学方式，还是观察宝宝的生长曲线，只要宝宝的生长曲线中体重、身高增长趋势正常，就说明这二者的比例搭配是合理的。

辅食和奶的时间安排

具体到每日吃奶与吃辅食的时间表，在宝宝 7~9 月龄期间，每天可以安排两次辅食时间，母乳喂养 4~6 次，吃配方粉的宝宝也可以保持这个喝奶的频率（其中有两次是辅食后补充的奶，因为此时一顿辅食的量还比较有限）；10~12 月龄时，根据宝宝对辅食的接受情况，可以适当增加辅食喂养的次数，每天保持在 2~3 次（重点是增加辅食量和种类），母乳喂养依旧是 4 次；1 岁以后，吃辅食的节奏逐渐向成人的进餐习惯靠拢，形成每天 3 次的规律，母乳喂养则不超过 4 次。

一般情况下，对于 7~10 月龄的宝宝，可以把辅食安排在喂奶之前，先吃辅食后吃奶。但每个宝宝都有自己的进食习惯，有的宝宝爱吃辅食，吃得多肚子空间被占了，奶量就会减少，这时就需要调整一下喂食的顺序，把奶放在辅食之前。如果明显影响了总奶量，还要注意适当控制辅食添加量。当然重点还是放在监测孩子生长上，生长正常是喂养的目标。

....

⋆ 中国营养学会 . 中国居民膳食指南（2022）［M］. 北京：人民卫生出版社，2022.

有的宝宝不爱吃辅食，在排除过敏等疾病因素后，家长可以尝试在饥饿时先给辅食，用香菇粉、虾皮等有味道的食材调味增鲜，或者用色彩鲜艳的蔬果做些可爱的造型等，从感官上吸引宝宝。千万不要有"不爱吃辅食，多喝点奶就行了"的想法，喝奶太多，宝宝没有饥饿感，就更不愿意吃辅食了，久而久之，不仅营养得不到保证，也不利于养成良好的饮食习惯。

至于吃辅食的时间段，为了方便家庭生活，也为了帮助宝宝培养良好的进餐习惯，从添加辅食初期就可以把喂辅食的时间安排在大人进餐的时间，或者是接近的时间，这样全家共餐的氛围，也有助于刺激宝宝食欲。同时他和大人一起吃饭，也能尽早通过模仿，学会自主进餐。另外，建议在上午10点左右、下午3点左右，给孩子适当加餐，也就是零食，根据他的接受情况，最好不选择奶，比如母乳、牛奶等，而是选择水果、点心等手指食物，目的不是帮助孩子补充能量，而是锻炼他们的进食能力。

2. 储备知识，应对恼人的食物过敏

在辅食添加初期，家长往往都会特别小心翼翼，不仅担心宝宝是否能够顺利接受辅食，更怕他会出现食物过敏的问题。毕竟，一旦发生过敏，不仅各种症状会让宝宝很受罪，而且还会妨碍辅食正常的添

加进程，甚至影响营养吸收，妨碍宝宝的生长发育。那么，在怀疑宝宝有食物过敏问题时，家长应该如何应对呢？在添加辅食的过程中，又可以做哪些事来预防食物过敏呢？

如何判断食物过敏

家长怀疑宝宝在吃过某种食物后出现了过敏症状时，第一要务就是快速锁定过敏原，搞清楚是哪种食物让宝宝出现了过敏症状。

目前，判断食物过敏时最常用的方法是"回避＋激发"试验。与前面我们介绍过的牛奶蛋白过敏的诊断类似，如果家长怀疑宝宝对某种食物过敏，那么就立刻让他彻底回避这种食材一段时间。此后，如果宝宝过敏的症状逐渐减轻或者消失，那么说明回避试验为阳性。这时，再次给宝宝吃可疑的食物，如果过敏症状又出现了，那么就说明激发试验也呈阳性，就能够断定宝宝是对这种食物过敏了。

"回避＋激发"试验是诊断食物过敏的金标准。由于进行"回避＋激发"试验需要家长心中有大致的目标，所以在辅食添加初期，我们始终强烈建议要一种一种地添加新食材，每种新食材持续添加3天，观察宝宝是否有不适反应，确认"安全"后再添加下一种，这样做的目的就是为了在宝宝突然出现过敏症状时，能够更快地锁定可疑过敏原。

锁定过敏原后怎么办

在确认了宝宝是对哪种食物过敏后，家长下一步要做的就是让宝宝迅速、彻底地远离过敏原——立刻停止吃这种食物至少3~6个月，然后再重新进行尝试，如果宝宝仍然出现了过敏反应，就需要继续避食。

　　这里需要提醒家长的是，千万不要因为心有不甘，就反复给宝宝吃可疑食材来确认他是否真的对其过敏；又或者心存侥幸，认为多给宝宝吃几次就能适应了。这些做法都只会让问题恶化。食物过敏本质上是免疫系统错把正常的食物，也就是把"友人"误认成了"敌人"，进而出现了过度反应。这种情况下，既然某种食物已经引发了过敏的反应，也就是说免疫系统在当前阶段已认定了这种食材就是敌人，即使敌人反复出现，免疫系统也不会因此而"日久生情"，只会用更为激烈的"反抗"来保护主人，反映在症状上，就是变得越来越严重。

　　另外，在避食期间，家长要注意尽量保护宝宝的肠道菌群健康，避免频繁使用消毒剂及相关产品，尽可能不用或少用抗生素等。这是因为宝宝的肠道内壁结构比较松弛，同时肠道中的菌群还没有建立完全，无法促使肠道产生足够多的黏液来盖住肠壁细胞间的缝隙，这就使得一些物质会通过肠壁间隙跑到血液中，这种现象称为"肠漏"，有可能引发过敏。所以，家长如果想让宝宝尽快摆脱过敏，那么一件非常重要的事情就是注意维护宝宝肠道菌群的健康，让它们能够尽早帮助肠壁建立起保护屏障。

图 2-3-4　宝宝肠壁结构图

也有家长会想：如果在辅食添加过程中，尽量避免给宝宝吃容易过敏的食物，是不是就能帮宝宝最大限度地远离过敏的困扰了呢？理论上似乎没错，但执行起来却会发现"现实很骨感"。我们要知道，在众多食材中，奶类、蛋类、花生、鱼类、小麦、坚果类、大豆、甲壳类被称为八大类易致敏食物，日常生活中有 90% 的食物过敏都是它们引起的。但是，回想一下我们的每日饮食，想完全回避掉这八大类食物实在是非常困难，而且也会影响日常饮食的多样性和均衡性。

更令人"失望"的是，近些年的研究表明，在辅食添加期间，即便真的彻底回避了这些食物，也并不能起到预防食物过敏的效果，反而有可能增加宝宝日后对它们过敏的概率。相反，尽早科学适当引入的话，反倒可能在一定程度上诱导宝宝口服耐受，降低发生过敏的概率。

因此，要想预防宝宝食物过敏，家长需要做的还是如前所述：注意日常养育方式，不用任何形式的消毒剂及相关产品，尽量维护宝宝的肠道菌群健康，必要时服用活性益生菌及益生元制剂。同时在给宝宝尝试新食物时，能够按照辅食添加的推荐原则做到科学添加。

小贴士

何为益生菌、益生元、后生元、迷生元？益生菌是对人体有益而无害的活菌；益生元是益生菌的食物；后生元是益生菌代谢产物的统称；迷生元是益生菌和益生元的组合制剂。国家卫生健康委员会已在明确可用于婴幼儿食品的菌种共四种，家长在选用益生菌制剂时可以对照查看。

拉丁名：*Lactobacillus acidophilus* NCFM
（仅限用于 1 岁以上幼儿的食品）

拉丁名：*Lactobacillus helveticus* R0052

拉丁名：*Bifidobacterium animalis* subsp. *lactis* Bb-12

拉丁名：*Bifidobacterium animalis* subsp. *lactis* HN019

拉丁名：*Limosilactobacillus reuteri* DSM 17938

拉丁名：*Lacticaseibacillus rhamnosus* HN001

拉丁名：*Lacticaseibacillus rhamnosus* GG

拉丁名：*Bifidobacterium bifidum* R0071

拉丁名：*Bifidobacterium breve* M-16V

拉丁名：*Lacticaseibacillus rhamnosus* MP108

拉丁名：*Bifidobacterium longum* subsp. *longum* BB536

拉丁名：*Bifidobacterium animalis* subsp. *lactis* Bi-07

拉丁名：*Limosilactobacillus fermentum* CECT 5716

拉丁名：*Bifidobacterium longum* subsp. *infantis* R0033

图 2-3-5　可用于婴幼儿食品的菌株名单 *

＊资料来源：关于《可用于食品的菌种名单》和《可用于婴幼儿食品的菌种名单》更新的公
　告（2022 年第 4 号）

食物制作有了油盐酱醋的加持，才能做到色香味俱全。但是很多家长困惑，宝宝的辅食里，是否可以添加这些"辅料"？什么时候可以加呢？

其实，这就需要根据宝宝的月龄，以及"辅料"的特性来具体问题具体分析了。

宝宝能吃食用油吗

对宝宝来讲，油最重要的作用就是提供其生长发育所必需的脂肪。不过我们需要明确的是，食用油并非宝宝获取脂肪的唯一途径，因为母乳、配方粉，以及肉、蛋、鱼等都含有脂肪，其中有些食材的脂肪含量还很丰富。所以对于吃辅食的宝宝来说，食用油可以酌情添加，但要注意适量。

"适量"二字，可能又会让很多家长感到头痛——道理虽然能懂，但是如果完全没有参考，还是有种无从下手的感觉。那么大家可以参考图 2-3-6。

仔细看图就会发现，在宝宝满 1 岁前，食用油并非日常饮食中的必需品，因为宝宝通过奶或其他食材所获得的脂肪，已经能够满足生长发育所需。如果家长在烹饪过程中，确实需要用到油作为辅助，例如做小煎饼、煎鳕鱼等菜肴时，那么注意控制总量即可，每天的用量不要超过 1 汤匙。

在宝宝满 1 岁之后，食用油的地位逐渐上升，成为烹饪过程中必不可少的角色，而推荐摄入量也随宝宝长大而不断增加。当然，这

图 2-3-6　每日食用油添加量

里还是要提醒各位家长，即使有了"推荐量"，也不要教条地"按克数烹饪"，为了吃油而吃油。日常烹饪时，还是要注意尽量少使用煎、炸等烹饪方式。

在选择油时，应少选用饱和脂肪较多的油脂，如猪油、牛油、棕榈油等，多选用富含必需脂肪酸（亚油酸和 α - 亚麻酸）的油脂，比如大豆油、优质菜籽油等。因为不同的油营养特点各有千秋，家长可以购入小包装的不同种类的油，时常更换，以便做到营养均衡。

传统观念认为宝宝不吃盐会没有力气，但事实上，母乳、配方粉、辅食食材中，都含有食盐中的主要元素——钠。因此我们建议，宝宝 1 岁前，不要额外添加食用盐，除了避免给肾脏添加负担外，也是为了让宝宝尽量适应食物的原味，防止出现挑食、偏食等问题。

宝宝1岁后，可以结合宝宝的进餐情况来判断。如果在不额外添加盐的情况下，宝宝的辅食仍然吃得很好，那么就说明他对"重口味"并没有什么特别的需求，这时仍然可以让宝宝继续享受食物天然的味道。如果宝宝因为饮食过于清淡，对辅食的兴趣减退，那么可以适当添加一些盐来调味，但是要注意控制添加量，让辅食稍稍"有点儿咸味"即可，以免给宝宝养成口味重的不良饮食习惯。

由于酱油的主要成分也是食盐，因此使用原则同理。在宝宝仍然吃辅食的阶段，食盐或酱油二选一即可，没有必要同时添加在一道菜肴中，使菜品的口味过重。

宝宝能吃醋吗

从制作工艺和原料上来讲，醋是一种发酵而成的酸味液态调味品，大多是由糯米、高粱、大米、玉米、小麦、糖类以及酒精等发酵制成，发酵后酒精浓度极低。因此理论上宝宝1岁后可以在调味时适量添加，但是具体执行起来，还是要看宝宝的口味偏好。例如有的宝宝偏爱酸味，吃饺子时蘸醋就能胃口大开，那么在每次吃包子、饺子时，适当用些醋来调味也未尝不可，但是如果宝宝实在无法接受醋的味道，那么也没有必要一定要让他接受。

除了油盐酱醋外，鸡精、味精等调味品虽然能够给菜肴提鲜，但由于味精的主要成分是谷氨酸钠，鸡精是味精的二次加工产品，它们本质上并没有什么营养价值，且在高温烹饪的过程中，还可能会转化成影响身体健康的焦谷氨酸钠，因此不建议在辅食中添加。

至于白砂糖，虽然理论上宝宝满 1 岁后，可以在食物中添加，但是由于添加糖对于乳牙保护、体重管理都不是很友好，因此如果不是调味特别需要，也不建议使用。家长如果想给食物增加甜味，可以尝试借助南瓜、红薯等天然食材来让菜肴变甜。

宝宝能不能喝——饮料、果汁、能量饮料

随着宝宝逐渐长大，接触的食材越来越多，除了调味品，很多家长会想着给孩子喝点有味道的东西，比如饮料、果汁，那么宝宝到底能不能喝呢？

首先可以明确的是，市售的饮料，无论是含乳饮料、果茶，还是含 100% 纯果汁的饮料，为了保证口味，其中添加的糖量普遍较高，孩子饮用后会增加患龋齿、肥胖和慢性病的风险，因此并不推荐幼儿喝饮料。

于是家长会想，既然饮料不推荐，那么鲜榨果汁是不是能成为"完美替代"呢？事实并非如此。这是因为在榨取果汁的过程中，只能保留那些易溶于水的营养素，而大部分膳食纤维以及钙、铁等元素，由于不能溶于水，所以会残留在榨汁后剩余的残渣中，无法被孩

子摄入。

另外，孩子如果是吃水果，则需要充分咀嚼后才能吞咽，因此要想吃下一个完整的水果，需要比较长的时间，这就给了胃肠充足的时间去消化吸收。相比之下，同一个水果如果榨成汁，可能几秒钟就喝完了，这就使得身体在短时间内摄入大量的糖。家长实操一下就会发现，如果想榨出一杯约350ml的橙汁，需要大概4个拳头大小的橙子，如果孩子在几分钟内将果汁全部喝完，那么相当于短时间内摄入了4个橙子的糖分。因此，果汁并不是浓缩的水果，也不建议孩子经常饮用。

这里跟大家讲一下食用糖的种类。糖的种类非常多，常见的蔗糖、果糖、乳糖、葡萄糖、淀粉、膳食纤维等都属于糖类。水果中的糖主要是果糖，关于果糖及其代谢过程详见第289—290页。

事实上，对于孩子来说，最好的饮料就是水。那么怎么给宝宝喝水才是健康的呢？马上就会告诉你。

12. 宝宝每天喝多少水，要尊重他的需求

作为人体所占比重最大的物质，水在维持机体健康过程中的重要性毋庸置疑，比如参与人体的新陈代谢、帮助血液流动、调节体温等。也正是由于这些原因，如何科学地给宝宝补水，成了很多家长格外关心的问题。那么，宝宝每天喝多少水合适？又该如何判断宝宝是否缺水呢？

对于 6 月龄以下的宝宝来说，如果奶量正常，那么通常不需要额外补水。这是因为无论是纯母乳喂养、配方粉喂养还是混合喂养，宝宝都能够从乳汁或者奶液中获得足够的水分，这种情况下，如果再给宝宝额外喝水，很可能会挤占本就不大的胃容量，进而影响奶量。

因此，对于 0~6 月龄的宝宝来说，家长需要注意的就是坚持按需喂养。如果需要冲调配方粉，那么根据配方粉说明书上的建议，合理调配水、粉比例即可。

当宝宝满 6 月龄开始添加辅食后，由于饮食结构的改变，他对于喝水也有了一定的需求，不同年龄段宝宝每日水分的总摄入量推荐如下。

| 其中奶量为 600ml 以上 | 其中奶量约为 600ml | 其中奶量约为 500ml | 除三餐外饮水量为 600～800ml |

图 2-3-7　不同年龄段宝宝每日水分总摄入量推荐

当然，每个孩子每天具体的饮水量还会因为体重、代谢情况、季节、运动量、身体情况（是否生病）等各种因素的影响而有所差异，所以家长可以将这个推荐量当作参考。大可不必把它当成任务，根据推荐量要求宝宝每天必须喝下相应量的水。记住：按需即可。

按需喝水的表现是什么

看到这里，不少家长恐怕心中又生出了新的疑惑，这个"需"该怎么判断呢？大些的孩子如果感到渴了，就会用语言表达"要喝水"的意愿。但是对于还不太会表达的小宝宝，又怎么知道他是不是渴了，需不需要喝水呢？这时候，家长不妨参考两个指标：尿量与尿液颜色。

通常，如果宝宝24小时内的排尿次数能达到6次或更多，且尿液颜色很清亮，呈无色或淡黄色，那么就可以基本断定宝宝并不缺水。而如果宝宝排尿次数少于6次，或者尿液颜色比较黄，甚至还有比较浓重的味道，那么就要警惕宝宝是否缺水了。

不过需要提醒家长的是，在判断过程中也要排除一些"干扰项"。例如晨尿的颜色普遍偏黄，因此不应当作判断依据。另外，如果宝宝正在补充B族维生素，那么尿液也可能会颜色偏黄，食用红心火龙果，尿液会偏紫红色。所以，建议家长要综合评估和判断。

13. 限制饮食，并不能避免宝宝"积食"

在养育过程中，尤其是吃了辅食后，遇到宝宝胃口不好、有口气、腹胀或大便干燥等问题，不少家长都会将其归结为一个原因——积食。

"积食"究竟是什么

"积食"这个词来源于中医，通俗地讲其实就是消化吸收不良。宝宝的胃肠道本就处于发育阶段，尚不完善，摄入的食物不能被充分地消化、吸收，自然就会积存在肠道内，使孩子表现出不爱吃饭、口臭、腹胀、便秘等所谓的"积食"现象。

避免"积食"，该做些什么

想要避免宝宝"积食"，需要做的是找到消化吸收不良的原因，进而有针对性地改善、提高宝宝胃肠道的消化吸收能力，而不是仅减少摄入的食物量或种类。

消化吸收虽然常常连在一起说，却是两个不同的概念。消化的起始部位在口腔，食物进入口腔后，经过牙齿啃咬、咀嚼、碾碎、混合，进入胃里，在胃的蠕动及胃液的分解下进一步加工溶解，之后进入肠道，在肠道的帮助下再次分解。吸收则是肠道把消化后的小分子物质吸收到血液中，供人体利用的过程，最终没被利用的食物残渣以粪便的形式排出体外。

所以，当宝宝"积食"了，我们首先要分清到底是消化问题还是吸收问题，再有针对性地解决。

如果是消化方面的问题，通常最直观的症状是宝宝大便中有明显未消化的食物残渣，也就是吃什么拉什么。引起这一现象的原因，多数是宝宝的啃咬、咀嚼能力不够。应对这一点，日常饮食中我们可以

根据宝宝的接受程度，提供一些功
能性食物。如果是小月龄宝宝，可
从用咬咬乐吃水果开始，还可给他
能用手抓握的、直径大于口唇的大
馒头等，锻炼啃咬、咀嚼能力。宝
宝吃的时候，家长也可以在一旁同
时咀嚼食物，用稍微夸张一点儿的
动作为宝宝示范。两三岁的宝宝，可以多咀嚼一些韧性食物，比如红
薯干、牛肉干等。

如果宝宝已经"积食"了，那就要暂时适当调整饮食结构或食物
性状，给他相对更容易消化的、和咀嚼能力相匹配的食物，帮助宝宝
减轻肠道的消化负担。每餐主食、菜、肉最好保持在 2 : 1 : 1 的比例，
尽量做到合理搭配。

如果是吸收出了问题，宝宝的大便性状往往比较正常，但排便量
会比较多。这种情况通常与胃肠道功能、肠道菌群有很大关系。提醒
大家平时一定要注意对宝宝肠道菌群的保护，肠道益生菌是肠黏膜的
保护屏障，而肠黏膜正是营养吸收的通道。一旦肠道菌群失调，益生
菌的种类、数量减少，肠黏膜就容易受到病菌的侵袭，肠道吸收功能
自然会受到影响。所以日常生活中要避免滥用消毒剂，必要时可以给
宝宝做一下肠道菌群检测，根据检测结果，有针对性地补充益生菌，
更好地维持肠道健康。

限制饮食能预防"积食"吗

这里常常有一个误区：很多家长因为担心宝宝积食，出于预防的

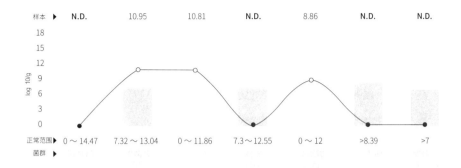

图 2-3-8　宝宝 A 服用益生菌制剂前的肠道菌群检测结果

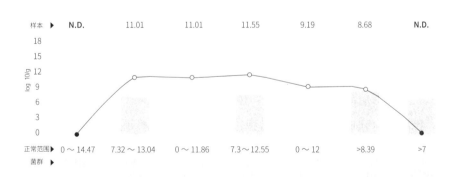

图 2-3-9　宝宝 A 服用益生菌制剂后的肠道菌群检测结果

目的，干脆限制宝宝的进食量和食材种类。这种做法是非常不科学、不可取的！因为宝宝需要摄入充足的营养，才能保证生长发育的顺利进行。恰当的做法是：在调整过程中，既不一味强调限制进食量，也不强迫宝宝进食，尽量顺从宝宝自己的需求。暂时适当调整饮食性状，同时不断锻炼孩子的啃咬、咀嚼能力，去除生活环境中所有消毒剂，在专业人员的指导下，服用有效的益生菌制剂。

如果宝宝的"积食"症状较严重，已经影响到了正常的生长发育，或者家长心中有疑虑，建议及时就医，请医生给出具体的诊疗意见。

14. 过了这个年龄，奶将不再是主要营养来源

随着孩子逐渐长大，他的饮食从只有奶（无论是母乳还是配方粉）到逐渐引入辅食，再到奶和辅食旗鼓相当，最后辅食概念淡出，一日三餐成为孩子日常的主要营养来源。在这个过程中，家长往往会产生一个疑问：奶需要吃到什么时候呢？

我们一直强调，世界卫生组织也是这样推荐：母乳是婴儿最佳的食物。因此鼓励新手妈妈们至少坚持母乳喂养到婴儿 6 月龄，最好 1 岁，之后如果条件允许，可以一直坚持母乳喂养到宝宝 2 岁甚至更久。由此也可以看出，2 岁确实可以成为一个改变奶制品摄入方式的"时间节点"。当然，最终断母乳的时间，可以由妈妈结合宝宝及自身的实际情况进行综合考虑，并没有特别明确的时间要求，而配方粉作为母乳不足时的无奈选择，停止摄入的时间也可以和母乳保持一致。

但需要注意的是，由于奶类是优质的蛋白质和钙的最佳食物来源，所以在给宝宝断母乳或者停止配方粉喂养后，每天仍然要注意为其补充足够的奶制品，来保证骨骼生长和维护骨骼健康。根据《中国居民膳食指南（2022）》中的建议，2~5岁的幼儿每天要保证能摄入300~500ml的奶或者相当量的奶制品，来满足身体对钙的需求。

至于奶制品的选择，可以考虑液态奶（最好是鲜奶）、酸奶、奶酪等未添加糖的奶制品，而像含奶的饮料、奶油等，虽然也是奶制品，但是并不推荐这个年龄段的宝宝摄入。

同时，也建议家长最好每天和宝宝一起喝奶，不仅对自己的身体有益，能够补充钙和蛋白质，也能起到以身作则的榜样作用。

鲜奶、纯牛奶、酸奶、奶酪、到底有什么区别

鲜奶和纯牛奶的营养成分差别不大，主要是杀菌技术和储存方法不同。

通常，鲜奶采用的是巴氏杀菌加工工艺，需冷藏，保质期较短（一般在1周以内），口感更好；纯牛奶采用的是超高温瞬时杀菌加工工艺，常温保存即可，保质期较长（一般 ≥ 6个月）。酸奶是以牛奶为原料，添加发酵用的菌种，经发酵后制成的奶制品。家长可以在家自制酸奶，用益生菌做引子来发酵，正好还可以测定益生菌是不是活菌。如果能制作出酸奶，说明益生菌制剂是活菌型；如果方法、温度合适，操作步骤也正确，却做不出酸奶来，则说明益生菌制剂是死菌型。奶酪可以说是浓缩了的牛奶，但制作过程中不可避免地要用到盐，给宝宝选择奶酪时，要看清配料表和营养成分表，尽量选择高钙、低钠的。

翻开每个家长的手机相册，我猜，十之八九里面会有宝宝便便的各种照片。当然了，我在诊室里更是经常能看到这样的照片。作为儿科医生，对这种用图片记录的形式很认可，因为它可以给医生诊断提供直观的素材。海量的便便照片也说明了一点，家长对宝宝的大便真的很上心。据我所知，除了拍照片，凑近闻、扒开看的家长也不在少数。为什么大家对宝宝的便便这么重视呢？因为它可以算作孩子饮食的风向标。重视是好事，放下过度焦虑，学会合理分析便便更重要。

宝宝刚出生后排出的是胎便。胎便比较黏稠，呈黑绿色，是新生宝宝最早的肠道分泌物，由肠壁细胞、羊水、胆汁、黏液等组成。它的顺利排出，是宝宝肠胃系统开始正常运转的信号，如果出生后24小时宝宝仍然没有排便，要及时告知医生，尽快通过检查排除是否存在消化道畸形。

宝宝出生后3~4天内，胎便基本上就排干净了，大便的颜色会逐渐过渡到深黄绿色，大概持续三四天时间。

在这之后，宝宝大便的颜色还会发生变化。喂养方式不同，大便的颜色也有所不同。如果宝宝吃母乳，大便多是很漂亮的金黄色；如果是吃配方粉，大便的颜色就会比较丰富，呈现出深浅不一的黄，有的还掺杂着棕色，比如浅黄色、黄棕色、浅棕色，都是比较常见的。

有时，家长会发现宝宝的大便是绿色的，只要没有其他异常，通常不需要特殊处理。大便发绿主要与吃进去的营养物质没有被完全消化吸收有关，比如宝宝吃奶次数频繁，供给的营养超过需求量，或者腹泻了，肠道蠕动过快，营养物质还没来得及完全消化吸收就被代谢掉了。吃部分水解配方粉的宝宝也可能会拉绿便，因为部分水解配方粉将完整的大分子牛奶蛋白"切"小了，可以帮助宝宝更好地消化吸收，但如果宝宝未能将这些营养物质完全吸收，过剩的营养就会在肠道堆积，导致大便发绿。同样的道理，如果宝宝吃的是加工更为深入和彻底的深度水解配方粉或氨基酸配方粉，大便的颜色很可能会更深，甚至发黑。这都是正常的。

此外，当宝宝摄入了较多铁元素，比如遵医嘱额外补充了铁剂，或含有铁的维生素滴剂，大便也可能呈现出深绿色或黑色。

添加辅食之后，宝宝大便的颜色就会受到食物的影响，变得五颜六色。比如吃了胡萝卜，大便中可能会因为有细碎的胡萝卜粒而呈现橙色；吃了剁碎的绿叶菜，大便就会发绿并且有蔬菜的碎渣；吃了红心火龙果、西瓜，大便会变成红色；一些富含膳食纤维的食物，比如玉米粒或黑木耳，甚至会被宝宝原封不动地排出来。这些情况都是正常的，不用担心，随着宝宝咀嚼能力的提高和胃肠道发育的逐渐完善，他们慢慢就能搞定这些食物了，便便也会越来越正常。

说完了正常便便的颜色，接下来说几种需要警惕的便便颜色。

灰白色大便。灰白色大便是不正常的，通常由胆汁缺乏引起。新生宝宝排出的大便如果是灰白色的，那他可能患有先天性胆道闭锁，应立即就医检查，通常经过相对简单的手术治疗就能康复，但如果没有及时干预导致病情延误，肝脏严重受损，就只能通过肝脏移植手术挽救生命。

红色大便。如果宝宝排出了红色大便，家长可以先回想一下，宝宝有没有吃红色食物，比如红心火龙果、西瓜等。如果有，就不用担心。如果没有，出现了血样便，通常有两种情况：一种是血浮在大便表面，血量很少，多是血丝或血点，这可能是肛裂引起的。用手轻轻扒开宝宝肛门，借助手电的强光照下照片，通过自己观察或请教专业人员帮忙就能初步确认。如果是肛裂，便可以发现肛门内有一个或多个非常小的锥形的皮肤裂口。另外一种是血混在大便里，血量较多且血色发暗，这可能是胃肠道出血所致，应带宝宝及时就医。

黑色大便。如果宝宝是母乳喂养，且补充的维生素中也不含铁，却排出了黑色大便，建议家长带宝宝就医检查。尤其是黑而发亮的"柏油便"更要重视起来，可能和胃出血、十二指肠出血有关。

有些新生儿排出的尿液量少且呈粉红色，这是因为体内水分较少，尿液中的尿酸盐含量比较高引起的，通常会在出生 72 小时后消失。当发现宝宝的尿液是粉色时，应适当增加喂养量，同时观察尿液颜色的变化，如果情况一直没有好转，应及时就医，排查宝宝是否患有疾病。

规律喂养后，正常情况下，除晨尿外，新鲜的尿液颜色是淡黄色或无色、透明、无沉淀物质的。喂养充足时，宝宝的尿色较浅，呈无色或淡黄色；喂养不足时，尿色则会变深，转为深黄色，建议及时补充水分。

当宝宝的尿液长时间呈黄色或深黄色，甚至浓茶色，家长应提高警惕，及时带宝宝就医。

此外，如果宝宝的小便呈红色，在排除进食了红心火龙果等花青素含量较高的食物后，要警惕是否存在血尿的可能。血尿通常伴随尿痛、尿频、尿灼热等不适症状，出现这种情况，别犹豫，赶快带宝宝去医院。

2. 识别大小便的气味，及时发现异常

大便的气味

新生儿的胎便通常没有明显的气味。

规律吃奶后，母乳喂养的宝宝，大便一般没有难闻的气味，可能稍微带点酸酸的味道；配方粉喂养的宝宝，大便则比较臭；混合喂养

的宝宝，大便气味介于母乳喂养和配方粉喂养之间，略臭；开始添加辅食后，宝宝的大便气味会明显变臭，逐渐接近成人大便的气味。

需要注意的大便气味有以下几种。

臭鸡蛋味。可能是蛋白质摄入过量，或蛋白质消化不良造成的。这时母乳妈妈可适当减少蛋类、奶类、肉类、豆制品等蛋白质含量高的食物的摄入量。用配方粉喂养宝宝时，应注意冲调是否过浓、宝宝进食是否过量。如果宝宝已经添加辅食，可以考虑暂时减少或停止添加此类辅食，等宝宝大便恢复正常后再逐步添加。

酸臭味加重。可能是碳水化合物消化不良引起的。淀粉类食物在肠道内发酵，产生了酸味。母乳妈妈可适当减少米、面等主食的摄入。

腐烂、腥臭味。如果宝宝的大便闻着特别腥，甚至有腐烂的味道，可能提示宝宝有消化系统感染的情况，一定要及时就医，以免延误病情。

正常情况下，新鲜的尿液有淡淡的氨臭味，如果宝宝摄入的水量比较多，尿液稀释之后，氨臭味会变淡，甚至闻不到。如果摄入的水分不多或出汗较多，尿液的气味就会比较重。

添加辅食后，小便的气味如果闻着有异常，可能和摄入的食物有关。比如吃了大量的高蛋白食物，小便的氨臭味就会比较明显。吃了较多榴莲、葱蒜等味道比较重的食物，小便的气味也会比较难闻，不过一般都是一过性的。

如果宝宝的尿液散发出难闻的气味，比如腥臭味，并伴有发热、尿液发黄、尿痛等症状，可能提示存在尿路感染的问题，应尽快就医治疗。

3. 辨识大便的稀稠，识别健康问题

母乳宝宝的大便普遍偏稀，看上去很松散，可能呈现出水状、颗粒状、糊状、凝乳状等，这是因为母乳易于消化吸收。母乳中富含人乳独有的低聚糖，它是一种可溶性膳食纤维，可以被肠道中的益生菌败解，产生气体和水分，所以母乳喂养的宝宝通常会排出较稀的大便。

配方粉喂养的宝宝，大便看上去也比较松软，但和母乳宝宝相比，他们的大便会更成形，更浓稠一些。因为配方粉不像母乳那样容易消化，残留物相对多一些，大便也会更大坨。添加辅食后，宝宝的大便相比之前明显变稠，有时成条状，气味也明显变臭。

有些宝宝在进食母乳、配方粉或奶制品后，会出现腹泻、胀气、腹痛等不适症状，排除了过敏等其他因素，这有可能是"乳糖不耐受"引起的。

"乳糖不耐受是由于乳糖酶缺乏而导致乳糖不能完全消化和吸收的病症。"大多数宝宝的乳糖酶缺乏是属于继发性的，通常由小肠黏膜受损引起。可以通过补充乳糖酶制剂来缓解，这样既能延续原来的喂养方式，缓解乳糖不耐受带来的不适，也能促进"内源性"乳糖酶的恢复。如果是先天性乳糖酶缺乏，就要避免摄入含乳糖的食物了。

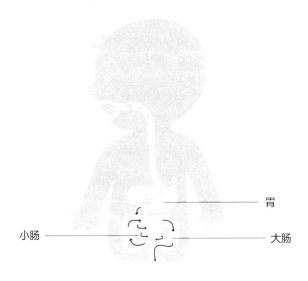

胃

小肠

大肠

图 2-4-1　大便的形成过程图

有一些大便的性状常常让家长很在意，比如下面几种情况。

大便中有奶瓣。主要与消化系统对蛋白质的吸收有关，母乳、配方粉中含有大量蛋白质，其中的酪蛋白不溶于水，和胃酸结合后形成白色的絮状物，如果没有经过完全的消化吸收，就会随大便排出体外，形成肉眼可见的奶瓣。只要宝宝饮食良好、排便规律、生长发育正常、精神状态也不错，就请家长放轻松，随着宝宝消化功能的改善，情况就会好转。母乳喂养的宝宝，妈妈可以适当减少高蛋白、高脂肪食物的摄入。

大便中有泡沫。母乳宝宝的大便性状如果一直很稳定，突然出现泡沫便，可能是奶中的糖分超标了，比如妈妈吃了比较多含糖量较高的食物，宝宝没办法完全消化掉。此外，妈妈肠胃不适，宝宝的大便中也可能会出现泡沫。这种情况下，妈妈要注意调整饮食，吃得清淡点，看宝宝的大便性状能不能恢复正常。如果大便中除了有泡沫，还变稀了、频次也变多了，建议就医检查，排查生活环境是否有频繁使用消毒剂或出现病菌感染的情况。

大便中有黏液。一般来说，大便中有少许黏液很常见，因为肠道本身就会分泌一定的黏液，同时混有脱落的肠黏膜细胞，随着大便一起排出体外，不用太紧张。如果患有肠炎，比如结肠炎、直肠炎等，大便里的黏液往往比较多，且呈不透明的脓状，有时还有异味，这时家长要重视起来，及时就医。

大便太稀。前面提到，母乳宝宝的大便本来就比较稀，这里教给大家一个区分大便偏稀和腹泻的方法：腹泻时，大便性状会变成稀水样或蛋花汤样，而且很臭，还可能带有黏液，同时宝宝可能伴有呕吐、腹痛、发热或体重下降的情况，精神状态也可能会受到影响，建议及时就医，同时保证液体摄入量，防止及纠正脱水问题。

大便干结。宝宝很多天没有排便，并不代表他一定是便秘了。临床上诊断便秘要同时满足两个条件：大便干、硬；排便费劲、痛苦。纯母乳宝宝一般不会便秘，配方粉喂养或添加辅食后的宝宝比较容易便秘，可以多吃一些富含膳食纤维的食物，比如绿叶菜、水果等促进排便，同时注意生活方式，比如生活环境中不滥用消毒剂，以免破坏肠道菌群。如果做出上述调整后，宝宝便秘仍无好转，建议咨询儿科医生。

大便中有未消化的食物颗粒。对于已经开始吃辅食的宝宝，家长可能会在宝宝的大便里找到绿叶菜的碎渣、胡萝卜碎、玉米粒等，这种现象是很正常的，只要宝宝吃得好、睡得好、生长正常，就不用担心。原因在于，辅食相较于液体的母乳或配方粉，会更难消化一些；

宝宝的咀嚼能力有限，不能充分嚼碎食物；胃肠道功能也尚未发育成熟，没办法完全把食物转化成小分子物质，就很容易吃什么拉什么。想要改善这种情况，添加辅食要遵循"由少到多、由稀到稠、由细到粗"的原则，循序渐进，同时根据宝宝的具体情况灵活调整，比如，如果宝宝的咀嚼能力较弱，尽量将食物加工成他能接受的性状，弄得再小一些，或让他多咀嚼一会儿，同时配合功能性食物的使用，提升宝宝的啃咬、咀嚼能力。随着胃肠道发育的逐渐完善和咀嚼能力的提高，宝宝处理食物的能力会越来越强、越来越高效，便便也会越来越正常。

在照顾小月龄宝宝，尤其是新生儿时，家长可能会发现，好像每次换纸尿裤，都能看到上面沾了点大便，这样算下来的话，宝宝每天排便的次数可就太多了，是不是有问题？

其实，在记录大便次数时，只有排便量大于一汤匙才能称为一次，如果只是在纸尿裤上沾带了少许，可以忽略不计。因为宝宝的肛门括约肌发育还不成熟，排尿或排气时可能就会带出少许大便，沾到纸尿裤上，随着月龄增长，这种情况就会明显改善。

对于新生宝宝来说，排便的次数与进食的奶量有关，如果性状正常，排便次数多说明宝宝获得了充足的营养。母乳更容易消化吸收，有的母乳宝宝可能一天排便 3~4 次甚至更多，也有的宝宝排便间隔会长一些，只要大便是松软的、排便不困难，就不用担心。配方粉喂养的宝宝则通常每天排便 1 次。

随着宝宝的生长发育，他们对营养物质的需求逐渐增加，对食物的消化吸收能力逐渐增强，大便中的食物残渣会相对变少，每天排便的次数也会慢慢减少，形成新的排便规律，比如从原先每天排便 3~4 次，减少至每天只排 1~2 次，甚至隔 1 天或隔几天 1 次，都是正常的。

当然，每个宝宝都有个体差异，并非所有宝宝的排便次数都会减少，有些宝宝可能还会保持以往的排便规律，直至哺乳期结束。当宝宝添加辅食后、感觉身体不舒服或生活环境更换时，排便规律可能还会有所调整。

小便的次数

在新生儿时期，喂养充足的情况下，宝宝每日排尿次数通常在 6 次以上。随着月龄的增长，宝宝的排尿间隔也会逐渐拉长，一般两餐之间排尿 2~3 次为宜。

如果宝宝身体不适，比如呕吐、腹泻，超过 4 个小时没有排尿且口干舌燥、皮肤弹性变差，那这很可能是脱水，一定要及时就医。

观察大小便只是我们判断宝宝身体状况的一个辅助手段，每个宝宝的情况都不一样，都有自己的排便规律，不要和身边的同龄宝宝比。因为即使是同一个宝宝，在不同的生长阶段，排便规律也可能是不一样的。如果心中有疑虑，最稳妥的办法是咨询专业的儿科医生，千万不要擅自给宝宝使用药物。

对待宝宝的大小便，我们要多一些放松，少一些纠结，记住一个大原则：只要宝宝吃得好、睡得好、生长发育正常且没有其他不适症状，就不必过分关注大小便的颜色、性状、气味、排便次数，不要做大小便的"奴隶"。

经常有家长会问我:"崔大夫,我老担心孩子营养不够,您说我要给他补点啥好呢?"虽然我们一直在说,只要孩子饮食均衡,除了维生素 D,真的不用补什么营养素。然而,总有一些家长仍然担心,生怕耽误了孩子的生长发育。那么,为什么说饮食均衡,营养就够了呢?为什么维生素 D 需要补?

说起贫血,很多家长可能不以为然,觉得以现在的生活条件,似乎贫血离宝宝很远。但有数据显示,贫血是婴幼儿期常见的临床问题,也是影响宝宝发育、诱发感染性疾病的一个主要因素,最常见的类型是缺铁性贫血。对这一问题,咱们还真不能掉以轻心。

铁是人体中非常重要的一种微量元素，它参与血红蛋白、细胞色素和各种酶的合成，帮助氧气运输。如果体内缺铁，合成的血红蛋白数量就会减少，红细胞自然也会随之变小，从而出现缺铁性贫血。

一般情况下，足月出生的健康宝宝，6个月以内不需要额外补铁。因为出生前宝宝已经从妈妈体内获得了足够的铁，这些铁在宝宝出生后会按需释放，能够维持其正常生长发育到6个月左右。

但6月龄左右，宝宝体内储备的铁元素消耗殆尽，且随着生长发育，宝宝对铁元素的需求增加，如果饮食仍然以母乳或配方粉为主，富含铁的辅食吃得少，就容易造成铁元素摄入不足，引发缺铁性贫血。

轻度的缺铁性贫血，常常没有明显的症状，不容易被家长发现，时间长了，就会慢慢表现为皮肤、黏膜逐渐苍白，以唇、口腔黏膜及甲床较为明显，同时伴有头晕、食欲下降、烦躁不安、萎靡不振等表现。如果宝宝缺铁严重，还会导致注意力不集中、记忆力减退、生长发育迟缓等问题，甚至影响认知发展。

在宝宝满6月龄以后，就要及时添加富含铁的辅食了。第一口辅食建议优先选择富含铁的婴儿营养米粉，待宝宝适应后，再循序渐进地添加红肉（瘦的牛肉、猪肉、羊肉）、动物肝脏、血制品、蛋黄等其他富含铁的食物。同时最好搭配食用一些维生素C含量高的食物，比如橙子、西蓝花、彩椒、绿叶菜等，促进身体对铁的吸收。

需要特别提醒的是，在6月龄儿童保健检查时，医生通常会给宝宝做血常规检查，以筛查缺铁性贫血，一般取用的是指尖血。这项检查如果医生建议做，那么家长千万不要因为舍不得宝宝扎针就放弃检查。

一旦检测出来贫血，就要在医生指导下尽快干预。轻微的贫血通常可以通过食补来改善，首选动物性食物，比如红肉、动物肝脏、血制品等，含铁量高且富含肌红蛋白，容易被人体吸收利用。

如果宝宝贫血较为严重，就不能单纯地依靠食补来调整了，需要遵医嘱服用铁剂，医生会根据宝宝缺铁的程度和身体状况制定个性化的补铁方案。铁剂建议在两餐之间补充，既能减少对胃黏膜的刺激，也利于铁元素的吸收。

此外，如果宝宝有胃肠疾病比如慢性腹泻，也容易使铁元素吸收不够或丢失过多从而缺铁，这种情况还要注意调整胃肠道功能和状况。

看到这里，很多家长可能会有这样的想法：铁剂价格不贵，和食补相比效果还更好，是不是可以在平时就给宝宝补充点铁剂？这其实是个误区，铁剂对胃肠的刺激比较大，如果因使用补铁剂影响了正常进食量，进而影响了其他营养素的摄取，就得不偿失了。而且，补铁过量也会发生中毒，如果家长怀疑宝宝缺铁，切不可擅自补充铁剂，最稳妥的做法是咨询专业的儿科医生，医生会综合考虑宝宝的出生、喂养、发育等情况，再结合血常规等检查，判断宝宝是否缺铁、是否需要干预。

还有的家长为了预防宝宝缺铁，就一直给宝宝吃含铁量高的食物，拒绝其他食物，这样做也是不可取的。宝宝日常要注意含铁食物的摄入，但不代表只吃富含铁的食物，其他食物如根茎类蔬菜、白肉虽然含铁量低，但供生长发育的其他营养素非常丰富。宝宝添加辅食一段时间后，一定要种类多样，合理搭配，营养才能均衡。

2. 除了牛奶，还有若干食物能补钙

钙是人体不可或缺的营养素，每天摄入足量的钙，有利于促进宝宝骨骼的生长，维持机体正常的新陈代谢。正因为如此重要，10个家长有9个都在担心宝宝缺钙。到底怎样才算摄入了足够的钙？哪些食物是高钙食物？怎样给宝宝吃才有效果呢？

这些食物含钙量并不高

首先家长需要避免一个误区：人们常说吃啥补啥，想补钙就得多喝骨头汤、多吃虾皮。

骨头汤。骨头中的钙含量确实很丰富，但是熬成汤之后，溶解出来的钙元素的量微乎其微，而汤里的脂肪含量却很高，喝多了不但补不了钙，反而容易长胖。

虾皮。虾皮中含有较多的钙，但孩子很难把虾皮嚼碎了咽下去，所以这部分钙的吸收率并不高，而且虾皮中的钠含量较高，不建议作为补钙的主要选择。

豆浆。还有人觉得喝豆浆可以补钙。其实豆浆和骨头汤一样，虽然大豆含钙量高，但加了水打成豆浆后就被稀释了，一杯喝下去，摄入的钙并不多。

奶。对于宝宝来说，奶是最好的钙来源，不仅含钙量丰富，而且更容易被身体吸收利用，是当之无愧的高钙食物。每250ml全脂牛奶中大概含有120mg钙，每100ml母乳中的含钙量约为34mg。

图 2-5-1　不同年龄段宝宝钙摄入量推荐

6月龄以内的宝宝，母乳或配方粉是唯一的营养来源，因此只要保证奶量充足，钙摄入量完全可以得到保障。

7~12月龄的宝宝，饮食模式是"奶＋辅食"，只要每天摄入不低于600ml的母乳或配方粉，再搭配一些强化钙的辅食，例如米粉和富含钙的食物如红肉类、绿叶菜等，一般也能满足宝宝生长发育所需的钙量，不用额外补充。

1~3岁的幼儿，每天摄入500ml的奶制品，均衡饮食，经常吃红肉类、豆类、鱼虾、绿叶菜等含钙量高的食物，也基本能满足每日所需。

奶制品。酸奶和奶酪等奶制品的含钙量也非常可观，在确定宝宝对牛奶蛋白不过敏的前提下，满 1 岁后可以尝试添加。如果宝宝不爱吃奶，可以用酸奶、奶酪来补足不够的奶量。但要注意，给宝宝选酸奶，尽量选择配料表比较简单的原味酸奶。而奶酪的制作过程中不可避免地要用到盐，选择时要看清配料表和营养成分表，尽量选择高钙、低钠的产品。

需要提醒的是，牛奶及奶制品虽含钙量高、营养丰富，但绝不是多多益善。牛奶喝得过于多，人体可能会摄入过多的钙，不仅影响锌、铁、镁等营养素的吸收和利用，还容易增加便秘概率，让钙沉积在骨骼以外的器官中，引发器官钙化风险，增加便秘概率。牛奶富含蛋白质、脂肪，长期过量喝，超重、肥胖的风险也会增加。而且，宝宝的胃容量有限，如果喝太多奶，其他食物的摄入就会减少，反而不利于获取均衡的营养，从而影响正常的生长发育。

其他食物。除了奶及奶制品，豆制品、鱼类、贝类、坚果、绿叶菜等，也是日常饮食中比较好的高钙食物。

需要注意的是，在给宝宝初次尝试上述食物时，一定要少量添加，并留心观察是否有过敏反应。此外，因为绿叶菜中往往含有草酸，会影响钙的吸收，所以最好在烹饪前焯一下水，这样可以大大减少草酸含量。

家长可以根据自家的实际情况和宝宝的喜好来灵活调整每天的饮食，理论上，2 岁左右的宝宝，一天喝 600ml 奶，吃一小盘绿叶菜、适量的鱼或虾、充足的主食，就能轻松摄入充足的钙。

还有一件事情需要提醒家长朋友们，钙元素摄入量够了，能被身体高效吸收，才能产生实际作用，这就要靠维生素 D 的帮助了，一定要坚持每天服维生素 D。

最后总结一下，一般情况下，只要宝宝饮食均衡，每天保证奶制品、含钙量高的食物的摄入量，坚持补充维生素 D，就不会缺钙。当然，如果宝宝实在挑食、偏食，家长心有疑虑，可以寻求专业儿科医生的帮助，判断宝宝到底缺不缺钙、是否需要额外补充。

"维生素 A，到底需不需要给宝宝补？"不管是在看诊中，还是在媒体平台上，很多家长都有这样的疑问。回答这个问题之前，先来看看维生素 A 是什么。

维生素 A 是一种脂溶性维生素，有促进视力发育、维护上皮组织结构完整性、提高人体免疫功能等作用。

维生素 A 分为两种形式——"已形成的维生素 A"和"维生素 A 原"。"已形成的维生素 A"主要存在于动物性食物中，比如肝脏、蛋黄、全脂奶、鱼肝油、肉类等；"维生素 A 原"则主要存在于蔬菜和水果中，比如胡萝卜、南瓜、绿叶菜、杧果、柑橘、哈密瓜等。

根据中国营养学会《中国居民膳食营养素参考摄入量（2023版）》，各年龄段孩子维生素 A 的每日推荐摄入量如下：

表 2-5-1　不同年龄段维生素 A 推荐摄入量

年龄段	维生素 A 推荐摄入量（μg RAE/d）	
0~6 月龄	300	
7~12 月龄	350	
1~3 岁	男 340	女 330
4~5 岁	男 390	女 380

看起来有点儿复杂，别着急，我们换一个说法。

6 月龄以内的宝宝，每天摄入的维生素 A 推荐量为 300μg。如果是纯母乳喂养，只要妈妈日常饮食均衡、营养，母乳中的维生素 A 含量就足够宝宝生长发育所需。吃配方粉的宝宝，也不用担心维生素 A 不够，配方粉中都含有维生素 A，通常都能满足宝宝的需求。不同品牌、不同段数的配方粉，维生素 A 的含量会有差异，但差异不大，家长可以自己换算一下。

6 月龄以上的宝宝，除了喝奶，也开始添加辅食了，获取维生素 A 的途径又多了一个，根据上面的表格，每天摄入的维生素 A 推荐量为 350μg。因为维生素 A 是可以被身体储存的，在需要的时候释放，所以把周期拉长到一周，每周摄入 2450μg 维生素 A 就可以了。根据不同食物的维生素 A 含量，在保证奶量的基础上，每天一个鸡蛋，适量肉类，一周吃一两次 10g 左右的猪肝，再吃几次胡萝卜、南瓜等红黄色食物，就能获得足量的维生素 A，不需要额外补充。

细心的家长会留意到一些关于推荐补充维生素 A 的说法，但注意这是在全面考虑我国国情的基础上得出的，涵盖了不同的群体。特别是在偏远贫困地区，蛋类、肉类、绿叶菜的摄入量长期得不到保证，确实容易导致维生素 A 缺乏。所以维生素 A 是否缺乏，与地域经济条件、个人饮食等有密切关系。对于能够均衡膳食的家庭来说，宝宝是可以从食物中获取足量的维生素 A 的。

给孩子补了维生素 A 的家长也别紧张，不用担心补多了中毒。以 7~12 月龄的宝宝为例，根据《中国居民膳食营养素参考摄入量（2023 版）》，每天维生素 A 的可耐受最高摄入量为 600μg。超过这个数值且进一步增多之后，才有可能产生毒性，一般情况下不太可能发生。

当然了，如果孩子实在不喜欢吃富含维生素 A 的食物，或家长实在拿不准宝宝是不是缺乏维生素 A，可以咨询专业的儿科医生，医生会根据宝宝的喂养、饮食等情况，综合相关检查结果来判断。确定需要补充后，也一定注意按照说明书给宝宝服用，将单位换算清楚，以免服用过量。

不同于维生素 A、DHA 等，维生素 D 是通过饮食很难摄取的营养素，因此家长需要每天给孩子额外补充，这是为什么呢？处于不同年龄段的孩子又该补多少呢？

维生素 D 是一种人体不可或缺的维生素，它能让钙充分沉积到骨骼中，并发挥免疫调节的作用，不仅有助于帮助生长发育期的孩子长高、长壮，还能在一定程度上预防成年后的骨质疏松。

如何补充维生素 D

人体无法自行产生维生素 D，因此，一般需要进行外源性补充，也就是需要补充维生素 D 制剂。有家长可能会有疑问，补充维生素 D，多晒晒太阳、多吃点蔬菜水果不行吗？很遗憾，这两种方式都不靠谱。

阳光照射在皮肤上，通过一系列转化，确实能生成维生素 D，但要靠晒太阳补充足够的维生素 D，需要具备很多条件，比如皮肤暴露的范围足够（露胳膊、露腿、露背且不能有任何防晒措施），照射的时间充足（受季节、纬度等影响，各个地区的所需时长不同），特定波段（只有 UVB 波段对转化维生素 D 有用，隔着玻璃晒没用），等等，想要达到这些要求太难了。遇到大风、低温等情况，咱们不可能让宝宝裸露皮肤并暴露在阳光下足够长的时间，更不要说遇到降雨、雾霾等根本无法外出的天气了。即使天气晴朗，过度暴露在阳光下，也可能对宝宝的眼睛、皮肤造成伤害，不划算。

再来看食物中的维生素 D，植物性食物比如谷物、蔬菜、水果中几乎不含维生素 D；动物肝脏、蛋黄、红肉、深海鱼等含有的维生素 D 相对多一些，但也十分有限。想要靠饮食补充足够的维生素 D，每天要吃的食物恐怕要堆成一座小山，这也有点儿不切实际。

所以，想要简单、安全、有效、方便地补充维生素 D，最好的办法是口服维生素 D 制剂。

一般来说，宝宝从出生几天后（通常是从出院开始），每天补充400IU（10μg）的维生素D；1岁以上的宝宝，每天补600IU（15μg）；成人每天建议补充1000~2000IU（25~50μg）维生素D。★　如果想了解体内的维生素D水平，可以进行血液检测。

　　青少年和成人也要补充？没错。我国最新版的《儿科学》提到，维生素D应当推荐长期补充，直至儿童和青少年时期。这是根据我国国情给出的建议，也是世界上同纬度国家的一贯做法。英国营养科学咨询委员会建议，不管孩子还是成人，一辈子都要补充维生素D；美国儿科学会建议，出生后直到青春期都要补充维生素D；加拿大骨质疏松症协会也建议人一生都应补充维生素D。所以，提醒孩子按时补充维生素D的同时，家长们也要关注自身的健康，按时按量补充起来。

　　也许有家长会疑惑，自己都成人了，不长高了，为什么还要补充维生素D？这是因为，除了促进钙吸收，维生素D还发挥着重要的免疫调节作用。它具有天然的抗炎特征，能在一定程度上抑制机体产生过敏反应，改善自体免疫性疾病。有研究表明，每天服用维生素D有利于呼吸道健康，能减少常见季节性感染的发生率。

★维生素D，1IU=0.025μg。

DHA 是家长们关注度非常高的一种营养素，尤其是在"脑黄金"的名号加持下，家长们的关注度更是居高不下，家长都希望通过它让孩子变得更聪明，那么，DHA 真的有那么神奇吗？

DHA 是什么

DHA 的全称为"二十二碳六烯酸"，是大脑和视网膜中含量最多的长链多不饱和脂肪酸，也是促进和维持神经细胞膜生长的主要成分，对婴幼儿大脑和视觉功能发育起着非常重要的作用，所以民间也给它起了一个响亮的外号——"脑黄金"。

中国营养学会指出，0~3 岁的婴幼儿处于大脑发育高峰期，对 DHA 的需求量比较旺盛，所以推荐的适宜摄入量是每日 100mg；4~10 岁的孩子，EPA（一种人体所需的多不饱和脂肪酸）+DHA 的综合推荐摄入量，可从每日 100mg 逐渐增加至每日 200mg。

如何补充 DHA

从哪里可以获得 DHA 呢？其实，DHA 最早是在母乳中被发现的，且沿海地区妈妈乳汁中的 DHA 含量更高，后来经过大量科学研究证实，这是因为沿海地区的母乳妈妈更常吃到海鱼，而海鱼特别是深海鱼中 DHA 含量较高。其实，DHA 主要是由一些单细胞藻类合成的，由于海洋食物链"大鱼吃小鱼，小鱼吃虾米，虾米吃海藻"，深海鱼脂肪中也因此含有了丰富的 DHA。另外，α - 亚麻酸经过体内的一系列代谢，也能够转化为 DHA，但转化率较低，远远不能满足人体所需，所以进食富含 α - 亚麻酸的核桃、花生等食物，不能达到获取足量 DHA 的效果。

鱼类、藻类是 DHA 最好的天然来源，尤其是深海鱼类，比如海鲈鱼、三文鱼、秋刀鱼、鳕鱼、凤尾鱼等；海藻类有海带、紫菜、裙带菜等。因此，中国营养学会建议，可以通过每周吃鱼 2~3 次，且至少 1 次是富脂海产鱼，来加强 DHA 摄入。

但要注意，给孩子吃鱼要尽量避免下列几种。

一是汞、铅等重金属含量可能会比较高的鱼，比如剑鱼、方头鱼、大耳马鲛、新西兰红鱼等。

二是刺太多的鱼，比如草鱼、鲤鱼、鲫鱼等。鱼刺太多，想要完全挑干净很难，给孩子吃不太安全。

这里给大家一些推荐，市面上比较常见的三文鱼、鳕鱼、鲳鱼、罗非鱼、黄花鱼、海鲈鱼、龙利鱼等都可以，选爱吃的即可。

在烹饪方式上，建议优先选择清蒸，少用油炸、煎、炒等方式，一是尽可能保留更多的 DHA 营养素，二是清蒸可减少其他油的摄入量，更健康。

此外，不建议给宝宝生吃鱼类和水产品，比如生鱼片等。即便是品质十分可靠的、可以生食的鱼类，也最好加工到全熟再给宝宝食用，这样既有利于婴幼儿不太完善的胃肠系统对来自食物的营养素的吸收，又可避免可能携带的病菌、寄生虫等。

最后，如果通过膳食调整不能满足推荐的 DHA 摄入量，比如孩子不爱吃鱼类、藻类等食物，可以在医生指导下选择 DHA 补充剂，儿童每天补充 DHA100mg。

鱼油和鱼肝油，虽然只有一字之差，区别却很大。

鱼油，顾名思义，就是鱼里面的油，是从鱼的脂肪中提取出的物质，鱼油的主要营养成分是 DHA 和 EPA 等脂肪酸。前面咱们讲过，如果通过膳食调整不能满足推荐的 DHA 摄入量，可以在医生指导下选择 DHA 补充剂。现在市面上的 DHA 补剂主要有鱼油和藻油两种，对于不爱吃鱼、不喜欢鱼腥味的宝宝来说，藻油 DHA 是个不错的选择。

鱼肝油则是从鱼的肝脏中提取的物质，鱼肝油的主要营养成分是维生素 A 和维生素 D。前面咱们也说过，只要日常饮食可以满足维生素 A 的摄入量，则无须额外补充。所以通常情况下，大多数宝宝只补充维生素 D 就可以了。

可能有的家长会有疑问，鱼肝油和维生素 AD 一样，都含有维生素 A 和维生素 D，可以给宝宝吃吗？

这就要分析两类补剂所含的维生素 A 和维生素 D 的比例了，通常，鱼肝油中所含的维生素 D 含量相对偏低、维生素 A 含量相对较高，所以用鱼肝油能补充足够的维生素 A，但维生素 D 的摄入量可能会不足；如果想要用鱼肝油补充足够的维生素 D，那么维生素 A 的摄入量又可能会超过宝宝的可耐受最高摄入量，所以不建议日常给宝宝吃鱼肝油。

综上，具体选择哪种营养素，要看宝宝的需求，可咨询专业人员，不追求多多益善。还要提醒家长注意，如果宝宝同时服用多种营养补充剂，一定要查看其中的营养素种类及含量，避免某种或某几种营养素摄入过量。

根据在体内的含量不同，生命必需的元素可以分为常量元素和微量元素，其中常量元素是指占体重 0.01% 以上的元素，比如碳、氢、氧、氮、磷、硫、氯、钠、钙、钾、镁；微量元素是指占体重 0.01% 以下的元素，比如铁、锌、硅、铜、碘、硒、锰等。

别看微量元素的含量少，它们在生命活动过程中起着不可替代的作用，因此被家长格外关注。家长总会担心孩子的营养摄入不够全面，会导致营养素缺乏，影响生长发育，于是便会希望借助各种检测手段来了解体内营养素水平，其中，微量元素检测就是常会被讨论到的话题。

但事实上，早在 2013 年，国家相关部门就已经叫停了儿童微量元素普查项目，禁止将其纳入常规体检项目，禁止用于非诊断治疗需要以外的检查。

为什么国家会采取这一措施呢？这是因为由于技术限制、流程误差、环境误差等一系列因素，多数指尖采血所测得的结果并不能代表孩子体内微量元素的真实水平，因此并不适合将其作为常规的体检项目来进行。检测头发更不靠谱，一方面头发生长迅速，检测结果有一定的滞后性，另一方面还可能存在皮脂、汗液、洗发产品附着等情况，也会影响检测结果的准确性。

许多家长觉得，既然微量元素检测没有必要常规做，自己又没有更多的渠道来了解孩子体内的营养素状况，那么为了防患于未然，不如先补起来吧。且慢！营养素在人体内还真的不是多多益善，某些元素被过量补充后，反而会出现适得其反的效果。这是因为，各种元素在被肠道吸收的过程中是存在竞争关系的，例如钙、铁、锌、铜都是二价阳离子，在肠道内的吸收途径是相似的，如果其中一种营养素过量，那么势必会抢占其他营养素的"运力"，久而久之反而会导致其他营养素的缺乏。

因此，相比纠结于孩子是否缺乏营养素，家长更应该将关注点放在孩子日常饮食的均衡性和多样性上，帮助孩子建立良好的就餐习惯，避免出现偏食、挑食等问题。做好以上几点，再观察孩子的生长发育状况，如果没有异常，那么其实就不必担心孩子是否有营养素缺乏的问题了。

健康饮食是一生的课题，尤其对还没有成年的孩子来说，健康饮食尤为重要。什么是健康饮食呢？其实，健康饮食是一个很宽泛的概念。不同年龄阶段的孩子有不同的发育特点，所以健康饮食就有不同的标准和要求，它不光涵盖食材、制作方式，还包括进餐时间、促进发育、与学习生活的互动等，重重作用下，如何才能让孩子吃出健康呢？

许多人认为，粗粮不仅富含膳食纤维，而且营养丰富，热量相对低，饱腹感又较强，因此近年来大家对粗粮青睐有加，特别是有控制体重需求的人群，更是喜欢用粗粮作为主食。不过，对于还处在生长发育过程中，需要"长肉"的宝宝来说，粗粮还是理想的食材吗？

粗粮到底是什么

想要讨论上面这个问题，就要先搞清楚粗粮的"定义"，很多人简单地认为，粗粮就是口感比较粗糙的粮食，例如糙米、玉米面等，但事实上，粗粮所覆盖的范围可不止如此。

所谓粗粮，其实与粮食加工的程度有关，可以理解为是相对于我们日常吃的被精细加工的细米白面而言的，大致可分为三类（见下图）。

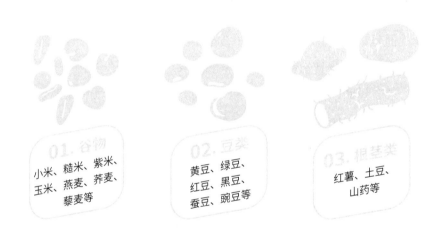

图 2-6-1　粗粮分为三类

01. 谷物
小米、糙米、紫米、玉米、燕麦、荞麦、藜麦等

02. 豆类
黄豆、绿豆、红豆、黑豆、蚕豆、豌豆等

03. 根茎类
红薯、土豆、山药等

粗粮的营养价值是什么

理清了粗粮的种类后，我们再来讨论粗粮的营养价值，它是否真的如人们所说，比细粮更有营养呢？

以谷物为例，粗粮的谷物加工相对简单，保留了富含膳食纤维、

B 族维生素和矿物质的麸皮，以及富含不饱和脂肪酸、抗氧化物等物质的胚芽；而细粮则只保留了胚乳，其中更多的是碳水化合物、蛋白质和少量的 B 族维生素。粗粮中的豆类，富含优质蛋白质，且碳水化合物含量也较高。根茎类植物的淀粉含量比细粮低，且能提供钾元素、维生素 C 和抗氧化物质等。

了解过各类粗粮的营养特点后就不难发现，由于粗粮属于一大类，涵盖的食物种类较多，因此提供的营养确实比细粮更为全面一些。

但是，这并不代表粗粮可以完全取代细粮，特别是对于宝宝来说，粗粮虽然有其优势，但同样也存在一定的弊端，例如其口感相对差一些，对咀嚼能力要求也更高；另外由于粗粮里含有较多的不可溶性膳食纤维，因此如果烹饪不到位或一次性吃得太多，可能会给胃肠带来负担，出现消化不良等问题。

那么，究竟该如何给宝宝添加粗粮呢？其实可以总结为 12 个字：粗粮细做、循序渐进、适量添加。在宝宝适应了米粉及常见的蔬菜、水果后，就可以开始尝试粗粮，添加初期遵循"每次只添加一种新食材，少量添加并观察"的原则，选一些容易被加工至软烂的食材，根据宝宝的咀嚼能力加工至适合的性状，例如做成红薯泥、小米粥、玉米饼等。随着宝宝消化能力的增强，可以根据其接受程度以及对食物的偏好，逐渐引入更多种类，但建议粗粮细粮搭配食用，且不要一次吃太多，避免消化不良。

在讨论如何正确吃零食前，要先明确零食都是指的哪些食物。事实上，不仅仅是我们常规意识里的巧克力、糖果、点心、膨化食品等，孩子在正餐时间之外吃的所有食物和饮料都可以称为零食，当然水不包含在其中。

在重新认识过零食之后，相信大家就不难理解，它其实并非一无是处，而是可以作为正餐之外的营养补充，毕竟孩子的胃容量还比较小，同时活动量又比较大，所以即便正餐吃得很饱，但可能很快又会感到饥饿，这时零食就可以作为加餐，来提供帮孩子"续航"的能量。

在挑选零食时，家长除了需要根据孩子的接受度进行选择之外，还要特别注意以下这几点：

优先选择奶或奶制品、豆浆或豆制品、鸡蛋羹、水果、蔬菜、坚果等比较健康的食物；

尽量不要喝含糖的饮料，有些含乳类的饮料，并不能算作奶制品，需要尤其注意；

少吃高盐、高糖、高脂肪、可能含有反式脂肪酸的食品，比如膨化食品、油炸食品、糖果甜点、冰激凌等。

儿童自己摄食零食，能够锻炼捏、拿和手眼协调能力，更主要的是，锻炼啃咬、咀嚼能力。

另外，在吃零食的时候，也要注意培养进餐的"仪式感"。比如让孩子在固定的位置，安静地坐下来吃，这样一方面有助于培养良好的进餐习惯，另一方面也有助于保证进食安全。因为零食的体积大多偏小，如果在游戏、活动的过程中随时吃，可能会出现呛噎等问题。

另外，如果孩子还比较小，那么要注意避免食用整粒的豆类、坚果等，可以磨成粉或者打成糊来食用。

前面讲到辅食的时候，我们已经提到过辅食添加阶段的孩子怎么吃正餐和加餐的问题。随着孩子逐渐长大，他慢慢"解锁"了所有食材，食量也在逐渐增长，具体又该怎么吃呢？

大一些的孩子，尤其是 2 岁以上的孩子，可接受的食物性状基本上已与成人相同，因此家长在安排膳食时，可以把关注点更倾向于"食物多样性"，建议平均每天给孩子摄入的食物种类要达到 12 种以上，每周能够达到 25 种以上。不过需要注意的是，烹调油、调味品等不要计算在内。

如果按照食物大类来分配，可以参考图 2-6-2 的建议。

至于餐次，从 2 岁开始就可以仿照幼儿园的规律，按照"三餐两点"来安排，也就是每天三顿正餐、两顿加餐。其中，两顿正餐之间可以间隔 4~5 小时，加餐分别在上午、下午各一次，与正餐之间间隔 2 小时左右，加餐最好以奶或奶制品、水果为主。奶制品是为了保证钙和蛋白质的摄入，水果则主要提供维生素、膳食纤维，同时还能锻炼啃咬、咀嚼能力，所以要鼓励孩子自己拿着啃咬，通过咀嚼咽下，而不是提供泥糊状、小块小片状食物。要避免给孩子吃甜点、含糖饮料、含汽饮料，甚至是油炸食品、膨化食品等。

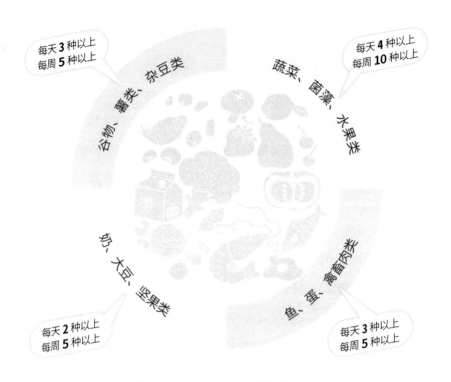

图 2-6-2　孩子每天每周不同食物推荐摄入量

　　在准备正餐时，可以把一天要用到的食材进行平均分配，例如早餐吃 4~5 种、午餐吃 5~6 种、晚餐吃 4~5 种，尽可能让孩子每顿吃到的食物都能覆盖前面提到的四大类，并且做到荤素搭配、饮食多样化。

　　具体选择何种食材，首先参考家庭常吃的食物。没必要特意选择进口食物或新、奇、特食物，也没必要与其他孩子攀比，尽可能全家同餐同食。对于孩子能接受的大人饭菜，以孩子可接受的味道、性状为基础来制作；孩子不能接受的饭菜，比如辣味食物，可根据家长意愿制作，制作时，可单独给宝宝盛出一些后，再放辣味调味料。千万不要同餐不同食，以免削减孩子的进食意愿和进食量。还可以趁此机会调整家庭饮食习惯，将口味变淡，利于全家人的健康。

另外在烹饪的过程中要注意尽量少用煎、炒、炸的方式，避免孩子热量摄入过多，比较推荐的烹饪方式是蒸、煮、炖，并且少用盐，尽可能不用糖来调味，保持食物原汁原味的同时，也给孩子养成清淡的口味。

当进入学龄期后，孩子的体格生长速度与之前相比会趋于平稳，但是由于开始了规律的学习生活，学业较为紧张、智力发育大大加快、体育活动量变大、体力劳动等机会也逐渐增多，因此对于营养素的需求仍然比较旺盛。特别是部分儿童在 10~12 岁时就会进入青春前期，体格生长进入第二个发育高峰，因此学龄期儿童的家长除关注孩子的学习外，对于营养的供应等也应该继续重视。

学龄期儿童的一日三餐应做到规律、定时定量。如果按照比例来算，早餐提供的能量和营养素应占全天的 25%~30%，午餐占30%~40%，晚餐占 30%~35%。应继续保持不偏食挑食、不过度节食、不暴饮暴食的饮食习惯，同时养成节约粮食的好习惯。

在日常食物的选择上，家长应注意和学龄前期一致，仍然要做到少盐少油少糖，少吃腌制、油炸食品，比如腌菜、酱菜、炸薯条、炸鸡腿等，也要少吃糖果、糕点、蜜饯等高糖食物，少喝或不喝含糖的饮料，尽可能让孩子多享受食物天然的味道。

在正餐的基础上，可以为孩子提供一些健康的零食，例如花生、核桃、杏仁、腰果等坚果，坚果不仅富含蛋白质、不饱和脂肪酸，还有丰富的矿物质和维生素 E，不过家长要注意选择原味坚果，深度加工的坚果，像是盐焗花生、琥珀核桃仁、炭烧腰果等，在加工过程中会用到较多的盐、糖等调味料，并不利于健康。

水果或可生吃的蔬菜，其中含有丰富的维生素、矿物质和膳食纤维，但要注意选择新鲜的果蔬而非果蔬干，这是因为有一部分果蔬干在加工时，需要使用油炸等工艺，所含热量很高。如果条件有限无法食用新鲜蔬果，也要注意选择冻干工艺加工的果蔬干产品。

另外，不建议给孩子喝鲜榨果汁或蔬菜汁，因为想榨出一杯果汁通常需要大量的水果，这就使得一杯果汁中糖含量较高，孩子在短时间内全部喝下后，单位时间内糖摄入量会超标。蔬菜汁在榨取过程中，蔬菜的膳食纤维可能会被破坏，而且为了调味有时会加入白糖等添加糖，这同样对健康不利。

牛奶及奶制品，可提供优质蛋白质和钙，但家长应注意选择配料表纯净的牛奶或奶制品，很多含乳饮料为了调节口味，其中会加入大量的糖、调味剂等，并不能算作严格意义上的奶制品，不能作为健康零食提供给孩子。

可能有的家长会提出疑问：植物基来源的植物奶，可以替代牛奶吗？

先说答案：不建议。

植物奶指的是含有一定蛋白质的植物经过加工形成的乳状液，俗称植物奶。植物奶虽然在名称上叫作"奶"，但它更确切的说法应该叫植物蛋白饮品，并不属于"奶"。很多人以为植物奶是一种新兴的食品，但其实我们日常经常喝的豆奶（豆浆）就是植物奶，除大豆之外，杏仁、核桃、椰子等都可以制成植物奶。

植物奶在营养组成和含量上与动物奶存在较大的差别，选购时要留意营养成分表，要特别关注蛋白质、碳水化合物、脂肪、维生素、钙等成分的含量。从口感来说，植物奶经氧化后口感可能会与奶制品有很大不同，所以植物奶通常会添加一些调味的成分，这可能会在无形中增加很多热量。

表 2-6-1　植物奶营养成分示例

能量	205kJ	2%
蛋白质	2.1g	4%
脂肪	1.6g	3%
- 饱和脂肪	0.4g	2%
- 反式脂肪	0g	
胆固醇	0mg	0%
碳水化合物	6.5g	2%
钠	0mg	0%

所以，相对于植物奶来说，动物奶（比如牛奶）中的营养成分更为均衡，更接近人体所需的营养结构，也相对更符合孩子生长发育的需求。

在选择零食时，除了注意营养价值及摄入方式，还要注意控制摄入量，零食提供的能量以低于全天摄入总能量的 10% 为宜，同时注意吃零食的时间，要与正餐间隔一小时以上，以免影响正餐的摄入量。

4. 优质蛋白，让孩子长个儿的好帮手

不管是哪个年龄阶段，家长对于孩子长高这件事都非常关心，也非常关注能帮助长高的食物。

有助长高的优选食物

说到有利于长高的食物，许多家长的第一反应就是：奶！的确，奶制品是优秀的蛋白质和钙质来源，而且其中还含有多种人体必需的氨基酸、维生素和微量元素，可谓营养丰富又全面，儿童每天摄入适量的奶，有利于骨骼的发育和肌肉的增长。

那么，多少才是"适量"呢？《中国居民膳食指南（2022）》给出了建议，见图 2-6-3。

需要注意的是，这个推荐不仅提到了液体奶，同时还包括了奶制品，例如酸奶、奶酪等，因为这些都能够提供相近的营养（注意：不包括植物奶）。

在选购奶制品时，家长需要留意配料表，尽量选择添加剂少、配料表"干净"的产品，例如酸奶最好选择添加糖少的产品，如果觉得口感偏酸，那么可以在食用时搭配新鲜的水果粒或原味坚果碎来调味；挑选奶酪时，也最好选择"天然奶酪"，这种奶酪的配料表第一

图 2-6-3 不同年龄段孩子的每日奶量推荐

位必定是奶，而很多所谓的儿童奶酪，其实属于"再制干酪"，这种产品的配料表第一位通常是干酪、奶酪或者水，并且为了调节口味，其中可能会加入添加糖、调味剂等，并不是为孩子补充钙质的首选。

　　根据孩子的年龄和接受度，家长可以把奶制品融入一日三餐里，例如早餐时让孩子喝牛奶或者用牛奶泡麦片、麦圈，正餐时用酸奶水果沙拉当作开胃菜，加餐时喝一小杯酸奶，等等。需要注意的是，如果孩子的体重超重，那么可以选择低脂的牛奶或者奶制品，以减少脂肪的摄入。

说了这么多关于奶的事情，并不代表只喝奶就够了，它虽然是帮助长高的主力，但绝对不是唯一。孩子身高的增长需要的是全面均衡的营养，因此在保证他日常摄入足量奶制品的同时，家长还需要注意多给孩子补充蛋类和肉类，这些食物也富含优质蛋白，可以使骨骼更加强健。

除此之外，如果想让钙质更好地在骨骼中沉积，真正起到为长高助力的作用，还需要有维生素 D 的帮助，它可以促进钙质进入血液，由于维生素 D 在天然食物中含量较少，因此需要每日额外补充。同时还要注意多吃深绿色的蔬菜、红肉，来保证维生素 K_2 的摄入，它也能帮助血液中的钙质沉积到骨骼中。

另外，由于锌元素有利于增加骨细胞数量，促进骨骼发育，因此日常生活中也应注意锌的摄入，生蚝、扇贝、牛肉、猪肝、羊肉等食物中，锌含量都比较丰富。

其实，影响身高的因素是多方面的，家长不应只关注吃什么，遗传、运动、睡眠等也都会对身高产生重要的作用。因此，要想让孩子长得高，家长除了注意做到让孩子摄入均衡的营养外，也要让孩子保证适量的有效运动，以及充足的高质量睡眠。

孩子如果摄入过多的蔗糖，不仅会引发龋齿、肥胖等问题，还会埋下更多健康隐患，于是很多家长就会想，日常如果用果糖来替代蔗糖，是否会更健康一些呢？要想回答这个问题，就要先弄清楚什么是果糖。

果糖是什么

简单来说，果糖是一种常见的单糖，天然存在于水果、蜂蜜等食物里，它和葡萄糖结合就成了常见的蔗糖。

果糖可以说是天然糖里甜度最高的糖，而且它有"越冷越甜"的特性，就是说储存的温度越低，甜度就越高，因此如果想获得同等的甜度，果糖的用量要比蔗糖少，相应地，人摄入的热量就会低一些。

果糖是蔗糖的完美替代品吗

很多家长觉得果糖简直是蔗糖的完美替代品，而且如果孩子喜欢吃甜食，多吃水果或果糖加工的食品，不是既能满足味蕾的需求，又能保持健康，一举两得吗？

但事实却并非如此，正如凡事都会物极必反一样，果糖虽有优点，可如果毫不节制，过量摄入，同样会引发肥胖、高血压、高血糖等问题，更严重的是，还有可能导致非酒精性脂肪肝。

为什么会这样呢？就让我们先从脂肪堆积的问题说起。果糖被摄入后主要在肝脏内代谢，产生葡萄糖、糖原、乳酸、丙酮酸等，然后再经过一系列复杂的过程，部分代谢物会转变成甘油三酯。所以，如果人长期过量地摄入果糖，那么肝脏的负担就会增加，囤积大量脂肪，最终导致非酒精性脂肪肝。与此同时体脂的代谢也会出现异常，进而增加了出现肥胖等一系列问题的风险。

此外，果糖的代谢由于不需要胰岛素参与，如果长期大量摄入，可能会引起胰岛素抵抗——胰岛素作用的靶器官对于胰岛素的敏感性下降了，通俗点说，就是器官变"迟钝"了，原本正常量的胰岛素，在器官上产生的效果却远不及从前，这也无形中增加了孩子患 2 型糖尿病的风险。对成人也是如此。

因此，果糖虽然相比蔗糖更友好一些，但同样也要注意，不能过量摄入。很多家长看到这个结论想必又会紧张起来——这是不是意味着每天给孩子吃的水果要严格限量呢？

需要严格限制水果摄入量吗

事实上，如果孩子一日三餐正常摄入，那么三餐之余留给水果的胃容量是不大会导致果糖摄入过量的。当然，家长要特别注意的是，吃水果不等于喝水果，一定不要用果汁来代替新鲜水果。

同时，家长还应该注意饮料、加工食品里的果糖，例如在可乐中，就会添加大量的果糖，如果孩子一天喝上两三罐可乐，不仅总的糖摄入量超标，果糖的摄入量也会超标。

那么，要怎么看饮料、加工食品里有没有添加果糖呢？家长可以留意食品配料表，如果其中有"结晶果糖""果葡糖浆""高果糖玉米糖浆""葡萄糖异构糖浆"等名称，就说明其中有果糖，且其排位越靠前，说明含量越多。

听到"反式脂肪酸"这 5 个字，家长的第一反应就是拒绝，认为它是对健康有威胁的"坏东西"，但如果问起反式脂肪酸究竟是什么、会给人带来哪些危害，却又很难有人能说详尽。那么，反式脂肪酸到底是什么，它具体又"坏"在哪里呢？

我们都知道，脂肪分为饱和脂肪酸和不饱和脂肪酸两类，其中饱和脂肪酸比较稳定，常温下为固态，不饱和脂肪酸则比较容易被氧气攻击而变质，常温下为液态。为了避免不饱和脂肪酸变质，可以通过加氢的方式，让它从液态变成比较容易凝固的饱和脂肪酸，这样保存时间就会变得久一些。在这个过程中，如果氢化不完全，一些不饱和脂肪酸会发生结构式的转变，从天然的顺式结构，异变成反式结构，即我们常说的反式脂肪酸。

在反刍动物（如牛、羊）的脂肪及奶制品中，含有天然反式脂肪酸，但由于含量普遍较低，因此即便常吃牛羊肉或其乳制品，也不用担心会影响健康。

食用油脂的氢化产品，是含反式脂肪酸的"大户"。植物油中富含不饱和脂肪酸，因此无法耐受长时间的高温烹调，很容易酸败变质，所以为了提高其稳定性，人们就会用氢化的方式来进行处理，增加它的饱和程度，制成氢化植物油，使其能大量储存，也更易在食品加工过程中使用，降低成本。日常我们吃的包装面包、饼干、薯片、方便面、咖啡伴侣、奶茶粉、奶精、人造奶油、人造黄油等食品中，都会用到氢化植物油。

我们日常食用的植物油，在经过精炼脱臭加工时，经过长时间高温加热，会产生少量反式脂肪酸。反复使用的煎炸油中也会有反式脂肪酸，而且油被加热的时间越长，产生的反式脂肪酸越多。

由此可见，反式脂肪酸其实普遍存在于日常生活中，想要做到完全"零摄入"显然并不可能，但不可否认的是，过多摄入确实会对健康造成很多潜在威胁，例如引发肥胖、增加患心血管疾病的风险、诱发阿尔茨海默病、糖尿病、部分恶性肿瘤等。也正是由于这些原因，世界卫生组织建议，人每日反式脂肪酸的摄入量应不超过总能量的1%。

在孩子的日常饮食中，家长要注意控制含反式脂肪酸食物的摄入量，如饼干、蛋糕、糖果、代可可脂巧克力、起酥类糕点、奶茶、三合一咖啡、冰激凌等。除此之外，速食快餐，如汉堡、比萨、炸薯条、炸鸡块、炸糕、油条、油饼中，反式脂肪酸含量也较多。当然，在调和油、大豆油、花生油、菜籽油中，也含有少量的反式脂肪酸。

具体到一日饮食安排上，家长首先要注意控制食用油的摄入量，如果孩子每天的饮食能够做到蒸、煮、炒菜搭配烹制，那么基本可以保证反式脂肪酸不超过推荐量，但是如果吃油炸食品，就要注意"别贪嘴"。另外，还要注意不要用糕点等食品代替主食，很多青少年由于早晨时间紧张，常会用油条、油饼、袋装蛋糕或面包等做早饭，相比把它们当成零食来吃，作为一顿正餐的食用量肯定会大幅增加，使得反式脂肪酸的摄入量也会相应增加。

另外，在购买零食时，也要尽量选择不含反式脂肪酸或反式脂肪酸含量较少的食品，这里特别要提醒的是，包装上注明"零反式脂肪酸"的食品，并不代表其中完全不含，因为根据我国《食品安全国家标准 预包装食品营养标签通则》（GB28050-2011）中的规定：食品配料含有或生产过程中使用了氢化和（或）部分氢化油脂时，在营养成分表中还应标示出反式脂肪（酸）的含量；当反式脂肪酸含量 ≤ 0.3% 时，其含量标示为"0"。 也就是说，100 克食品中，如果反式脂肪酸含量小于或者等于 0.3 克，就可以标示为"0"。所以家长还需要详细检查配料表，如果食品中含有氢化植物油、部分氢化植物油、氢化棕榈油、精炼棕榈油、精炼植物油、精炼食用植物油、食用氢化油、精炼菜籽油、氢化大豆油、植物起酥油、代可可脂、人造奶油、人造黄油、人造酥油、起酥油、植物奶油、植脂末、氢化菜油、酥油等成分，那么仍然应该注意让孩子控制摄入量。

随着经济全球化的发展，人们的餐桌也突破了地域的限制，逐渐变得丰富起来，那么对于孩子来说，究竟是吃西餐好还是中餐好？想要回答这个问题，就要先从中餐与西餐一些非常基本的特点说起。

中餐的特点是什么

在中餐中，饮食基本以热食为主，烹饪方式非常多样，煎、炒、烹、炸、蒸、炖、煮、氽……即便是普通家常菜，一顿饭的菜肴可能也会包含三四种不同的烹饪方式，并且在食材的选择上很注重荤素搭配，肉蛋等与蔬菜常是"平分秋色"，且食材种类非常丰富，例如仅仅是蔬菜，就包括茄果类、叶菜类、根茎类、豆荚类、食用菌类、豆芽类、瓜类、花菜类等许多不同的种类。海量的食材与不同的烹饪方式相组合，可以变换出无穷无尽的菜肴，充分满足了人们味蕾的同时，也呼应了身体对于饮食多样性的需求，更容易做到营养均衡。

西餐的特点是什么

西餐，属于我们对于西方式餐饮的统称，但其实细分起来，各个国家的菜式又不尽相同，例如有意大利菜、法国菜、英国菜、德国菜、美国菜、俄式菜肴等，因此很难直接做出对比。但如果讨论西餐的共性，那么可以总结为：食材大多以肉、蛋、奶或海鲜为主，相比中餐，蔬菜的"出场机会"和种类都要少一些，特别是绿叶菜，远不如在中餐中出现得多，烹饪方式上，以煎、烤、煮或生食更为常见。

讨论过两类餐食的特点后就会发现，其实中餐与西餐各有千秋，中餐让人有机会摄入多样化营养，膳食纤维更为丰富，而西餐中的蛋白质含量则相对更高，因此很难简单地评判哪一个"更好"，而最好的办法就是将二者进行融合，各取所长，并且以最符合自己饮食习惯的方式享受美味。

孩子大便稀，肚子不舒服，这种情况下，家长往往都会想到给孩子吃点软烂的，或者干脆停了辅食只喝奶。那么在孩子腹泻期间，到底应该怎么给孩子吃呢？在说这个问题之前，先来说说什么是腹泻。

腹泻本身不是病，它是肠道的一种自我保护形式，是人体排出肠道内病毒、细菌或不耐受食物的过程。腹泻有两个明显的特点：大便性状的改变、大便频率的增加。

孩子腹泻期间，肠道黏膜受到损伤，无法正常消化、吸收摄入的食物和液体，与此同时，体液也会通过受损的肠道黏膜进入肠道，钾、钠等矿物质在这个过程中也会丢失。

腹泻期间的饮食供应

在孩子腹泻期间，相比关注食物，家长更要关注的是液体的及时补充，以免孩子出现脱水症状。但是要提醒家长的是，不要为了照顾口味而给孩子喝高浓度的果汁或是甜饮料，此时如果摄入的液体含糖量过高，有可能进一步加重体液的丢失，这是因为无法被吸收的糖分（高浓度）能够将体内的液体（低浓度）通过肠道内膜"泵"出来，进而加重孩子腹泻的症状。如果想给孩子补充液体，可以喝水、米汤、稀释过的纯苹果汁等。

如果孩子腹泻情况比较严重，比如每 1~2 小时就会排一次水样便，或者已经出现了脱水症状，那么可以在医生的指导下给孩子喝口服补液盐 III。

如果是腹泻严重期间，例如每天腹泻达到 5~6 次甚至更多，在饮食方面可以给孩子准备一些好消化的食物，例如大米米粉、大米粥等，这期间要尽量避免吃富含膳食纤维的食物，也尽量避免摄入过多的蛋白质，否则可能会给肠道徒增负担。如果是还未添加辅食的宝宝，母乳宝宝可以继续吃母乳，吃配方粉的宝宝可以咨询医生后，考虑吃奶前添加乳糖酶或更换成无乳糖配方粉。

当腹泻情况有所缓解后，例如大便逐渐成形，且每天排便次数减少至2~3次，那么就可以开始适当补充蛋白质了，此时可以给宝宝吃一些细粮、肉、蛋、奶，但是其中奶制品最好选择无乳糖的配方粉，或者是酸奶、奶酪等。这是因为孩子在腹泻期间，肠黏膜受损会导致乳糖酶分泌量减少，身体对乳糖的消化能力下降，就容易引起继发性乳糖不耐受腹泻。

在孩子的大便基本成形，进入恢复期之后，可以给孩子吃一些好消化、低膳食纤维、高蛋白的食物，例如精粮、肉、蛋、奶、豆制品、根茎类蔬菜、低纤维水果（如苹果）等。当孩子痊愈后，则可以开始提供高营养密度、全面均衡的饮食，将腹泻期间"丢了的"营养补回来。

另外，需要提醒家长的是，如果是刚刚开始添加辅食不久，还没有适应全部食材的宝宝，腹泻期间不要添加新的食物种类，以免适应不良给胃肠道增加负担。

9. 孩子便秘太难受，适量摄入膳食纤维

孩子便秘，是很多家长都曾经遇到过的难题。尤其是小宝宝在拉臭臭的时候，小脸憋得通红，大人也心疼不已。那么什么是便秘，孩

子便秘了又该如何饮食？

便秘指的是大便干结、排便费力，这两点是判断是否便秘的重要标准。

排除乙状结肠冗长等生理原因，引起便秘的直接原因是大便中水分不足，而大便中的水分大部分是由肠道内细菌败解膳食纤维产生的。

如果想缓解孩子便秘的症状，第一要务便是让大便中的水分多起来，这样大便才能被软化，排便也才能更顺畅。其中，益生菌与膳食纤维这两个关键要素缺一不可。需要注意的是，益生菌的正确补充，需要在医生的指导下进行，而家长能从日常饮食角度做出调整的，便是多为孩子补充膳食纤维，因为它不仅可被益生菌败解产生水，从而软化大便，而且它本身也能促进肠道蠕动，对排便有所助益。

那么，哪些食物富含膳食纤维呢？膳食纤维"大户"自然非蔬菜、水果莫属。除此之外，坚果、豆类、全谷物等食物中的膳食纤维含量也比较高。提醒大家，西梅的膳食纤维含量远高于大家常规意义上认为的"通便神器"香蕉，未被加工的谷物比精致加工的谷物膳食纤维含量高。

家长在日常饮食中为孩子进行合理搭配即可。特别是在孩子有便秘情况时，可以尽可能多地让他摄入一些富含膳食纤维的食物。但需要注意的是，很多食物的加工方式最终决定着孩子可摄入的膳食纤维量，例如水果在被榨成果汁的过程中，大部分膳食纤维会被破坏，因此在一杯果汁中，膳食纤维含量极少，更多的仅是糖分而已，这也是不提倡给孩子喝果汁的主要原因之一。

当然，膳食纤维也并非摄入得越多越好，孩子如果在短时间内摄入大量的膳食纤维，可能会出现胀气、腹胀、痉挛等问题，因此对于膳食纤维的摄入，最根本的原则是适量。至于每日的合理推荐量，可以参考附录中的"各年龄段平衡膳食建议"。

孩子在发热期间，家长除了要根据孩子的体温和状态，给予相应的护理或药物之外，饮食的安排也同样重要。

有些家长认为，孩子在发热时，消化吸收能力下降，不应该再吃更多食物给肠胃增添负担，应该控制饮食，因此他们会只给孩子喝奶或者吃米粥等。但其实这种做法并不正确，要知道，生病期间孩子更需要足够的营养去提升"战斗力"，才能更快地打败病菌、恢复健康。

在孩子发热期间，安排饮食上最重要的一件事就是让孩子少量多次摄入液体，因为人在发热时，体内的水分被大量蒸发，水分摄入不足就很容易出现脱水的症状，而反过来说，如果体内有充足的水分可以被蒸发，那么就能快速带走身体多余的热量，有助于退热。

所以很多时候，孩子即便吃了退烧药，退热效果也不理想，很可能就是因为孩子液体摄入不足，体内没有足够的水分被蒸发而导致的。

如果孩子实在不喜欢喝水，喝奶、汤、稀粥等都可以，主要目标就是让孩子能够摄入充足的液体，这样才能让孩子不脱水、多排尿，促进体内循环，帮助降温。

除此之外，营养的供应也要跟上，在食材的选择上，只要孩子想吃，就并没有太多限制，并且为了补充营养，家长也可以多为孩子补充蛋白质，例如肉、鱼、虾等，同时蔬菜等富含维生素、膳食纤维的食材也不能忽视，不过由于孩子在发烧期间，胃肠功能确实会受到影响，因此家长可以在烹饪方式上下功夫，给孩子以蒸煮的方式做些青菜瘦肉粥、蔬菜鲜虾烂面条、鸡蛋羹等容易消化的流质或半流质食物，这样既能提高孩子的进食效率，易于消化，同时又能保证充足的营养供应，让孩子有足够的能量去和病菌战斗。

11. 想要头发乌黑亮泽，可让这些食物来帮忙

看到孩子的发量少、发色黄，很多家长便会不由得感到担心，怀疑这是不是营养不良的信号。事实上，这个问题并不能一概而论，需要根据孩子的年龄、头发的质量，甚至生长发育整体情况来综合判断。

首先家长需要明确的一点是，孩子的头发受遗传因素影响较大。因此，如果父母的发色偏黄，或发量原本就较少，那么孩子很可能也会有同样的情况。另外，头发也需要生长过程，因此大部分孩子的发量和发色都需要 1~2 年的时间来经历一个从稀到密、从黄到黑的变化

过程。当然，如果孩子现在已经两岁甚至更大了，发量却依然和出生时相比变化不大，非常稀少，又或者发色不仅是黄，而且发质看上去很差，呈现干枯、没有光泽的状态，那么家长最好还是带孩子就医，请医生结合孩子的整体生长发育情况来进行判断，排除存在营养不良或其他健康问题的可能性。

其实，相比发色和发量，家长更需要关心的是孩子的发质，而想让头发健康生长，营养的作用不可忽视，如维生素 A、维生素 B_1、维生素 B_2、维生素 B_6、维生素 B_{12}、叶酸、钙、锌、铁等都会影响头发的健康。所以，在日常饮食中，除了要注意让孩子做到不挑食、不偏食之外，还可以让孩子适当多摄入黄绿色的蔬菜、豆类、蛋类、鱼虾类、动物肝脏、贝类等。

13. 让人头疼的指甲问题，并非全因营养不良

很多家长在观察到孩子的指甲上有白斑、纵纹、小坑、分层等问题时，会感到非常紧张，担心孩子的健康出了问题，或者是体内缺乏某种营养素。的确，孩子的指甲状态可以在一定程度上反映身体健康状况。不过，现象与原因并不一一对应，需要根据具体情况进行分析。

指甲有白图

如果孩子指甲有白斑的同时，伴随肚子疼、拉肚子等情况，应考虑是否与蛔虫感染有关，家长要带宝宝及时就医，进行便常规检查来确认。不过，通常来讲，在城里生活的孩子，患蛔虫病等寄生虫病的

机会极少。

另外，指甲上的白斑还可能与细菌感染或真菌感染有关。孩子活动时指甲受到轻微磕碰、挤压等损伤后，也会出现白斑。无论何种原因，如果孩子没有其他不适表现，且指甲看起来很健康，光泽度也很好，那么家长就不用过于担心。

指甲又薄又脆

很多家长认为，孩子的指甲薄而脆是缺钙的表现。其实指甲的主要成分是蛋白质而非钙。幼儿的指甲薄且脆是非常普遍且正常的现象，随着孩子年龄的增大，角化的甲板细胞越来越多，指甲就会变厚、变硬。

指甲有小坑、纵纹

出现这种情况有可能是营养不良所致。指甲主要是由蛋白质与角质细胞构成的，因此人体营养摄入不均衡时，会影响指甲的生长。家长需要确认孩子是否存在比较严重的挑食、偏食问题，并且积极纠正，保证他能均衡地摄入营养。除关注营养情况外，家长也不要忘记观察孩子是否有频繁吃手、吮吸手指、咬指甲的习惯，这些行为也可能导致指甲表面凹凸不平。

指甲分层

如果指甲偶然出现分层，且情况并不严重，指甲颜色正常、表面光滑，那么指甲分层很可能是孩子在活动过程中磨损、碰撞所致，一般不需要特殊的治疗，待新指甲长出即可。但是如果指甲分层的情况严重，并伴有指甲发黄、表面凹凸不平等现象，则可能提示与营养不良、甲癣或全身性疾病等因素有关，家长最好及时带孩子就医，请医生来帮助排查原因。

孩子手部出现倒刺，通常与干燥和摩擦有关，特别是对于喜欢吃手的孩子来说，指甲边缘的皮肤被口水浸泡后，会变得更加干燥，因此易产生倒刺。在这种情况下，家长为孩子护理时注意做好手部保湿即可。至于倒刺是否提示孩子体内缺乏微量元素，二者之间确实会产生一定的关联，但家长要知道的是，如果孩子确实缺乏某种微量元素，那么不可能只出现手部倒刺多这一个问题，必定会伴随更多异常的现象。所以要学习全面地看待问题，不要过于紧张，武断地判定孩子有什么问题。

许多家长会担心，孩子吃冷的食物会刺激胃，特别是冬季天气寒冷时，对于偏凉的水果等食物，总想加热后再给孩子吃。但事实上，无论是什么温度的食物，在经过口腔、食道的"加热或降温"后，到达胃肠时，温度已经基本相同了，因此并不会如家长担心的那样，对胃造成很大的伤害。而像水果等原本需要常温食用的食物，如蓝莓、猕猴桃等加热后其中的营养成分反而会遭到破坏。

当然，如果孩子一直在吃比较温热的食物，也从来不喝凉水甚至常温水，那么突然间吃比较冷的食物，的确可能会出现不适应的问题。但是在这种情况下，孩子更需要的其实是一个适应的过程，来尝试接受冷的食物，例如日常的部分饮食可以先尝试从温热变为常温，然后再从常温到冷食，给胃肠逐渐接受的过程。

家长要知道，吃温热食物并不等于所谓的养生，而吃冷的食物也不一定会损害健康。孩子对于食物、水的冷热，甚至是冰的接受程度，更多的是取决于个人的喜好以及家庭的饮食习惯。

不过需要提醒家长的是，以上我们讨论的都是适量吃冷食的情况，如果饮食不加节制，那么无论是冷食还是温热的食物，都会给消化系统增加负担，对保持胃肠健康并不友好。

14. 过于迷信有机食品，大可不必

随着人们越来越重视食品的安全与营养价值，有机食品渐渐从若干农产品中脱颖而出。很多家长认为，有机食品代表着健康与品质，是食材中的"优等生"，因此不惜花费重金也要把它端到孩子的餐桌上，即便是在经济条件有限的情况下，也要节约自己的口粮，让孩子享受到这食物中的"贵族"带来的优势。虽说可怜天下父母心，不过，有机食品真的更健康吗？父母这份经济上的付出是否真的值得呢？

有机食品到底是什么

从生长过程来看，由于有机食品不使用化学合成的农药、化肥，无人工干预，不使用转基因技术，所以的确处在了食品安全金字塔的

最顶端——食品质量安全等级从低到高可分为：一般农产品、无公害农产品、绿色食品、有机食品。它们各自的特点如图 2-6-4 所示。

因此，如果仅从食品安全角度考虑，有机食品确实能让消费者在食用时无须再担心农药残留、有毒化学物质污染等问题。除此之外，也有人感觉相比普通食品，有机食品在种植过程中因为遵循了大自然的生长规律，顺应四时季节，并且使用有机肥料，所以更容易保留食物的天然味道，吃起来能给味蕾带来更美妙的体验。但是如果从营养成分上来看，有机食品与其他类别的农产品所含的营养差别并不大。

最高食品安全等级
倡导食品回归自然

食品安全等级为优等同发达国家普通食品安全标准

比较安全，属于中国普通农产品合格或较好的水平

相对安全，满足人类基本的饮食需要

图 2-6-4　食品质量安全等级图

如果单纯考虑食品安全问题，有机食品确实更有保障。然而，若是同时将营养价值等因素考虑进来，我们则不建议家长过于"迷信"有机食品，尤其不鼓励大家不考虑自身经济承受能力而一味地追求"有机"。

毕竟，即便我们日常购买的瓜果蔬菜等均为有机食品，但是在烹饪加工过程中所使用的调料等也并非完全有机。而且，孩子日常所吃的其他食物或营养品也难以做到全部有机，例如时下广为人知的，在诸多配方粉或营养保健品中均有添加的人乳低聚糖便是生物工程发展的产物，但我们并不能因为它"非有机"的身份便否定其营养价值。

所以，对于孩子的日常饮食，相比仅在意食材是否为"有机"，家长更应该关注营养搭配是否均衡、合理。

15. 夏日冰品，遵循浅尝原则不伤健康

无论是冰棍、冰激凌，还是奶昔、冰沙、糯米糍，夏日冰品的共同特点，用两个词来概括就是：凉、高糖。

因此，这类食物确实不推荐孩子常规摄入。不过，如果为了解暑，在天气特别炎热时，家长让孩子适量浅尝还是可以的。例如，一周吃上一小支冰棍或者喝几口奶昔，并不会影响孩子的健康，也不会干扰正常饮食，同时在一定程度上有助于孩子的味蕾得到丰富的刺激。

另外，家长还要注意给孩子选择适合吃的冰品，以冰激凌为例，虽然习惯上我们会把冰棍、雪糕等统称为冰激凌，但其实它们并不相同，最大的差异就在于乳脂和蛋白质的含量。查阅相关国家标准就会发现，其中对冰激凌有明确的乳脂含量要求，不达标的冷冻饮品并不能称之为冰激凌。

相比较而言，冰激凌中的乳脂和蛋白质含量最高，次之是雪糕，再接下来是冰棍、雪泥，而后两者中几乎不含乳脂和蛋白质。家长可以特别关注配料表，如果排位靠前的配料为水、糖、食用色素、添加剂等，那么这类冰品就不适合给孩子吃。在选择饮品时也是同理，尽量让孩子喝含有牛奶成分的饮品，其中的营养成分相对多一些。

另外，许多冰品中会有额外添加的成分，例如水果、坚果、巧克力等等，家长也要特别注意是否适合孩子食用。

中华饮食文化博大精深，在一些特殊的日子里，节日食物不仅能让餐桌变得更加丰富，还成了一种文化符号，渲染了节日气氛。正月十五吃元宵、汤圆，象征着团圆；清明节吃青团，代表着对先人的思念；端午节吃粽子、绿豆糕，缅怀屈原；中秋节吃月饼，也代表着团圆和圆满……因此人们总会在这些特殊的节日准备相应的食物来庆祝。那么，元宵、汤圆、青团、粽子、月饼、绿豆糕等食物，孩子是否可以吃呢？

如果直接寻一个简洁明了的答案，那就是：可以吃，但要适量。

这是因为大部分节日食物，或是高油、高糖、高热量，如月饼、青团等；或是以糯米等为主料，不太容易消化，例如汤圆、粽子等。由此可见，这些节日食物虽然美味且具有特殊意义，但并非健康饮食的典范。

因此，在带孩子感受节日气氛时，让他们同时享受节日美食并无大碍，但要注意方法。对于两三岁的小孩子来说，品尝上一两口即可，而再大一些的孩子，食用时也要注意适量，例如大汤圆可以吃一个，常规大小的青团可以吃半个，手掌大的月饼可以吃四分之一，并且在食用时尽量把食物切成小块，特别是口感偏黏、不易咀嚼的食物，以免出现呛噎等问题。

家长除了注意控制孩子每次的进食量外，很多节日食物都含有多种不同的馅料，在给孩子选择时，也要注意挑选适合他食用的馅料。对于不易消化的食物，最好随早饭或在上午加餐时吃，这样孩子在白天能有充分的时间去消化。

其实，节日食物更为重要的意义在于文化的传承，所以家长在带孩子品尝节日食物时，不妨讲一讲这些食物的来历和它们所承载的文化含义，这会让食物的分享变得更有意义。

17. 课业忙用眼多，"护眼营养素"要跟上

孩子开启忙碌的学习生活后，近距离用眼情况增多。面对越来越多的"小眼镜"，家长们对孩子的眼睛保护问题越发关注，于是很多人将目光投向了吃。确实，除了正确用眼外，饮食对保护视力也能有

所助益。

说到护眼的元素，叶黄素自然要榜上有名。那么，叶黄素对于眼睛到底有什么作用呢？这就要从会损害视网膜的蓝光说起。

蓝光的能量比较高，在通过视网膜时容易产生大量的氧自由基，给视网膜造成氧化伤害，进而造成视网膜损伤。而这种对于眼睛有危害的光线，在日常生活中又很常见，除了太阳光之外，灯光、电子屏幕发出的光线里也都有蓝光存在。

说到抵御蓝光，叶黄素就必须榜上有名了，它是一种含氧的类胡萝卜素，是存在于人眼视网膜上的主要色素，主要集中在视网膜上感光细胞最多、最密集的黄斑区域。那么叶黄素是怎么发挥小卫士作用的呢？主要有两个方面：首先，它就像一张过滤网，能吸收部分有害蓝光；其次，它能减少氧自由基，这样就可以降低蓝光对视网膜的氧化损伤，起到保护黄斑区域的作用。

玉米黄素同样是一种天然类胡萝卜素，同样也存在于视网膜中，具有很强的抗氧化作用，能够和叶黄素协同作战，一起抵御蓝光的威胁，同时也能保护视网膜上的视锥细胞，增加黄斑色素，预防和减缓黄斑疾病。

那么，护眼能手叶黄素和玉米黄素可以从哪里获得呢？由于人体无法自身合成这两种物质，所以日常可以让孩子从食物中获取。深绿色、橙黄色的食物，像南瓜、玉米、胡萝卜、柑橘、西蓝花、小白菜、韭菜、羽衣甘蓝、雪菜、菠菜、蛋黄等，都含有丰富的叶黄素和玉米黄素。为孩子安排餐单时，可以合理搭配，保证每餐均能摄入其中的 1~2 种。

除了叶黄素和玉米黄素外，还有一些营养成分同样对眼睛很友好。

维生素 A，能在体内转化成眼睛所需的视紫红质。视紫红质是视网膜细胞感受光线，用来成像产生视觉的必需物质。维生素 A 存在于动物性食品里，比如动物肝脏、蛋黄、奶制品等。此外人体也能把植物性食品里的类胡萝卜素（维生素 A 原）转化成维生素 A，而富含类胡萝卜素的蔬菜，恰恰也是"含叶黄素大户"，例如西蓝花、胡萝卜、菠菜、南瓜等。

花青素，能够保护眼睛不受光线损害，缓解视疲劳，因此对保护视力也很有助益。黑色、紫色等深色食物里含有丰富的花青素，如紫薯、紫甘蓝、蓝莓等，日常可以适当给孩子补充。

DHA，是视网膜的重要构成部分，能够维持视紫红质功能，缓解眼睛疲劳，保护视力。至于 DHA 的主要来源，自然非深海鱼莫属，比如三文鱼、沙丁鱼、鳕鱼等。

锌，能起到预防和缓解黄斑变性的作用。植物性食物中锌的吸收率比较低，因此可以首选动物性食物来给孩子补锌，贝壳类海产品，如生蚝、牡蛎，以及红肉、动物内脏中都含有比较丰富的锌。

维生素 C、维生素 E，都是抗氧化剂，能够清除部分具有活性的氧化物质，一定程度上能预防眼睛衰老。日常生活中，许多常见的蔬果都富含维生素 C。至于维生素 E，可以通过杏仁、葵花籽油、亚麻籽油等植物油来摄入。

当然，要想保护孩子的视力、预防近视，除了注意营养摄入，给眼部发育打个好的"物质"基础外，日常养成健康的用眼习惯，每日保证累计 2 小时的户外活动时间，定期到眼科进行视力检查，也都非常重要。

肉骨头汤，在很多家长心中可谓补钙佳品，时不时就会拿出来，以补钙的名义让孩子喝。有意外骨伤的时候，骨头汤出现在餐桌上的频率更是飙升。那么，喝骨头汤真的能补钙吗？

之所以会有这样的想法，是因为大家普遍认为，人和动物体内的钙质大多沉积在骨骼中。那么，如果用肉骨头去煮汤，这些钙自然就会"释放"到汤里，而通常经过长时间炖煮的肉骨头汤，颜色都是白白的，自然而然地给人一种营养丰富的感觉。但事实上，仔细想想就不难发现，这个假设并不成立，因为钙不溶于水，骨头里的钙更是不会经过简单的水煮就溶进汤中。而汤所呈现出的浓白色，其实是因为肉中的脂肪受热溶解在了水中后又被乳化的结果。脂肪乳化，会让肉里的蛋白质分解成氨基酸，氨基酸和盐结合后就会让汤的味道变得很鲜美，结合乳白的汤汁颜色，更是给人"又鲜又营养"的错觉。但其实在这个过程中，只有很少量的蛋白质被溶出，大部分的营养物质还留在肉里。

所以，肉骨头汤中的钙和蛋白质含量很少，更多的是水、脂肪以及嘌呤，给孩子喝多了不仅对于补钙无益，还有可能会让他产生饱腹感，影响正常进餐。另外，摄入大量高浓度的脂肪，容易引起肥胖。因此，如果想给孩子补钙，首选仍然是牛奶，以及豆类、坚果等。如果想补充蛋白质，也要通过肉、蛋、奶等食材来补充。

骨头汤就不能喝了吗

当然，我们提醒家长不要期待用肉骨头汤补钙，并不代表完全否认煲汤这种烹饪方式。毕竟汤汁味道鲜美，被炖煮过后的肉质也更软烂易于咀嚼，特别是在寒冷的天气里，一碗香气浓郁的肉骨头汤更是能让人食欲大增。只不过，在享用汤类食物时，要注意方法——喝汤时注意撇去表面的"浮油"，在喝汤同时也要吃肉，因为正如前文所说，肉中的蛋白质、铁、钙等营养元素，并不会溶入汤中，还是保留在了食材里。

19. 运动后补充能量，不能靠运动饮料

观看体育比赛时，我们会发现很多运动员在休息间隙都会饮用运动饮料，而各类广告也无时无刻不在向人们透露一个信息：运动饮料不仅解渴，还是补充电解质的"神器"，可以说是所有热爱运动人士的标配。既然运动饮料这么好，那么孩子在酣畅淋漓地运动后，是否也能喝运动饮料呢？

想要回答这个问题，就要先来弄清楚运动饮料的特点——运动饮料是根据人运动时生理消耗的特点而配置的，能有针对性地去补充人体运动时丢失的营养，例如电解质（氯化钠、氯化钾等）、维生素、葡萄糖等，帮助人们保持或提高运动能力，加速消除运动后的疲劳。

运动饮料的功能特点决定着其中要富含电解质及碳水化合物，而这对于儿童来说并不十分友好。这是因为儿童日常的运动强度并不能与成人相提并论，并且儿童在运动过程中电解质的流失速度也比成人要慢，所以从需求角度来讲，儿童运动后并不需要依靠具有特殊功能的饮料来额外补充电解质。

在这种情况下，孩子喝下的运动饮料反而给他提供了额外的热量，饮用效果与其他含糖饮料无异。如果运动饮料摄入过多，还会增加孩子肥胖、龋齿、营养不均衡的风险。要是饮料中恰巧还添加了较多的氯化钠作为电解质，那么孩子在摄入较多糖分的同时，还可能会面临钠摄入超量的问题。

更需要家长注意的是，有些功能性比较强的运动饮料中，还可能添加了咖啡因等并不适合儿童的物质。如果长期大量饮用这样的运动饮料，可能会对孩子的中枢神经系统造成刺激，进而影响睡眠质量，造成记忆力下降、注意力不集中等问题。部分孩子还可能会出现情绪烦躁不安的情况。除此之外，运动饮料中的咖啡因还可能加速人体内钙元素的流失，对孩子的生长发育造成影响。

因此，对于孩子来说，日常运动后，即便是在大汗淋漓的状态下，也并不需要借助运动饮料来帮助恢复体力，普通的白开水就是最好的饮品。

20. 学习任务重，不一定要靠海鲜、核桃补脑

随着孩子学业变得越来越繁重，大脑每天都是满额的高负荷运转状态。很多家长觉得，大脑的"工作"这么辛苦，自然要给它补一补才好，不然被"累坏"的话，它岂不是要罢工啦。

那么，什么食物补脑效果最好呢？相信这个问题一提出来，大部分人头脑中闪现的答案都是核桃和鱼。前者在我们的传统观念里，是"以形补形"的典范，后者则被普遍认为富含能让人变得更聪明的DHA。但它们真的具有超过其他食材的非凡补脑效果，吃得越多就会越聪明吗？

核桃能补脑吗

核桃确实含有对大脑发育有利的 ω-3 多不饱和脂肪酸，但其实含有这类营养素的食物有很多，常见的松子、榛子、亚麻籽、奇亚籽、碧根果里都有，因此核桃在补脑界并没有什么无法被逾越的特殊地位。更没有必要为了给孩子补脑就让他大量吃，因为其中除了含 ω-3多不饱和脂肪酸之外，还有比较丰富的脂肪，长期大量摄入会增加孩子体内的脂肪量，可能导致肥胖，甚至引起血脂升高、脂肪肝等问题。总的来说，坚果的摄入量保持在每天"一把"（能占满成人手掌心）即可。

大家之所以觉得海鲜能补脑，是因为其中所含的 DHA。DHA 是一种多不饱和脂肪酸，能够促进神经细胞生长，对宝宝的脑部和视力发育都非常重要，因此它也被称为"脑黄金"。但 DHA 本质上仍然是脂肪，虽然大脑发育需要它，但也并非越多越好。当摄入量超过身体所需时，孩子并不会变得更聪明，只会将 DHA 当成脂肪代谢掉。

而且，含有 DHA 的食材可不仅限于鱼类，藻类中 DHA 的含量也很高。因此为孩子选择食材补充 DHA 时，可以进行多样化选择，例如将 DHA 含量更丰富的深海鱼（如海鲈鱼、三文鱼、鳕鱼等）和海带、紫菜、裙带菜等搭配食用，每周吃海产品 2~3 次即可。

需要提醒家长的是：大脑是一个结构复杂的中枢，它需要的营养物质绝对不是单一的。如果想"补脑"，仅通过各类食材摄入 ω-3 不饱和脂肪酸肯定是远远不够的。那么，大脑还需要哪些营养呢？

还有个重要的营养元素就是蛋白质，它和脂肪一样也是构成大脑的基础物质。因此想补脑，蛋白质的补充也必不可少。动物性食物，例如奶及奶制品、瘦肉、蛋等，蛋白质含量均比较丰富；植物性食物，如大豆及大豆制品，以及刚才提到的富含不饱和脂肪酸的坚果，同样也是蛋白质"大户"。

当然，除了脂肪、蛋白质外，大脑要想良好地运转，还要依靠葡萄糖、维生素、磷脂、锌等元素。由此不难看出，要想给孩子补脑，单纯依靠某一种营养素或某一类食材并不可行，仍然要做到均衡饮食，保证营养的全面供应。

　　繁重的课业负担，让很多青少年都感觉每天的时间不够用，当熬夜刷题成为常态时，找到能有效提神的方法就很重要。那么青少年日常可以靠浓茶、咖啡、碳酸饮料提神吗？答案是不可以，因为这三类饮料对于健康的损害都不容小觑。

孩子能喝浓茶吗

　　首先来说浓茶可能给身体带来的危害。长期大量喝浓茶会有导致贫血的可能性。这是因为茶叶中含有大量的鞣酸，容易与食物中的铁元素发生反应，在消化道内形成不溶解的鞣酸铁，这种物质是没办法被小肠黏膜上皮细胞吸收的，由此造成的结果就是影响了孩子对铁的吸收。而铁元素又是合成血红蛋白的主要原料之一，如果体内的铁元素储备缺乏，血红蛋白没有了合成原料，那么久而久之就会出现贫血等问题。

　　除此之外，浓茶还会对胃黏膜造成刺激，并且其中所含的大量咖啡因可能会导致神经过度兴奋。虽然在学习时有了"提神"的效果，但是到了该睡觉时却又影响睡眠，甚至会引起失眠，反而影响孩子第二天的学习。

孩子能喝咖啡吗

　　青少年进入了身高增长的第二个高峰期，骨骼发育正处在重要阶段，如果摄入过多的咖啡因，会增加尿钙的排出，还会减弱胃肠对钙的吸收，进而导致体内缺钙。

另外，很多咖啡饮料中还会添加有大量的糖、奶油等咖啡伴侣，反式脂肪酸含量高，同时热量也很高，过量摄入会有增加体重以及导致蛀牙的风险。

碳酸饮料由于喝下后会有"清爽"的感觉，很多孩子会用它来做提神醒脑的"神器"。但大量摄入碳酸饮料后，其中所含的磷酸成分会影响钙的吸收，影响钙在骨骼中的沉积，进而影响骨骼发育，甚至会造成骨质疏松。

而且，青少年的牙齿矿化程度还比较低，喝太多碳酸饮料，容易发生酸蚀脱矿，导致龋齿。

除此之外，碳酸饮料里含有大量的糖，过量摄入还会带来肥胖、糖尿病等健康问题。

当然，上述不良影响都是建立在长期、大量摄入的前提下，偶尔为之并不会对健康造成太大的伤害。但是，如果孩子养成了每日借助这些饮品提神的习惯，那么势必会有"长期、大量"摄入的趋势，因此特别不建议使用这些饮品来提神。

逢年过节，亲朋好友聚在一起，免不了喝酒助兴。我们都知道小孩子不能喝酒，那么稍大一些的青少年，能适当喝一点儿酒吗？

《中华人民共和国未成年人保护法》第十七条明确指出：未成年人的父母或者其他监护人不得放任、唆使未成年人饮酒。

第五十九条明确规定：禁止向未成年人销售酒。酒类经营者应当在显著位置设置不向未成年人销售酒的标志；对难以判明是否是未成年人的，应当要求其出示身份证件。

因此，可以明确给到答案：在任何情况下，都不建议青少年饮酒。

青少年饮酒的危害

国家的法律法规之所以如此强调让未成年人远离酒精，是因为饮酒对于青少年来说，真的是有百害而无一利。

饮酒可能会影响大脑发育。饮酒后人的神经会变得兴奋，导致注意力无法集中，甚至出现头晕、头疼、精神萎靡等情况，直接影响孩子的学习与生活。青少年的大脑正处在发育成熟的过程中，如果长期饮酒，大量的酒精会给大脑造成损伤，导致记忆力、认知水平、学习能力下降。

饮酒有损伤脏器的风险。饮酒后，大部分酒精被小肠吸收进入血液后，除了极少量会借由汗液、尿液、唾液和呼吸排出体外，其余的大部分酒精都需要经过肝脏进行代谢，而青少年发育尚未完全，各脏器的功能还不太完备，肝脏处理酒精的能力比较差，因此相对更容易发生酒精中毒、脏器功能损伤的情况。

饮酒影响胃肠功能。孩子在青春期生长发育过程中，对营养元素的需求很大。然而，酒中所含的主要是水和酒精，营养成分很单一，但却非常占据胃容量。饮酒会影响正常饮食，从而导致青少年营养摄入不足，且酒精会刺激胃黏膜，影响胃肠消化功能。

其他危害。上述几项仅仅是饮酒对身体健康产生的危害，除此之外，青少年饮酒还会耽误学业，引发失当行为，等等。

因此对于酒精，青少年人群应该坚决抵制。

让青少年远离酒精

预防青少年饮酒，家长首先要以身作则，不酗酒，尽量在家中营造出无酒的环境。

同时，家长也要和孩子多交流，让他意识到喝酒并非一件快乐的事情，也不应是"耍酷"的行为，更不能证明一个人的能力。

如果需要减压放松或者和朋友社交，家长可以引导孩子选择打球、骑车、爬山等健康有益的运动。

23．摄入过多高热量食物，小心性早熟

随着获取信息的渠道越来越多，很多家长会看到"某某食物孩子吃了会性早熟"这样的新闻，并深受困扰。反季水果、豆浆、鸡肉等都曾经"榜上有名"。人们之所以会有这样的担忧，主要是担心食物中的激素，例如，大家普遍认为反季水果是用激素催熟的，豆浆中的大豆异黄酮有与雌激素类似的作用，肉鸡养殖过程中为了让鸡快速生长会使用激素，等等。

性早熟的危害

性早熟无疑会给孩子的生长发育带来危害，最直观的影响就是身高——性早熟的孩子虽然在童年时期会比同龄人长得高，但这却是种假象，是身高在激素作用下被催长的结果。性早熟会促进骨骺的过早融合，骨骺线一旦闭合，孩子未来的生长空间也就被关闭了。因此性早熟的孩子，成年后会偏矮小。

另外，性早熟的孩子也会因为自己体形、外表上与同龄人的差异，而产生一系列的心理问题，诸如自卑、恐惧、不安等情绪会影响孩子正常的生活与学习。也恰恰是这些原因，使家长对于性早熟谈之色变。

这些食物真的会导致性早熟吗

很多人担心吃反季水果、豆浆、鸡肉会导致性早熟，真的是这样吗？

反季水果大多是大棚种植工艺的产物，部分不耐运输、需要在未成熟时采摘后再催熟。不过，催熟使用的是特定的植物激素，在生理生化机制上与动物激素完全不同，并不会导致孩子性早熟。而大豆异黄酮只是部分功能类似雌激素，且发挥的是双向调节功能，在人体雌激素水平偏低时帮助弥补，偏高时则负责降低雌激素活性，因此每日摄入正常量的豆浆，并不会影响孩子的发育。至于肉鸡可以快速生长，其实是科学培育的结果，并非靠激素喂大。

因此，只要是通过正规渠道购买的上述食品，在每日摄入量正常的情况下，并不会对孩子的健康造成危害。

真正会导致孩子性早熟的因素，确实也与吃有关，那就是摄入过多高热量的食物，例如油炸食品、甜食、快餐、含糖饮料等高脂、高油、高糖的食物。这类食物过量摄入的同时，日常运动量又不达标，孩子就有可能出现肥胖问题，而肥胖才是引发性早熟的元凶。人体内的脂肪组织具有内分泌功能，能够分泌雌激素，孩子如果体内脂肪过剩，就会导致雌激素分泌超标，刺激下丘脑-垂体-性腺轴功能亢进，使得性发育提前。

　　除此之外，盲目进补，例如给孩子食用甲鱼、蜂王浆、人参、鹿茸、紫河车等有滋补作用的食物，其中所含的"类激素样物质"也可能会导致孩子出现性早熟的情况。

　　因此，如果想要避免性早熟，家长更该注重的是让孩子尽量避免吃高脂、高油、高糖的食物，同时将谷物、蔬菜、肉蛋奶进行合理搭配，帮孩子建立健康的饮食结构，同时让孩子加强体育锻炼，将体重控制在合理的范围内，才是更好的避免性早熟、健康成长的方式。

　　上学后，很多人由于早晨时间紧张，常常来不及吃早餐，或是简单喝上一杯牛奶、吃上几口面包就匆匆忙忙出门去上学了。有些家长觉得，反正学校的午餐时间比较早，上午又以文化课居多，孩子只是坐着听讲，没有太大的运动量，即便不吃早餐，或者早餐"简单些"影响也并不大。但事实上，如果孩子长期不吃或者不好好吃早餐，会有很多潜在危害。

可能导致低血糖

人体经过一夜的消耗，前一天晚饭时摄入的营养物质基本已被消耗完毕，如果早晨不及时吃早餐，可能会导致人体的血糖降低，进而出现疲倦、反应迟钝等症状，甚至出现低血糖，不仅对健康不利，也会影响学习效率。

可能导致营养不良

处于快速生长发育期的儿童对营养需求旺盛，需要通过一日三餐规律摄取才能保证足够的营养摄入。如果缺少了早餐这一获取营养的机会，那么仅靠午餐和晚餐，可能很难获得足够的营养物质，长此以往容易出现营养不良的情况。

可能引起消化系统疾病

人的胃会持续分泌胃酸，不吃早餐会导致孩子空腹时间过长，没有食物来及时中和、消耗胃酸，长期如此就会对胃黏膜造成伤害，甚至引发胃炎、胃溃疡等疾病，还可能导致身体消化吸收能力下降。

可能引发其他问题

饥饿感可能会让孩子在午餐时吃得过多，多余的热量无法消耗反而导致肥胖，且肠道蠕动功能也会因为饮食不规律而减弱，可能出现便秘等问题。

因此，家长一定要特别重视早餐，保证食量充足、营养均衡，每天早晨安排好时间，尽量留出 15~20 分钟时间，让孩子能够从容吃完早餐。

另外，早餐的食物种类要多样，以下这四类食物中，应该至少包含三类。

苹果、香蕉、桃子、梨、西红柿、黄瓜、菠菜等

鸡肉、猪肉、牛肉、蛋、鱼、虾、奶等

花卷、面条、米饭、全麦面包、红薯等

豆浆、豆干、核桃、杏仁、花生等

图 2-6-5　早餐应包含的食物种类

早餐的重要性不言而喻，因此即便早晨时间再紧张，家长也要保证孩子早餐的摄入。当然，为了提高备餐的效率，家长可以提前收集

一些"快手早餐"食谱，不仅做起来简便，吃起来有营养，还能最大限度地节约早晨的黄金时间。

下面为大家提供了一周（5天）早餐搭配建议，希望能为家长们提供一些灵感。

第一天：西葫芦蛋饼 + 牛奶 + 时令水果

第二天：虾仁鸡蛋面 + 时令水果 + 坚果

第三天：鸡蛋黄瓜三明治 + 酸奶 + 坚果

第四天：牛奶玉米饼 + 蒸蛋羹 + 时令水果

第五天：菠菜虾仁鸡蛋饼 + 牛奶 + 时令水果

以上早餐搭配遵循了每餐涵盖谷物、蔬果、动物性食物的原则。另外为了保证进餐效率，避免菜品种类太多孩子短时间内吃不完，可以将若干种食材制成一种食物，例如菠菜虾仁鸡蛋饼中，就同时包含了谷物、动物性食物、蔬菜，吃起来更加高效。

25. 青春发育期，这样吃更有营养

进入青春期后，孩子的饮食结构已经基本接近成人，且由于身体仍处在快速发育期，因此营养供应更应做到充足且均衡。

合理规划一日三餐

首先要保证的就是一日三餐按时吃，并且做到早餐和午餐质优量足，晚餐则以清淡为主，且量不宜过多。很多孩子在晚饭后仍然会继续学习到深夜，如果需要加餐，最好以水果、牛奶等较易消化的食物

为主。

有些孩子早晨为了节约时间，会不吃早饭或早饭过于简单。营养摄入不足可能会导致孩子上课的时候注意力不集中、反应迟钝等，影响听课效果。而且身体处在饥饿状态下，会消耗蛋白质来给身体供能，影响生长发育，所以早餐要特别重视。

除了按时好好吃饭，青春期的孩子在饮食方面还应该注意食物多样性，也就是一日三餐的食物种类要全、品种要多，最好每天摄入的食物品种达到 12 种以上，每周达到 25 种以上，调味品和烹饪油不能算在其中。

另外，在保证种类的基础上，也要注意合理搭配。日常的膳食最好包含这五大类——谷薯类，包括谷类（含全谷物）、薯类、杂豆；蔬菜和水果；动物性食物，包括畜、禽、鱼、蛋、奶；大豆和坚果；烹调油和盐。

即便是同类食物，也要经常变换，避免食谱过于单一。例如，主食可在米饭、馒头、杂粮饭、面条之间互换；红薯、紫薯、马铃薯可以互换；猪肉、羊肉、牛肉可互换；鸡肉、鸭肉可互换；鱼可与虾、蟹、贝类等互换；牛奶可与酸奶、奶酪等互换。

处在青春期的孩子，普遍开始对外貌比较关注，特别是女生，可能会为了保持身材而控制饮食，例如严格控制饭量，或者不吃主食。这种饮食结构不仅会导致体重低下，还可能会影响骨骼肌发育，同时也不利于智力发育。

因此，如果想控制体重，一定要从实现"吃动平衡"入手，也就是让能量摄入与能量消耗实现平衡，这也是成人能量代谢的最佳状态。如果孩子确实需要减重，也要尽量靠增加运动量来制造"热量缺口"，同时避免摄入过多的糖类和脂肪，注意不要一味地限制正常饮食，以免造成营养供应不足，进而引发一系列健康问题。

26. 赢取战"痘"胜利的饮食小妙招

青春期的孩子，很大的一个困扰就是青春痘，相信很多家长对此也仍然有着很深的记忆。青春痘的学名叫痤疮，属于一种面部的皮肤疾病，对颜值的影响着实不小，很多处在青春期的孩子都难逃其扰。那么日常究竟该如何做，才能尽可能地远离青春痘呢？

做好面部皮肤的日常护理

痤疮患者常会伴有皮脂溢出的情况，所以在选择洗面奶时，最好使用弱酸性、中性，且有保湿功能的洗面奶。另外，还要注意避免过度清洁，特别是不要使用去角质的产品，以免进一步破坏皮肤屏障，加重痤疮的炎症或者引发其他的皮肤问题。在护肤时，可以选择以舒敏、保湿功能为主的产品，并且一年四季都要注意防晒。

注意日常饮食

日常饮食要注意少吃高糖、高油、高蛋白的食物。这是因为过量摄入高糖的食物，容易使体内胰岛素水平升高，而过量的胰岛素生成可能会导致皮脂腺分泌更多的油脂，进而堵塞毛孔，诱发或者加重痤疮。同样，如果过多摄入油腻的食物，也会让皮脂分泌过于旺盛。蛋白质也有刺激胰岛素分泌的功能，过多摄入后和多吃了高糖食品所造成的影响是类似的。

根据以上原则，有痤疮问题的青少年需要远离的、限制摄入量的食物包括：高糖的巧克力、冰激凌、糖果、糕点、蜜饯、果酱、含糖饮料，以及会导致血糖增高较快的细制粮食，比如面粉；比较油腻的食物如动物油、油炸食品、奶油制品、动物内脏；富含蛋白质的鸡蛋、牛奶等。安排日常饮食时，可以多吃不易升高血糖的食物，例如杂粮、豆类、未加工或者轻加工的水果和蔬菜。

当然，由于引发痤疮的因素比较复杂，因此注重日常护理、实现均衡饮食等归根结底都属于辅助手段，只能说对于治疗痤疮有助益，而"打败"痤疮的关键，还是要及时就医，在医生的指导下，根据症状和个体情况，有针对性地制订规范的治疗方案。

女孩进入青春期（10~20岁）后，生殖系统发育加速，并逐渐成熟。在这个阶段，女孩们会陆续迎来月经初潮，很多家长会为此感到担心，那这一阶段需要给孩子补充点什么营养呢？

多吃富含铁的食物

生理期的时候，人体对铁的需求量增加，加之进入青春期，身体本就处在快速发育期，对铁的需求更加旺盛，因此在日常生活中，家长要特别注意给孩子多提供富含铁的食物。否则，一旦体内的铁元素储备不足，会非常容易出现贫血、易疲劳、免疫力降低等情况，严重影响孩子的身体健康、学习和生活。

至于可补铁的食物，家长想必已经非常熟悉了，猪肉、牛肉、羊肉等红肉，以及动物肝脏、动物血这些动物性食物，都是非常好的补铁食材。另外，植物性食物，如黑木耳、香菇、海带、芝麻、菠菜、紫菜中也含铁，但由于植物性食物中的铁主要以非血红蛋白铁的形式存在，因此吸收率和生物利用率都相对较低。如果想靠食物补铁，还是应主要依靠动物性食物。

多吃富含钙的食物

雌激素与钙吸收之间有密切的关联，充足的雌激素可以让钙在体内停留更长的时间，有助于消除因缺钙引起的不适现象。但由于女孩的卵巢在此时还未发育成熟，无法充分地分泌雌激素，不利于身体对于钙的吸收，因此日常饮食中应特别注意钙的摄入。可以多吃奶及奶制品、豆制品、贝类等，其中都含有较为丰富的钙质。

多吃富含蛋白质的食物

家长在关注为青春期女孩补铁、补钙的同时，也可以让孩子多吃一些可合成雌激素的食物。雌激素的原料是胆固醇，因此可以让孩子多吃富含蛋白质的食品，如肉、蛋、鱼、大豆及大豆制品等。

由于钙必须要在维生素 D 的帮助下，才能更好地被身体吸收和利用，因此日常的维生素 D 补充也不能放松，为了保证吸收效率，给孩子吃维生素 D 滴剂即可。

孩子前面跑，大人追着喂，边吃边玩，这不吃那不吃，就爱吃高盐高糖的零食……说起这些，很多家长都有感触，并深以为苦，为什么文文雅雅、安安静静吃饭的小孩都是别人家的孩子，自家孩子什么时候能好好吃个饭呢？良好的饮食习惯，其实从小就要养成，这需要在饮食的各个细节上让孩子感受到"规则"，并将规则内化为自己的习惯。

很多人可能会觉得专注力训练是宝宝长大后的事情，其实，专注力训练需要从宝宝小的时候就有意识地培养，而且可以从生活细节入手。辅食添加初期，就是一个好的时机。

专注力，从字面上理解就是在单位时间内做某一件事的专注能力，通过调动视觉、听觉、触觉、味觉等，将信息传达给大脑，大脑进行统合、处理、输出，从而达到认识事物的目的。良好的专注力对宝宝成长的重要性毋庸置疑，能够帮他爱上学习、提高认知、增强信心。

对于 2 岁以内的宝宝来说，辅食添加是一个不可多得的培养专注力的好时机。那么，辅食添加的哪些环节能够达到专注力训练的目的呢？

宝宝很容易被鲜艳的色彩所吸引，所以可以给宝宝选择一些颜色鲜艳的餐具。不同餐具最好颜色也是不同的，比如黄色的小碗、绿色的小勺，形成比较大的反差，这样的搭配更能使宝宝集中注意力，有助于提升进食时的专注度。

当宝宝对食物感兴趣，想要自己抓着送到嘴巴里时，他处在一个很专注的状态，家长不要过多干预。尤其当宝宝在"玩"食物，或食物掉到地上时，家长先别着急上火，更不要制止、斥责宝宝，或因为怕脏就一直给宝宝喂饭。在保证安全的前提下，要尽量多给宝宝接触食物的机会，让他自己动手探索、全神贯注地吃饭。如果担心宝宝弄脏衣服和地板，给他穿个小围兜、戴上小袖套或在地上铺张报纸就可以了。建议在孩子吃完饭后再收拾，不要孩子一边吃，大人一边收拾，打扰他专注进食。

宝宝吃饭吃到兴头儿上，可能会和家长分享他的快乐。"看，我把食物吃到嘴巴里了！"这时家长要及时给予反馈，比如和宝宝一起做出夸张的咀嚼动作，给他一个大大的微笑，这些都能够帮助他继续专注地把吃饭这件事进行下去。

添加辅食时，有几个破坏专注力的行为，家长要注意避免。

边吃饭边看电子产品。进餐过程中，要远离电视、手机或平板电脑的干扰，更不要让宝宝边玩边吃饭。家长也要以身作则，千万别一边要求宝宝认真吃饭，一边自己却看电视、玩手机。良好的就餐环境应该是一家人围坐在餐桌旁，其乐融融，共同完成进餐这一件事。这也是培养专注力的一个重要因素——氛围感。

严格规定辅食的种类、进食时间和进食量。这些做法会让宝宝产生压迫感，参与性差，变得难以专注。有时候家长认为宝宝没有好好吃饭，是觉得宝宝没有按照自己的要求吃饭，如要求宝宝不能挑食，不能暴饮暴食，养成规律的饮食习惯，等等。但就像大人一样，宝宝有胃口好的时候，也有胃口差的时候，胃口好时多吃点，胃口不好时少吃点，每餐的饭量有点儿波动很正常，家长得放轻松，用平常心对待。如果一吃饭家长就焦虑、着急，久而久之，宝宝就会把"吃饭"和"焦虑"联系在一起，吃饭就变成了负担，孩子就更难专注地享受了。

随着宝宝逐渐长大，他们对世界的探索兴趣在不断增长，手部的控制能力也在逐步提高。家长会发现，宝宝在开始吃辅食后，从乖乖地张嘴吃，手舞足蹈地表示吃饱喝足后的开心，逐渐发展为想要抢夺餐具，争取进食的主动权。这个时候，很多家长会去阻止宝宝，理由非常充分且看起来也很有道理，比如：吃得到处都是，脸上、手上、衣服上太脏了；吃得太慢了，老半天吃不了几口，看着着急。

确实，即使是 2 岁的宝宝，也很难按照大人的方式规规矩矩地吃饭，何况是再小一些的孩子。那么，不能规规矩矩吃饭就要制止孩子的行为吗？不！让孩子自主进食，好处非常多。

要知道，孩子的每一次尝试，都是一次练习，都是迈向自主进食的关键一步。在自己吃饭的过程中，宝宝舀起食物、握着勺子往嘴里送、抽出勺子放到碗里……每一个动作都有价值，都能锻炼他们的精细动作。虽然最开始动作不是很精准，有洒落食物的情况，但一次次的操作后，就会离成功越来越近。

孩子自己吃饭时，由于动作不熟练，确实会出现一片狼藉的情况，家长可以根据孩子的月龄，准备一些能接受的、尽可能好清理的食物，比如饺子、馒头等，还可以将食物切成小块，方便孩子拿取。

另外，家长可以帮助宝宝及时擦一擦，但注意不要干预过多，清理的程度以不干扰孩子进食为宜。尽管如此，仍然不可能完全避免脏乱的情况，但家长能做的就是耐心引导和等待了。

宝宝不好好吃饭，家长担心营养跟不上，就跟在身后追着喂。尤其老一辈人，吃顿饭拿着碗满屋跑，找到机会就往宝宝嘴里塞一口饭，总想着能让宝宝多吃一点儿是一点儿。

追着喂饭这种方式表面上看是心疼孩子，实则百害而无一利。

家长喂饭，宝宝失去了自己抓、捏食物的机会，手部精细动作和手眼协调能力得不到充分锻炼，实现自主进食的进程就会相对慢一些；吃饭本是宝宝自己的事，应该由他自己掌控，追着喂饭无形中让宝宝有了一种"吃饭就应该是别人来喂"的错觉，不利于培养自我意识和独立意识；边玩边吃，心不在焉，玩和吃两件事情都做不好，既无益于养成良好的饮食习惯，还会破坏专注力；追着喂饭，宝宝体验不到"饿"和"饱"的感觉，往往是已经吃饱了还在吃，容易过度摄入，增加肥胖风险；追着喂饭，宝宝常常不能充分咀嚼食物，长此以往，消化吸收功能也会受到影响；追着喂饭还存在安全风险，比如呛噎、烫伤、撞伤等。

有吃饭欲望的前提是"感觉到饿了"，如果宝宝在吃饭之前吃了很多零食，自然感觉不到饿，也就对吃饭提不起兴趣。零食最好安排在餐前 1.5~2 小时，而且量不要多，以不影响下一顿饭为原则，以免陷入"不好好吃饭－零食来补－不好好吃饭"的恶性循环。

试着建立餐前小仪式，比如洗手、坐餐椅、戴围兜等，让宝宝知道，做这些事情就是要吃饭了，帮助他提前进入吃饭状态。

逐渐让宝宝的进食时间与大人的吃饭时间靠近，尽量让宝宝和大人一起进餐。把宝宝餐椅摆放在餐桌旁，或撤掉餐椅上的餐盘，和家里的餐桌拼在一起，让孩子直接在餐桌上吃，这样宝宝会有一种自豪感，"我长大了，可以和爸爸妈妈一起吃饭了"，同时这件事也会传达给他"你是这个家庭不可或缺的一分子"的理念，加深孩子的参与感。

学着放手，把吃饭的主动权交给宝宝。刚开始练习自己吃饭时，宝宝可能会有揉、捏、拍、扔食物的行为，也会把食物弄到衣物上、地板上，这几乎是每个宝宝必经的过程，我们要允许这些行为，尽量忍住主动去喂宝宝的冲动，鼓励他多尝试，这样宝宝才能有足够的机会和食物亲密接触，激发出想要自己吃掉食物的主动性。

吃饭期间，尽量不让宝宝离开餐椅。当宝宝不想再吃时，也不要因为没有达到我们想要的进食量，就把他继续束缚在餐椅上，可以和他确认一下"宝宝还要不要吃饭？不吃就要撤走了哟"，确认后就可以把宝宝抱下来，让他结束用餐，帮宝宝建立"吃饭就要在餐桌上"的规则意识，不然宝宝只会对吃饭更加抗拒。

如果宝宝下餐椅后，一会儿又回来想继续吃，而此时大人还在吃饭，那么可以让宝宝继续吃，但一定要让他坐在餐椅上；如果大人正准备结束用餐，就要对孩子说下次吃饭时再吃，千万不能让孩子在任何时候想吃就吃。

喜新厌旧似乎是人之常情，在吃这件事上也不例外：再好吃的东西，吃多了也会腻；吃到新的可口的食物，自然会被吸引。宝宝也是一样，随着月龄的增长，接触到的食物越来越丰富，在吃到一种新的食物后，对常吃的食物暂时失去兴趣，太正常不过了。以吃水果为例，如果宝宝平时苹果、香蕉吃得多，偶尔吃上一次哈密瓜，那么他可能就会爱上吃哈密瓜，短时间内不想再吃苹果和香蕉。

这并不全是坏事，咱们反过来想，宝宝对新食物表现出明显的喜爱，说明他能灵活适应食物的变化，具备应变能力，这对宝宝未来的发展是有很大帮助的。所以对于宝宝喜新厌旧的表现，家长千万不要斥责，以免强化这种行为，反而不利于宝宝饮食习惯的培养。

可能有家长会担心，万一宝宝只爱新食物，营养不良怎么办？其实，新食物是相对旧食物而言的，很多新食物在吃过几次之后也就变成了旧食物，我们不可能一味地追求新食物，不吃旧食物，只要饮食均衡，就不用担心营养不良。

宝宝对食物喜新厌旧并非坏事，那么就不需要调整了吗？当然不是。在给宝宝准备食物时，家长可以把新食物与旧食物合理搭配，多动脑筋，变换一下烹饪方式，灵活变通食谱，或在摆盘上花点心思，从感官上吸引宝宝。比如，如果宝宝不爱吃炖肉了，那么可以试试做成肉丸子、肉肠、肉饼、肉松，或把肉馅包成饺子、馄饨，或做点藕夹、粉蒸肉、肉夹馍。家长还可以把肉和宝宝喜欢吃的食物放在一起，例如宝宝喜欢吃面条，就在面条里掺点肉丝或肉酱等，增加宝宝的进食兴趣。

5. 宝宝恐惧新食物，心理、生理均需关注

每个宝宝对待新食物的反应各有不同，有的宝宝非常乐于接受新食物，吃得津津有味，有的宝宝则可能会出现一种本能的抗拒，始终不吃。这种拒绝接受新食物的做法，就是"食物恐新症"。

从广义上来说，食物恐新症一般分为两种情况：一种是心理上的，一种是生理上的。

心理上的恐新症

心理上的恐新症，指的是单纯对新食物的害怕与排斥。从历史角度看，在人类进化过程中，选择不乱吃东西是身体的一种防御机制，目的是避免生病或受伤，所以抗拒新食物是很正常的。有的宝宝对食物的气味、味道、颜色、口感等可能比较敏感，也可能会排斥让他觉

得不舒服的新食物。

这种情况不用太担心，随着逐渐地尝试，宝宝对新食物会有一个从拒绝到接受的过程。如果宝宝一开始不愿吃，不必勉强，可以等到第二天再试一次，或者变换一下做法、花样再尝试，提高他的进食兴趣。在向孩子推荐新食物之前，大人要做表率先行进食，这样可减少孩子的警觉，使其更容易接受。

由生理不适造成的恐新症，有可能是口腔过敏综合征在捣乱。患口腔过敏综合征的宝宝在食用某种食物后几秒钟到几分钟内，会发生口唇、口腔黏膜、舌甚至咽喉部位的黏膜水肿、充血，并伴随痒、烧灼或刺痛等感觉。由于个体差异，也有少部分人在食用过敏食物后几小时或一两天才出现症状。

如果怀疑是这种情况，家长可以通过"回避 + 激发"试验来确定宝宝是否对该种食物过敏，确定后，就要严格回避至少 3 个月，千万不要一味强求宝宝适应，以免把过敏问题由口腔扩展到肠道，造成更为严重的症状。

给宝宝做辅食，除了考验新手家长的厨艺，还对厨房的清洁标准提出了一个更高的要求。毕竟小宝宝肠胃发育还不完善，一个不小心，就可能使其产生不适。宝宝的小肠胃需要更好的呵护和照顾。饮食卫生需要从食材、制作、环境、个人习惯等多个方面加以注意。

食材选择

选择食材时，一定要选新鲜的。有的家长可能会觉得蔬果（比如西红柿、苹果）表面有一个小烂点没有关系，削掉就可以了，但其实这样并不健康。要避免给孩子选择这样的食材。

食物制作

食材一定要清洗干净，尤其是一些难清洗到的沟壑部位，以免残留脏东西。准备两套案板和刀具，切生食、熟食时要分开使用，避免交叉感染。给宝宝的辅食一定要做熟，不建议给孩子吃生的或者半生的食物，比如生吃蛋、肉类等，以免食物中含有寄生虫等影响宝宝的健康。所有的辅食制作工具，包括案板、刀具、餐具等，都要及时清洗干净，并晾干保存。

储存环境

刚买回来的食材，最好用保鲜袋装好封好，然后放进冰箱保存。冰箱里储存的食物按照生熟分类别放置，且要定期彻底清理。家里厨房定期清洁，水池每天都要清理干净，避免藏污纳垢。

生活习惯

吃饭前、大小便后要提醒孩子洗手。虽然这是我们从小就接受的教育，但还是要提醒大家，这一点非常重要。不管是家长，还是孩子，摸了生肉、生蛋之后，也要及时洗手。

还需要提醒的是，一旦不小心吃了隔夜饭菜、没煮熟的食物后，出现了呕吐、腹泻、发热等情况，一定要马上去医院就诊，最好带着怀疑引起不适的食物，方便医生排查，快速给予针对性的治疗。

孩子挑食偏食，确实是一个令很多家长都很头疼的问题。那么，如何解决孩子挑食偏食的问题呢？家长要一分为二地看待，首先要做的就是调整自己的心态，承认一个事实：所有人都有饮食偏好，每个人都有若干种不喜欢吃的食物，而这种情况并不能算作是挑食偏食，自然也无须纠正。

孩子有怎样的表现才算是挑食偏食呢？这要先从《中国居民膳食指南（2022）》所推荐的膳食宝塔说起，这个宝塔的各层面积大小不同，体现了人对于谷薯类、蔬菜水果、畜禽鱼蛋、奶及奶制品、大豆及坚果类、烹饪用油和盐等食物的理想摄入比例。

如果孩子不爱吃某一类食物，或饮食习惯与宝塔的食物比例严重不符（如基本不吃蔬菜只吃肉，或奶制品占了一日饮食的很大比例，但谷薯类摄入很少），才可以看作是挑食偏食。如果孩子只是不喜欢吃某几种食物，例如不喜欢吃香菇、韭菜，但是可以接受其他蔬菜，那么就不能算挑食偏食，家长自然也没有必要强迫孩子吃香菇和韭菜，因为这两种蔬菜中所含的营养元素，通过吃其他蔬菜也能获得。

千万不要认为孩子不喜欢大人推荐的某种或某几种食物，抑或不喜欢某种食物性状、做法，就一定是挑食偏食了。

如何改变孩子挑食偏食的情况

如果孩子确实有挑食偏食的问题，那么家长就要通过各种方式进行引导，帮助孩子纠正。

自查家庭就餐的大环境。如果家人有挑食偏食的习惯，平时只偏爱几种特定的食物或固定的烹饪方法，那么这种饮食习惯就很可能会在潜移默化中对孩子造成影响，这种情况下就需要家长先以身作则，丰富家庭餐单，并且尽可能多地变换食物的加工方式，简而言之，就是需要全家人一起改变挑食偏食的问题。

改变烹调方式。家长可以多花些心思，用色彩、造型来刺激孩子的食欲，例如孩子不爱吃主食，那么父母可以尝试用不同的蔬菜汁和面，做成五彩面条，也可以借助模具，将米饭做成形状可爱的饭团。另外，家长也可以将孩子不爱吃的食材"藏起来"，例如把青菜做成包子、饺子或者馄饨的馅料。

尝试借助孩子喜欢的动画人物、绘本等进行引导也是不错的方式，比如鼓励他像兔宝宝一样多吃青菜、胡萝卜，像小老虎一样好好吃肉，等等。如果孩子比较大了，家长不妨试试和他讲道理，比如介绍每种食物的营养以及它们对健康的益处，用循循善诱的方式让孩子多尝试他原本不喜欢的食材。

如果条件允许，家长也可以让孩子参与种植、采购、烹饪的过程，这种亲子互动有助于增加小朋友对食物的认识和兴趣，对于改善挑食偏食的问题也会有积极的帮助。

　　既然龋齿还有个俗称是"虫牙"，那么是不是就说明，龋齿的形成是因为虫子把牙蛀坏了呢？而爱吃甜食的孩子，牙齿状况普遍堪忧，如此说来，这牙上的虫子一定是喜甜的，那么要是停掉所有甜食，这虫子是不是就会被"饿死"啦？如此，孩子也就不会出现龋齿了……谈到保护牙齿，很多家长的脑中便会自动浮现出这样一连串因果关系，最终得出结论：只要让孩子远离甜食，便可护一口乳牙无龋无忧。但事实真是这样吗？答案显然是否定的。

龋齿是怎么形成的

　　龋齿虽俗称虫牙，却和虫子没有半点儿关系，它本质上属于一种细菌性疾病——附着在牙齿表面的致龋菌会败解附着在牙面上的食物糖，特别是蔗糖和精制碳水化合物，败解后产生酸，然后这些酸会侵袭牙齿使得牙釉质脱矿，形成龋洞。了解了这个过程便不难理解，即便孩子从不吃甜品、巧克力等，但只要吃饭，在口腔护理不到位的情况下，仍然有可能会出现龋齿。

糖是个完全的"坏东西"吗

　　看到这里，有些家长也许已经对"糖"恨之入骨了，毕竟糖摄入过多，不仅会导致龋齿，还可能引发肥胖、高血糖、近视等问题。但是糖真的如我们所想，那么有百害而无一利吗？其实真相并非如此。糖不仅不是个"坏东西"，还是保证人体正常运转的必要元素——糖类的最基本功能就是给人体提供热量。特别是对于孩子来说，如果想长胖、长高，就离不开糖的帮助。除此之外，糖还是构成细胞组织和保护肝脏功能的重要物质，同时也能帮助人调节心情。

当然，这里提到的"糖"与人们常规意识中的"糖果"并不能画等号，而是指一大类有机化合物——糖类，例如粮食中的淀粉、植物中的膳食纤维、水果中的果糖，以及人们日常吃的蔗糖等。人体若想维持正常的新陈代谢，血液中的葡萄糖至关重要，只有做到一日三餐均衡营养，保质且足量，才能从中获得身体所需的糖。

如何正确看待糖

虽然在这里为一部分糖"正了名"，让家长能正确地看待这种营养素，但说到预防龋齿，还是要提醒家长警惕食物中的游离糖，也就是食品中添加的葡萄糖、果糖、蔗糖、麦芽糖以及天然存在于果汁、蜂蜜中的糖分。如果游离糖摄入过多，不仅会对牙齿造成威胁，还会对体重、血糖、视力等产生不良影响。《中国居民膳食指南（2022）》就建议：2~3 岁儿童不摄入添加糖；4~5 岁儿童添加糖摄入量应控制在每天 50g 以内。

因此，家长确实应该注意控制孩子对于糖果、糕点的摄入量，日常不要将这些食物当作加餐。可以在每周设定"甜食日"，规定在这一天孩子可以吃一定量的甜食，这样既能让小朋友享受到甜食带来的快乐，也能有效控制摄入量，并且可以在吃过后马上彻底刷牙，降低患龋齿的风险。

很多家庭在日常饮食中都能注意少盐，那么清淡饮食到底有哪些好处，又该怎么做呢？

说到清淡饮食的好处，人们最先想到的通常都是控制油脂、糖分、盐分的摄入，以达到减轻体内代谢负担的目的，有效避免甘油三酯、胆固醇、钠离子、糖分等在体内的储留，远离高血糖、高血脂、高血压等问题。而对于孩子来说，清淡饮食除了对身体健康有好处外，对于形成一生健康的饮食习惯也有助益。

清淡饮食能让孩子更多地品尝到食物的"原汁原味"，所以对于避免因重口味而出现偏食挑食的问题也有助益。

根据《中国居民膳食指南（2022）》的建议，不同年龄段有不同的摄入量标准。

图 2-7-1　不同年龄段孩子盐摄入量建议

因此在为孩子烹饪时，要注意尽量少放食盐或含盐的调料。

除了盐之外，酱油、蚝油、豉油、豆酱、浓汤宝等含盐量也比较高，应少用，而且应尽量避免同时使用若干种含盐的调料，以免盐的摄入总量超标。许多味精或鸡精中也含有盐，因此建议日常习惯用这些调味料给菜品提鲜的家庭也尽量少用，否则不仅增加了钠的摄入量，还有可能会影响孩子的口味偏好，不再喜欢食物原本的味道。

注意控制调料用量的同时，家长也可以在烹饪方法上下功夫，让菜品更清淡些，例如多采用蒸、煮、炖、煨、汆、拌等方式，尽量少用油炸、煎炸、烧烤等做法。

当然，在强调清淡饮食时，家长也要避免因为过于追求极致而陷入另一个极端，那同样会让自己掉进误区。例如，有些家长认为，清淡饮食就等于吃素，不吃肉，或者不吃红肉。但其实长期不吃肉会增加营养不良的风险，尤其红肉中富含铁元素，如果完全不吃，那么孩子很容易出现缺铁性贫血，引发健康隐患。

10. 孩子睡觉前，避免盲目加餐

有些家长因为感觉孩子长得比较瘦小，所以会在睡前让他吃上一顿加餐，希望通过这样的方法让小朋友长胖些。也有些家长担心孩子半夜会饿醒，因此每天睡觉前，都会用加餐来"填补胃的空白"，觉得他吃饱后能睡得更踏实。但事实上，无论动机如何，睡前给孩子加餐的做法都不可取。

睡前进餐有碍肠胃消化、影响睡眠质量。通常吃过宵夜后，孩子就到了睡觉时间，但是为了消化刚刚吃下去的食物，胃会开始大量分泌胃酸，此时孩子处于平躺的体位，容易出现胃食道反流的问题。如果睡前吃的是高油、高糖的食物，那么胃酸会分泌得更多，症状有可能会更为严重。而孩子一旦进入睡眠状态，胃肠蠕动就会变慢，消化吸收的效率也会随之下降，使得刚刚吃进的食物堆积在胃肠中无法被完全消化，导致肚子胀胀的不舒服，进而影响夜间的睡眠质量。

孩子睡前通过食物摄取的热量在睡眠期间很难被消耗掉，容易转化为脂肪堆积在体内，造成肥胖问题。虽然这样看起来能够呼应部分家长希望孩子"长胖一些"的期待，但如此得来的"胖"却十分不健康，还有可能给成年后的身体健康埋下隐患。家长要知道，每个孩子都存在个体差异，有些小朋友可能天生体形偏瘦，只要在体重生长曲线图上，孩子的体重曲线一直在按照参考线的趋势增加，就是正常的，家长没有必要一味追求"胖"。事实上，世界卫生组织将肥胖也定义成一种营养不良，认为这是营养摄入不均衡的表现，因此家长确实需要调整观念，放下单纯追求"胖"的执念。

如果孩子吃晚餐的时间确实比较早，或者年龄大一点的孩子夜里学习到比较晚，可以适当吃一点东西补充能量。比如在睡前 2 小时安排一次加餐。

加餐可以首选富含优质蛋白质的食物。可以是奶制品、豆制品、蛋类、坚果等，例如牛奶、豆浆、酸奶、煮鸡蛋、蒸蛋羹、原味杏仁等等；也可以是富含膳食纤维的食物，例如时令新鲜水果、蒸南瓜、煮玉米等；或是口味清淡的汤面、疙瘩汤、五谷杂粮磨粉冲成的糊等容易有饱腹感的碳水化合物。

如果为了省时、便利，也可以让孩子吃上几块牛奶饼干或一片吐司面包。

注意要尽量避免高糖、高油、高热量，例如烧烤、泡面、油炸食品、膨化食品、奶油蛋糕、夹心饼干、巧克力等，避免给消化系统造成负担，或者热量摄入过多导致肥胖等问题。

同时还要注意避免吃口味过重的食物，否则可能导致钠摄入过多。

吃过加餐后，要让孩子进行一些相对安静的活动，然后再进入睡前程序。

11. 让孩子参与食物制作，好处多得你想不到

有的家长很排斥孩子加入食物制作的过程，理由是孩子不会做，怕孩子受伤，孩子把厨房弄得太脏乱了，等等，但其实让孩子参与食物制作好处非常多。

孩子参与食物制作的好处

对于孩子来说，食物的制作过程不仅像做游戏般有趣，而且能丰富生活经验，培养动手能力；做好饭后享受到自己亲手制作的美味成果时，孩子还能收获满满的成就感；参与的过程甚至会让孩子对吃饭

更感兴趣。

另外，在烹饪过程中，所有菜品的制作都有一定的流程，洗、切、烹……孩子在不断演练的过程中，能体会到流程中的因果关系，无形中锻炼了时间统筹和分解任务的能力，将这种能力延伸到生活和学习中，能让孩子在面对复杂任务时，更好地拆解任务、逐项解决。

因此，即使是年龄小一些的孩子，只要具备简单的动手能力，就可以在能力所及且安全的前提下，参与食物的制作过程。

小一些的孩子在初期尝试时，可以从一些特别简单的任务开始，例如清洗水果、揉面团、擀饺子皮、撕碎菜叶、搅拌沙拉、搅打生鸡蛋、给面粉过筛、将蛋糕面糊挤进模具等。让孩子从能够胜任的任务开始，建立"帮厨"的信心和兴趣，同时家长也可以在做饭的过程中介绍一道菜的完整制作流程，让孩子对烹饪建立概念。

当孩子长大一些，或者"业务水平"提升之后，家长就可以根据实际情况安排一些较为复杂的工作，例如包饺子、切容易切的蔬菜、使用微波炉等，直到孩子能够独立做出一道简单的菜肴，例如蒸鸡蛋羹、烤比萨、烤杯子蛋糕等。

在制作的过程中，家长除了适当引导外，也要给孩子提供独立、试错，并对结果负责的机会。这样不仅能避免打击孩子的积极性，也能为他提供成长的空间，锻炼独立思考的习惯，提升解决问题的能力。

面对货架上琳琅满目的零食，很少有孩子能够抵御住诱惑，完全"禁零食"已经变成了一件不现实的事情。那么，该如何在众多选择中，挑选出相对健康的零食，就成了家长的必修课。而且，这个技能不应只有父母掌握。随着孩子自主性的增强，自己购买零食的机会增多，家长也可以慢慢让孩子知道，在挑选零食时，该关注产品包装上的哪些信息。

买零食时要关注配料表

买零食时首先要看的就是配料表的排序。食品的配料表会以原料的使用量为依据进行降序排列，因此排位越靠前的原料，相应的使用量就越多。如果某款零食的配料表中，排在前几位的是糖、食品添加剂等，那么建议慎选，这说明这款零食中能对健康有益的成分甚少。

除了关注配料表中的配料排序外，家长还要注意的是配料表的长短。这是因为配料表越短，就意味着食物越接近天然，而配料表越长，其中的添加剂等则可能越多，于健康无益。

第三个需要关注的是配料表中的添加剂。虽然正规厂家生产的食品，其添加剂的使用受有关部门严格监管，原料及用量都是合规且安全的，但从保护孩子健康的角度考虑，对于含化学合成添加剂的食品尽量慎选。

表 2-7-1　含这些添加剂的食物不建议选择

分类	名称
人工合成甜味	阿斯巴甜、安赛蜜、糖精钠、甜蜜素等
化学合成色素	日落黄、胭脂红、亮蓝、诱惑红等
化学合成防腐剂	苯甲酸、山梨酸、亚硫酸等
反式脂肪酸	精炼植物油、植物奶油、植物黄油、人造奶油、人造黄油、植脂末、植物奶精、起酥油、氢化植物油、代可可脂等

看过配料表，家长还需要关注营养成分表。根据我国《食品安全国家标准　预包装食品营养标签通则》（GB 28050-2011）中的要求，所有预包装食品的营养标签中，必须标示能量和4种核心营养素（蛋白质、脂肪、碳水化合物、钠）的含量值及其占营养素参考值（NRV）的百分比。

表 2-7-2　某零食营养成分表

营养成分表		
项目	每100克	营养素参考值%
能量	2297kJ	27%
蛋白质	6.4g	11%
脂肪	39.3g	66%
碳水化合物	43.2g	14%
钠	90mg	5%
钙	261mg	33%

其中，营养素参考值（NRV）是一个标准参考，主要用来描述能量、营养成分含量的多少，而它之所以用百分数展示，是为了显示单位量的该食品所提供的能量、营养成分占一个正常成年人全天所需的百分比是多少。例如，某种食物每100g的能量是2297千焦，营养素参考值是27%，那么就说明，健康成年人摄入100g这种食物，就能获得全天所需能量的27%。

当然了，营养素参考值体现的是一般情况，是根据统一标准制定的，而不同人群存在个体差异，对能量以及各种营养素的需求并不相同，因此可以将其作为参考，而非绝对的摄入量估算标准。

另外，查看营养成分表时还要特别注意标识中单位量的多少。通常标识为100g或100ml，但也有些食品会用"份"来标识。

在借助营养成分表来考量食品是否健康时，可以参照我国《食品安全国家标准 预包装食品营养标签通则》中的规定，尽量选择低糖、低盐、低脂的产品。

表 2-7-3　低糖、低盐、低脂的标准

分类	含量要求
低糖	碳水化合物或糖≤5g/100g(固体)或100ml(液体)
低脂肪	脂肪≤3g/100g(固体)；≤1.5g/100ml(液体)
低钠	钠≤120mg/100g(固体)或100ml(液体)

买零食时要关注过敏原信息

除关注配料表和营养成分表外，如果孩子有过敏的情况，家长还应关注包装上的过敏原信息，例如谷类、奶类、蛋类、海鲜类等。在检查零食内是否含有这些成分的同时，还应留意该零食是否与含致敏原的其他食物共用生产线。

自制零食不仅更健康，也能给生活平添不少乐趣。如果孩子有兴趣，家长不妨在周末闲暇时，和孩子一起下厨共同制作些小零食，给味蕾带去不一样体验的同时，也能丰富亲子间互动的方式。

暴饮暴食，对身心健康来说，可谓有百害而无一利——一顿饕餮大餐之后，人要承受的不仅是消化不良等生理上的不适，还有心理上的压力，例如因为无法控制自己的进食行为而产生挫败感、自我否定的感觉，特别是有些已经开始较为在意外貌的女生，还会因为担心身材发胖而产生焦虑等，甚至会出现催吐等过激行为。而长期暴饮暴食，则会导致胃肠功能紊乱、肥胖、高脂血症、高血糖、脂肪肝、高血压、糖尿病等一系列疾病。

那么，该如何向暴饮暴食说"不"呢？想要找到答案，就要从可能导致人暴饮暴食的原因分析起。

对加工食品上瘾。加工食品在加工过程中，为了调味往往会添加大量的糖、油，以及各种添加剂，给味蕾带来美妙的享受，让人不知不觉就吃下去很多，甚至明明已经有了饱腹感，却还是会因为贪恋食物的味道而欲罢不能，仿佛有种"上瘾"的感觉。

养成了吃零食的习惯。和许多生活习惯一样，吃零食可能并非出于饥饿的生理需求，而是由于不断重复"吃零食"这个行为而形成的条件反射。例如，孩子某天晚餐没有吃饱，于是在饭后又"追加"了一些零食来果腹；到了第二天，他可能在饭后又会想起前一天吃餐后零食的快乐，就再次享受了一遍；到了第三天，孩子即便晚餐已经吃得很饱了，却仍然能强烈地感受到来自零食的"召唤"，情不自禁吃下去很多，甚至出现暴食。并且，晚餐后吃大量零食这个行为如果不刻意"叫停"，可能会在每天不断被重复，而这时零食的功能，已经从第一天的"解饿"变成了如今的"解馋"，吃零食已经成了一种习惯。

过度节食。这种情况更常见于青少年时期的女生。为了追求身材苗条而采取节食的方式来"减肥"，但是过度限制饮食，会导致食欲越发旺盛，加上青少年正处在快速发育期，身体对于营养的需求旺盛，就会更容易产生饥饿感，而一旦节食控制失败，随之而来的很可能就是报复性的暴饮暴食。

吃得过快或吃饭不专心。如果孩子吃东西的速度过快，那么大脑可能还没有来得及接收到饱腹的信号，他就已经摄入了超量的食物，相当于在不知不觉间出现了暴食的情况。而如果孩子吃饭不专心，大脑无法专心接收饱腹的信号，也会出现"一不小心就吃了很多"的情况。

如何解决暴饮暴食的问题

分析过原因后，我们再去寻找解决办法就更能有的放矢了。

让孩子尽量远离加工食品。在孩子饥饿又无法吃正餐时，尽量多给他吃未加工或低加工的、营养丰富的食物，例如新鲜水果、可生吃的蔬菜、奶制品、豆制品、原味坚果、水煮蛋等。这些食物或富含蛋白质、脂肪，或富含维生素，不仅能让孩子在进食后感觉良好，还很容易产生饱腹感，避免使孩子出现暴食的情况。

用孩子感兴趣的事情转移注意力。如果是因为"习惯"而导致的暴食，那么就需要有意戒掉习惯，比如不要在家中储存零食，并且在想吃东西时，做些其他感兴趣的事情来分散注意力。

不要刻意节食。家长要让孩子知道，适量的运动与合理的饮食相结合，才是获得健美身材的关键。如果孩子确实已经超重，那么应该做的是调整饮食结构，拒绝高热量食物，同时增加运动量，而不是一味地依靠节食来减肥。

培养良好的进餐习惯。进餐时养成细嚼慢咽、专心吃饭的好习惯，避免让不良的进餐行为给暴食留下机会。

14. 压力大就不停吃，放松心情是关键

"压力太大了，我要绷不住了，我要吃点好吃的。"不管是大人还是孩子，在面对工作、生活、学习上的压力时，都爱从吃上来找补。

为什么压力大了就想吃

为什么有一部分人在压力比较大时，就会有非常强烈的进食欲望呢？研究发现，这很可能是由于压力给人带来了紧张、焦虑的情绪，进而导致交感神经兴奋，促进了肾上腺皮质激素分泌。肾上腺皮质激素能够帮助脂肪和蛋白质分解，无形中让消化变快了，增加了食欲。

对于青春期的孩子来说，这种情况会相对多一些。这个阶段的孩子正处在身心快速发育的时期，正在慢慢完成从儿童向成人的过渡，一方面想要摆脱对家庭的依赖和来自家庭的束缚，但同时又没有足够的能力和社会阅历来实现独立，在理想和现实的矛盾中，心态会变得极为敏感。虽然青春期的孩子看似自信且固执，但实际上内心很脆弱，加上繁重的学业负担，他们在这一阶段更容易产生压力，甚至一系列心理问题。于是，很多人会将吃当成一种发泄方式。

这种时候，如果用吃来纾解压力，很可能会在无形中出现暴食的问题，而暴食过后产生的挫败感可能会加重负面情绪，不但对于缓解压力无效，很可能还会进入一种"恶性循环"。

如何转移压力大造成的食欲旺盛

要想解决因为压力而带来的暴饮暴食问题，自然就要从根源入手，帮助孩子降低压力水平，同时找到合适的方式来疏导紧张、焦虑

的情绪，这样才能从根本上帮助孩子摆脱由于压力带来的饮食问题。

同时，家长也要不断地去调整自己的心态、和孩子相处的模式以及教育方法，帮助孩子尽快学会面对压力，处理负面情绪。

父母在帮助孩子面对压力的过程中，最重要的一件事情，就是建立良好的亲子关系，这是走进孩子内心、帮助他清理掉负面情绪的前提。因此，家长日常在和孩子沟通时，要特别注意方式方法乃至语调和语气，尽量让孩子感受到父母是信任与理解自己的，父母是带着真诚来和自己平等沟通的，而非站在上帝视角命令或指责。

当孩子遇到问题来求助，或者亲子间想法出现冲突时，家长要先学会倾听，尝试从孩子的视角出发去理解他的诉求、了解他的想法，然后再和孩子共同探讨，寻找针对问题的解决办法，或者寻找能解决分歧的方式。

反之，如果家长认为孩子缺乏社会阅历，什么都不懂，跟自己的思想不在同一水平线上，没必要说太多，告诉他具体怎么做就行了，然后带着高高在上的姿态去指导，那么只会让孩子感受到束缚与压力，不愿意再和父母进行交流，甚至故意表现出叛逆，导致亲子关系变得紧张，更不利于他的心理健康。

在维护好亲子关系，让孩子愿意向父母敞开心扉的同时，家长可以用一些具体的方式来帮助孩子应对压力。

借助各种方式放松自己。让孩子借助各种兴趣爱好，如阅读、听音乐、运动等来缓解压力。如果孩子喜欢打篮球，那么不妨鼓励他每周末抽出两个小时的时间，和朋友打一场友谊赛。虽然看似"耽误"了两个小时的学习时间，但通过这样的活动，能让身心都得到放松。摆脱压力带来的困扰，无形中反而会提高学习效率，达到事半功倍的效果。

找到压力源并尽可能远离。家长可以和孩子共同分析引起压力的根源，如果是孩子不喜欢某个科目，觉得知识很难懂，或者老师比较严厉这些情况，"远离压力源"的方式肯定不可能是不学这个科目了，家长可以尝试引导孩子改变对这个科目的看法，发现其中的有趣之处，尽量排除对这个科目的抵触情绪，又或者帮助孩子理解老师的严厉是出于对学生的负责，让孩子能够尽量从积极的角度去考虑事情。

尝试降低期待值。家长要学会和孩子一起重新调整期待值。同样以学习举例，家长首先应该清楚地认识到，每个人都有擅长的科目和不擅长的科目，因此对于各个科目的学习成绩，期待值也应该有所差异。虽然总体目标是在学习上力争上游，但是如果期待值超出能力太多，非但无法形成动力，还会变成很大的压力。因此，制订合理的目标，让压力保持在一个合理的水平，才是最佳的状态。

讲究吃的艺术，最终的目的其实是"促进孩子的生长发育"。生长和发育，很多人不知道这是两个不同维度的概念。那么怎样才算生长得好、发育得好呢？有没有一个标准能让家长心里有个谱儿呢？还真有！

我们关心吃这件事情，将孩子的饮食提升到"艺术"的层面，其实无非是希望它能起到促进健康生长发育的作用。那么我们应该如何去评估孩子生长发育的效果呢？

前面我们也提到过，这里有必要再跟大家详细说一下。生长、发育，其实是两个不同的部分。"生长"是指各器官、系统、身体的长大过程，是量的变化，可以实实在在地用测量工具测定，相应的测量值也有一个正常范围可衡量。我们平时说的"高矮胖瘦"就属于"生长"的范畴。

"发育"指的是细胞、组织、器官的分化与功能上的成熟，是机体质的变化，包括大运动能力、精细运动能力、语言能力、认知能力、社交适应能力等，不能用数量指标来衡量。

虽然是两个不同的部分，但生长和发育是同时在变化的，没有先后、不分主次。我们可以这样理解："生长"是宝宝生存的基础，"发育"是宝宝生存的能力，双管齐下，宝宝的发展才能平衡。

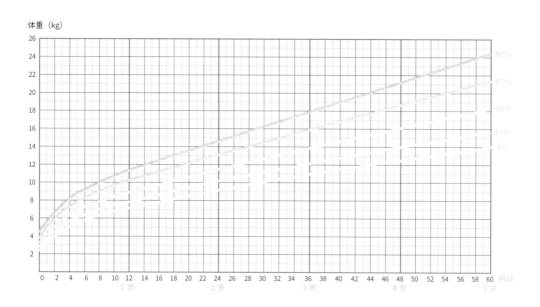

图 2-8-1　0~5 岁女宝宝体重生长曲线图

生长曲线图中有 5 条参考曲线，这是通过监测众多正常宝宝的生长过程描绘出来的。以体重生长曲线图（图 2-8-1）为例，最上方的"97%"称为第 97 百分位，表示 97% 的宝宝体重低于这个水平，仅有 3% 超过，如果体重曲线高于这条线，说明宝宝可能过胖（还要结合身长增长情况综合判断才能得出最终结论）。最下方的"3%"称为第 3 百分位，表示 3% 的宝宝低于这一水平，如果体重曲线低于这条线，提示宝宝可能存在发育迟缓的问题。中间的"50%"代表平均值，也就是说 50% 的宝宝体重处于这个水平。

生长情况评估

家长最好从宝宝出生起，每月定期测量宝宝的身长、体重和头围，并在生长曲线图上按月龄找到相应的数值，描点，然后将点连成曲线，制作出专属于宝宝的生长曲线。

只要宝宝的生长曲线在第 3 百分位和第 97 百分位之间，且增速平稳，就说明生长状况良好。千万不要和其他宝宝比较，也不要以"平均值"作为可以接受的最低限度或标准，因为每个宝宝都是独一无二的个体，出生时的身长、体重基数不同，生长规律也不尽相同。

一般情况下，宝宝出生时的平均身长约为 50cm，前 3 个月增速较快，共增长 11~13cm，约等于后 9 个月增长的总和。至于体重，正常足月儿的平均出生体重是 3.3kg，出生后第一个月，体重会增长 1~1.7kg，出生后 3~4 个月，体重会达到出生体重的 2 倍左右。

需要提醒的是，如果宝宝的体重和身长增长同时减缓，如图 2-8-2 及图 2-8-3 所示，通常与喂养不当、营养不良或疾病有关，要注意排查原因，必要时咨询医生，以免影响宝宝生长发育。而如果体

体重（kg）

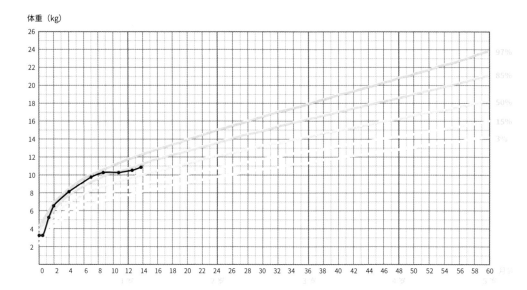

图 2-8-2　男宝宝 A 的体重生长曲线图

身长 / 身高（cm）

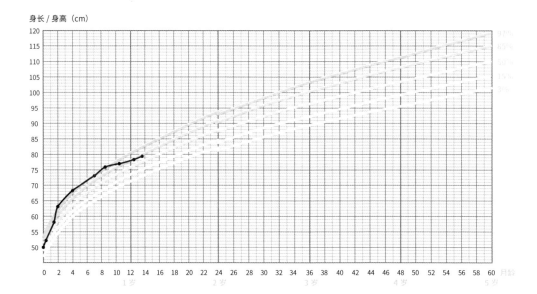

图 2-8-3　男宝宝 A 的身长生长曲线图

重曲线呈直线上升趋势,则提示可能存在过度喂养的情况。

大运动发育方面,下图是宝宝 6 项大运动发育时间表,家长可以用来初步判断宝宝的大运动发育情况。

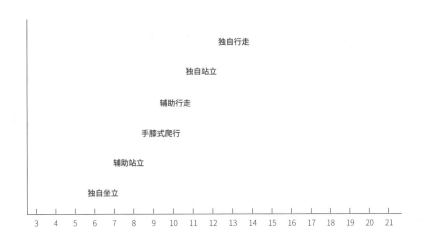

图 2-8-4　6 项大运动发育时间表

其中,深绿色区域代表绝大多数宝宝都能够掌握某项大运动的时间段;浅绿色区域则代表少数宝宝的大运动发育情况。如果宝宝对应的某项大运动发展在左侧浅绿色区域内,说明发育稍微超前;如果落在右侧浅绿色区域内,则说明该项大运动发育较迟缓,家长就要重视了。家长可以关注宝宝对前一阶段大运动动作的掌握情况,并有针对性地提供机会让每个宝宝多练习。

和生长一样,每个宝宝的大运动发育同样有各自的节奏,只要大运动水平在绿色范围内，就是正常的，不必强求一定要超前发育，或一定要都在深绿色的区域内。

但如果宝宝某项大运动发育落在了右侧浅绿色区域外，就表示发育明显滞后了，家长要及时带宝宝就医检查，并进行纠正或治疗。

通常，6月龄时，宝宝应该能双腿支撑一点重量；拉坐时，头部不后仰。这里想要提醒各位家长，6月龄以内的宝宝，需要着重练习一项能力——趴，它不仅能够促进宝宝大运动能力的发育，也能够锻炼精细运动。

精细运动方面，正常情况下，宝宝满百天后，紧握的拳头就会慢慢放松，手指逐渐伸直，拇指从掌心中伸出来，再握拳时，拇指可以像成人一样握在其他四指外。这时，他会开始喜欢吮吸手指和拳头。5~6个月的宝宝，能伸手去够取想要的玩具或者食物，有的宝宝还可能想把食物抓起来送到嘴里啃咬，或者喜欢把日用品当作玩具，比如勺子、叉子、碗、盘、瓶子等，家长可以选择一些材质安全的物品让宝宝练习抓握。

而在语言、认知、社交适应能力方面，经过6个月的成长，宝宝从完全懵懂的状态，逐渐发展出可以用微笑、尖叫等方式表达自己情绪的能力，甚至有些宝宝还能发出"dada……mama"的音；甚至能够识别自己的名字；有些宝宝对待熟悉的人和陌生人还能出现不同的反应。

前面提到，评估宝宝的生长，最简单、最有效的办法就是绘制宝宝的专属生长曲线，包括体重、身长、体重指数（BMI）和头围。

生长曲线给出的只是一个参考值，评价孩子长得好不好，还要结合其他各方面的因素，比如遗传、活动量、喂养情况等综合考虑。举个例子，宝宝的体形受遗传因素影响较大，如果父母偏瘦，那么宝宝身材苗条的概率就很高，我们不能因为偏瘦就断言他营养不良或生长缓慢。

另外，有时，宝宝生长曲线的走势是呈阶梯状的，并不是一条平滑的曲线。这可能和以下原因有关：（1）宝宝在各年龄段生长速度不同。一段时间内增长较快，接下来增速放缓，之后可能又进入快速增长的阶段。（2）测量有误差。例如身长，这次测量宝宝状态比较放松，测量值就相对准确，下一次可能宝宝比较紧张，数值就会出现误差。（3）活动量。某个阶段内宝宝运动能力发展突飞猛进，运动量持续增加，能量消耗变多，体重增长就会放缓。

所以，生长曲线一定要持续地观察，并结合整体情况考虑宝宝生长是否正常。如果自己把握不准或心中有疑虑，最好咨询专业的儿科医生。

评估大运动发育水平，可以参考宝宝 6 项大运动发育时间表。通常情况下，在 11 个半月前，宝宝都能学会辅助站立。大部分宝宝在

11～14 个月时，会具备独立行走的能力。有些宝宝发育较晚，在 17 个月左右学会独立走路，也是正常现象。但如果宝宝满 18 个月仍不能独立行走，应就医检查。

精细运动方面。通常在 9 月龄时，宝宝能把积木块等物品从一只手换到另一只手。12 月龄时，宝宝能熟练地用拇指和食指捏取东西玩或者吃，用积木块等物品对敲，玩拍手游戏，等等，此时宝宝还会逐渐转为用杯子而不是用奶瓶喝奶。15～17 月龄时，宝宝能够从不熟练到轻松地搭积木；学习自己吃饭，餐桌越来越干净。18～20 月龄时，宝宝会拿着笔乱涂乱画。2～2.5 岁，宝宝能够自己脱掉外衣、鞋子和裤子。

语言发育方面。7～12 月龄时，宝宝能执行简单的指令，比如把玩具主动递给家长，有的宝宝会开始说出有意义的单词。1～1.5 岁的宝宝，可以理解的词义更多了，但是会说的话还比较少。通常 2 岁以后，宝宝可以成句地说话，但因为刚开始表达语句，语言规则的使用还不够熟练，因此会出现颠三倒四的现象，比如"妈妈回来了上班""宝宝吃饭不想"等。2～2.5 岁，宝宝开始能运用多种简单的句型了，偶尔还可以说结构比较复杂的句子。由于个体差异，有的宝宝在说话时可能有发音不清楚的现象，这是很正常的，不用担心。家长切忌不断纠正宝宝的发音，应鼓励他勇敢地表达，并给予积极回应和赞赏，随着不断练习，发音不清的情况会慢慢得到改善的。

认知方面。随着月龄增长，宝宝对世界的认识逐渐丰富，认知水平也在不断提高，通常在 2 岁左右，会对颜色、基本形状、身体部位等有清晰的认识。

社交方面。有的宝宝是"社牛"，不怕生不胆怯，跟谁都能游刃有余地沟通；有的宝宝则相对谨慎，性格比较沉稳；还有的宝宝在家比较活跃，一到公共场所就躲躲闪闪，非常安静。这些都是正常的，因为每个宝宝都有自己独特的个性，这和遗传因素、成长环境等都有很大关系，只要各项能力发育是正常的，就不用担心。

而且，宝宝的各项能力可能不会同时全面发展，有的宝宝在这个阶段大运动发育比较突出，语言发育稍微滞后；有的宝宝则正好相反，语言能力发育很快，大运动能力发育却相对迟缓。这些都是生长发育过程中的正常现象，家长不必紧张。

和生长一样，对待发育，家长也不要把自家宝宝和别人家孩子做比较，让宝宝按照自己的节奏发展就好。家长要做的是，为他提供安全的环境、适当的陪伴、正确的引导、充分的尊重、爱和鼓励，以此帮他更好地认识这个世界。

三、添加辅食后体重不长，从这三方面排查

添加辅食后，很多家长都会遇到这样的困扰：宝宝明明吃得不少却不长肉，体重甚至还下降了，这是怎么回事？

别急，我们可以先从三个方面来分析。

宝宝辅食量不全够

这里所说的"量"，要从绝对量和相对量两个方面来评估。

绝对量，衡量的是宝宝这餐饭有没有吃饱。一般来说，为宝宝准备的辅食量，最好是每次吃完后能略微富余一些。这是因为，和大人

一样，宝宝每餐的饭量不会完全一致，胃口好时多吃点，胃口不好时少吃点，都很正常。稍稍多准备一些，能更好地保证喂养充足。

相对量，指的是辅食的营养密度。宝宝胃容量小，能吃进去的食物有限，只有在单位时间内摄入营养密度较高的食物，才能满足生长发育所需。像粥、烂面条、疙瘩汤、薄皮大馅的包子、饺子等，都存在假稠的情况，营养密度比较低，宝宝看起来吃得不少，其实并没有吸收到多少营养。

碳水化合物，即米、面等是能量的主要来源。根据《中国居民膳食指南（2022）》，谷类食物在膳食宝塔的最下面一层，应是一天中摄取比例最大的一类。对于宝宝来说更是如此，主食一定要吃够，每顿饭主食至少要占到这餐饭的一半，不能把成年人"不吃或少吃主食"的观念转移到孩子身上。

消化、吸收得好不好

消化指的是食物在消化酶的作用下转变成小分子物质的过程。吸收指的是食物经过消化，最终分解成葡萄糖、氨基酸等营养物质被人体吸收的过程。如果消化或吸收环节出了问题，就会影响身体对营养物质的吸收，从而导致体重增长不理想。

判断消化、吸收情况如何，可以观察宝宝的排便情况。如果排便量正常，但其中有很多未消化的食物颗粒，比如玉米粒、胡萝卜碎、黑木耳等，可能意味着问题出在消化环节。宝宝不能充分咀嚼食物，肠胃又无法把食物磨碎，就会出现"吃什么拉什么"的现象，这时应着重关注、锻炼宝宝的啃咬和咀嚼能力。

如果大便中没有未消化的食物颗粒，但排便量较多，则说明消化的东西没有被身体高效地吸收，这种情况往往与胃肠道功能、肠道菌群有很大关系，必要时可以进行肠道菌群检测来进一步判断。

如果辅食量和消化吸收都没有问题，就要排查第三个原因——是否存在营养异常丢失情况，也就是由过敏、先天性心脏病、慢性肾脏病等慢性疾病造成的营养物质过度消耗。比如过敏，过敏时发生的腹泻、呕吐、严重湿疹等症状会加重代谢负担，增加能量消耗，当营养物质的摄入速度低于消耗速度时，宝宝就会生长缓慢。

有的家长可能会有疑问，我家宝宝以上三个方面好像都没问题，为什么体重还是长得慢呢？其实，随着月龄增长，宝宝慢慢学会了翻身、坐、爬、走，运动量越来越大，体力消耗也逐渐增加，体重增长速度稍稍有所放缓是很正常的，只要宝宝吃得好、睡得好、精神好，就不用太担心。这一点从世界卫生组织发布的生长曲线图中也能看出来，宝宝各年龄段生长发育的速度不同，刚出生前几个月，体重和身高增长很快，后面的增长幅度会放缓，曲线变得平缓。

还有相当一部分家长拿自家宝宝跟别人家娃比，然后非常焦虑，"同样是 1 岁，我家孩子怎么不如隔壁小宝长得胖呢？是有什么问题吗？"其实，评价孩子长得好不好，真正要看的，是他自己的生长曲线。只要生长曲线在第 3 百分位和第 97 百分位之间，且增速平稳，都是正常的。不需要和别人家的宝宝比较，更不要以"平均值"作为可以接受的最低限度或标准。

图2-8-5中，A孩子一直处于第40百分位，B孩子之前处于第85百分位，后来降到第50百分位。

上面这两条生长曲线，谁长得更好呢？答案是A。

这两条生长曲线也从另一个角度体现了定期记录生长曲线的意义，那就是通过曲线上的拐点，及时快速地找到问题出现的时间节点。比如添加辅食后，宝宝的体重从原来的第85百分位下降到不足第50百分位，说明体重增长出现了问题，可能和辅食添加不当有关。如果宝宝的生长曲线波动较大，还伴随着其他异常表现，就要提高警惕，及时就医了。

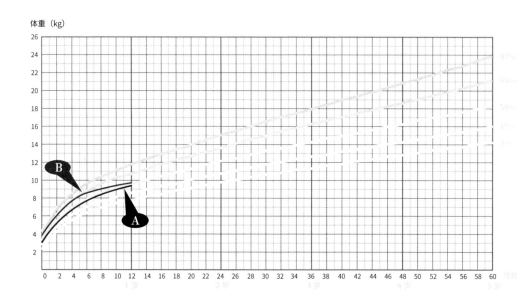

图 2-8-5　A、B 生长曲线比较

有的家长觉得，评估生长发育在孩子小的时候有必要，长大一些尤其是饮食逐渐成人化，具备一定的语言表达能力后，就不太需要评估了。其实不然，2~5岁的孩子仍处于快速的生长发育期，应持续关注，一旦出现问题，可以及时干预。

生长情况评估

2~5岁孩子的生长情况仍然可以通过连续监测生长曲线来评估，包括体重、身高、体重指数和头围。

孩子的生长是一个连续但非匀速的过程，只要生长曲线在正常范围内稳步增长，就说明生长状况良好，家长不用担心。但如果短时间内生长曲线出现比较大的波动，或始终不在正常范围内，家长就要重视了，最好咨询专业的儿科医生，积极寻找原因并予以纠正。

发育情况评估

大运动和精细运动发育方面。2~3岁，宝宝能够熟练地双脚跳、跳远、扔球，手部动作也会更加准确，比如会用勺子吃饭，能自己穿简单好穿的衣服，会洗手、擦手等。4~5岁，宝宝能够单脚跳、单脚站立几秒钟，可以尝试使用筷子，会自己穿裤子、袜子和鞋子等。

认知方面。2岁以后，宝宝会开始展现更高级的认知能力和思维方式，比如能够将事物根据某一共性（比如颜色、形状等）进行归类，慢慢理解数量和计数的概念，逐渐学会简单的加减法，也会慢慢理解空间关系，比如上下、前后、左右等，并在日常生活中应用这些概念。

语言方面。2岁以后，宝宝的语言能力快速发展。有些宝宝在说话时可能口齿不清楚，排除病理性原因后，可以通过练习啃咬、咀嚼能力，纠正不良吮吸习惯，等等，帮助宝宝锻炼口腔肌肉，改善发音。如果宝宝已满3岁，语言发展仍滞后，比如陌生人很难听懂宝宝说的话，家长就要重视了，应及时带宝宝到医院检查。

社交方面。2~3岁，宝宝能熟练参与需要互动交往的游戏，比如会和娃娃、动物及其他人玩角色扮演游戏。3岁以后，大多数宝宝就要入园了，在此之前学会表达自己的需求是很有必要的，这样想要大小便时能跟老师说。学会表达有助于宝宝从容地应对入园后的生活。日常生活中，家长也可以利用角色扮演游戏来提高宝宝的人际交往技能，比如为宝宝创造不同的生活情境，由宝宝选择自己喜欢的角色，然后配合宝宝开始游戏。还可以邀请其他小朋友加入，或鼓励宝宝加入其他小朋友的扮演游戏。这不仅有利于扩大宝宝的社交圈，还能培养宝宝的集体意识和合作能力。

最后，想要准确地了解孩子的生长发育情况，定期体检是一个稳妥的做法。不仅能有效地评估孩子的生长发育和健康状况，还能及时发现一些不容易察觉的潜在问题，为宝宝的健康成长保驾护航。

5. 6 岁以上孩子生长发育评估

随着孩子逐渐长大，很多家长可能会忽视对孩子生长发育的评估，但毋庸置疑的是，即使孩子进入了学龄期甚至是青春期，生长发育评估也是非常重要的，而且除了常规的身高、体重等方面的评估，家长还要更多地关注第二性征，以及社交方面的发展。

先来看体重和身高的增长。2 岁后到青春前期，孩子体重年增长约 2kg，身高年增长 6~7cm。到青春前期，除生殖系统外，各器官发育已接近成人水平。

进入青春期，也就是 10~20 岁，是从儿童到成人的过渡时期，受性激素等因素的影响，孩子会出现"第二个生长高峰"（注：出生后第一年为"第一个生长高峰"），且有明显的性别差异。

女孩在乳房发育后（9~11 岁），男孩在睾丸增大后（11~13 岁），身高开始加速生长（经 1~2 年生长会达到高峰），此时女孩身高平均每年增加 8~9cm，男孩身高平均每年增加 9~10cm。在第二个生长高峰期，孩子的身高增加值约为最终身高的 15%。

大家可能注意到了，男孩的身高增长高峰约比女孩晚 2 年，且每年身高的增长值大于女孩。因此一般来说，男孩的最终身高会比女孩的高。

需要提醒的是，以上数据是根据调查得出的平均值，仅作为参考。每个孩子都是独特的个体，受遗传、营养、睡眠、运动等影响，生长发育状况也存在较大的差异。评估时应以孩子自己的身高、体重变化为依据，连续监测，切不可把"平均值"当作"标准"来对孩子的生长情况进行评价。

如果孩子的身高增长始终不理想，或体重一直超重，建议咨询专业医生，尽快排查原因并及时干预。

发育方面，6岁以后，孩子的大运动、精细运动、认知、语言、社交能力发展会更加成熟，理解、分析、综合能力逐步增强，开始接受系统的科学文化教育。

随着孩子走出家庭步入校园生活，他们的社交范围逐渐扩大，会与更多的陌生人相处，学习怎样适应集体生活。这期间建议家长关注孩子的心理发展，比如在上下学路上、睡前等碎片时间，和孩子聊聊天，分享一天的经历和感受，让他感受到家人的关爱、尊重和认可，在拥有健康体魄的同时，也保持积极乐观的心态。

此外，中小学期间，学校每年都会组织在校学生健康体检，家长应密切关注检查结果，如有异常尽快了解情况，必要时进行干预。

6. 过度肥胖也是一种营养不良

在很多家长的观念中，只要孩子吃得多，营养就能跟得上。尤其老一辈人，总想着把宝宝养得白白胖胖的，觉得越胖越有福气，越胖越健康，自己的付出也有了肉眼可见的回报。

《中国居民营养与慢性病状况报告（2020年）》提供的数据显示，我国6~17岁儿童青少年超重肥胖率达到了19%，相当于每5个中小学生中，就有1个超重肥胖；6岁以下儿童超重肥胖率为10.4%。

和"饭渣"宝宝相比，胖宝宝的确很让人省心，胃口好、不挑食、吃饭香，但"过度肥胖"真的不是一件好事，它所带来的危害也超出了不少家长的认知。

长得胖不等于长得好。肥胖并不代表宝宝获得了足够的营养，相反却是营养不良的表现。我们常常认为，营养不良就是吃得不够好、孩子瘦小或发育缓慢，但其实营养不良有多种表现形式，瘦小和肥胖都在其列。肥胖多数和饮食结构不合理有关，也就是该吃的没吃够，不该吃的吃太多。

　　肥胖有致病风险。超重和肥胖不仅会增加孩子患心血管疾病、脂肪肝、睡眠呼吸障碍等疾病的风险，还可能引发内分泌功能紊乱，影响生长发育，比如性早熟。体重超标，身体负荷增加，运动能力也会受到影响，比较显著的表现就是，孩子在上小学后体育成绩不达标，一些同龄人可以轻易完成的动作，比如坐位体前屈、仰卧起坐等，超重的孩子做起来就会相对困难一些。

　　肥胖可能增加心理负担。体重超标还会影响外表形象，一定程度上增加孩子的心理负担，影响与其他小朋友的相处。

　　面对孩子超重肥胖，很多家长认为"小时候胖点没关系，长大就瘦了"，这其实是个误区，恰恰也是导致肥胖的因素之一。有研究发现，88%的"小胖墩"长大后还会继续胖，因为在儿童时期已经养成了不良的生活、饮食和运动习惯，后面干预起来很辛苦，需要掌握正确的方法，并以非常大的勇气和决心才能坚持下去。

7. 正确判断体形，妥善应对肥胖

　　肥胖的危害已经深入人心，于是，"控制体形"成了很多家长对自己和孩子的要求。但有时，我们不禁要问一句：真的"胖"吗？在妥

善应对孩子肥胖之前，非常有必要明确孩子到底是不是肥胖。

孩子肥胖的标准

　　和成人一样，儿童是否超重，超重到何种程度，可以通过体重指数（BMI）来判断，计算公式为 BMI= 体重（kg）÷ 身高的平方（m²）。虽然儿童和成人的体重指数计算公式是一样的，但评估标准却有所区别。因为儿童青少年还处在生长发育的阶段，不同年龄段的 BMI 变化较大，需要采用不同性别、不同年龄的 BMI 判定标准。具体可参考国家卫生行业标准《学龄儿童青少年超重与肥胖筛查》（WS/T 586-2018）以及《7 岁以下儿童生长标准》（WS/T 423-2022）。需要提醒的是，以上标准中的数值是参考值，如果家长无法自行评估或心中有疑虑，建议咨询专业医生。

减重的方法

　　当孩子超重甚至是肥胖了，一定要重视、行动起来，尽快帮助他恢复到正常体重，以维持身体健康。

　　管住嘴。所谓管住嘴就是控制饮食。但这里常常有一个误区，就是家长往往会根据自己的经验来调整孩子的饮食，比如照搬现在很流行的减肥餐、代餐。这些餐单常常标榜高蛋白、高膳食纤维，同时严格限制碳水化合物、脂肪和总能量的摄入量。有些极端餐单甚至会要求戒除碳水化合物和脂肪。这种饮食结构显然不适合孩子。孩子还在成长，只有摄入充足的营养才能保证正常的生长发育，尤其是碳水化合物、脂肪，这二者是生长发育必需的营养素，切不可随意断食。

　　正确的做法是：在保证生长发育的基础上调整、优化饮食结构，

"用优质替代劣质，用适量替代不限量"。比如，回避高盐、高糖、高脂类不健康食物，三餐保证摄入适量的碳水、蛋白质、脂肪、膳食纤维；选择新鲜水果、蔬菜、全谷物、奶类作为加餐食物，尽量回避市售加工零食；每天保证充足的饮水量，最好是白开水，不喝或限制喝含糖饮料，包括碳酸饮料、运动饮料、果汁等。

迈开腿。除了科学控制饮食，运动也是必不可少的。不建议体重超标的孩子一开始就进行太激烈的运动，比如对抗性或跳跃性运动，以免造成不必要的关节损伤。可以先从快走、慢跑、游泳等运动入手，适应后再逐渐增加运动强度、频率和时长，并养成规律运动的习惯。

培养健康的生活方式。最好整个家庭都能参与进来，家长和孩子一起，调整饮食、坚持运动、规律作息，这样不仅能调动孩子参与的积极性，还能增进亲子关系，让家庭氛围更和谐。

寻求专业帮助。如有必要，可以寻求专业人士的帮助，制订适合孩子的饮食、运动计划，同时密切关注孩子的心理状态。

8. 不要因为想瘦就过度节食

爱美之心人皆有之。很多孩子尤其是到了青春期的孩子，开始有了"身材焦虑"，甚至一些家长会替孩子焦虑。于是，孩子和家长都想要通过减肥塑造理想身材。一想到减肥，大家的第一反应常常是"少吃点"，一些孩子为了短时间内取得立竿见影的效果，常会采取过度节食的极端方式。这样做不仅达不到长期保持健康体形的目的，严重的还会影响正常的生长发育。

过度节食的危害

影响生长发育。未成年的孩子，身体还在生长发育，需要全面、充足的营养来支持。过度节食，严格限制摄入的食物种类和数量，比如长时间不吃碳水化合物，会造成能量供应不足，身体只能动用脂肪来供能，可能会导致低血糖、胃肠功能异常等，不利于正常的新陈代谢，生长发育自然会受影响。

造成心理压力。极端的饮食控制容易给孩子造成心理上的压力，有时也会引起孩子对减重的抵触。长此以往可能会出现两种不良后果，一种是孩子吃得越来越少，严重的还会患上进食障碍，影响正常饮食；另一种是孩子报复性饮食，体重很快反弹。

如何正确减重

过度节食不可取，我们之前已经提到过的"管住嘴、迈开腿"才是减重的不二法则，另外，关键是要纠正不良的饮食习惯和生活方式。追求健康的身体、保持良好的体形是一个长期的过程，坚持每天均衡饮食、适量运动、充足睡眠，效果自然会水到渠成。这样不仅能减重，还能养成良好的生活习惯，锻炼意志，孩子会因此受益一生。

理性看待身材

特别提醒家长，要引导孩子理性看待媒体平台上推崇的"以瘦为美"的身体形象，帮助孩子建立正确的认知、提升判断能力，让孩子更自信、更健康，避免陷入"身材焦虑"的旋涡。

吃，本是件充满烟火气的事情，但若将它上升到艺术层面，家长想掌握其精髓，自然就需要经历一番修炼——储备知识、调整心态、学会观察、懂得判断，在摸索中不断精进，在雕琢中提升造诣。

当然，也常会有家长提出疑问："吃"这门艺术是否有好坏的标准呢？

我通常给出的回复是：有，也没有。

这跨了两个立场的答案，乍看起来似乎有些敷衍，但却是我的真实想法。

答"有"，自然是因为吃的效果如何，完全可以体现在孩子生长发育的结果中。无论是身高（身长）、体重、头围这些能够被测量到数值的指标，还是运动、语言、认知、社交能力等方面的发育情况，均与吃有着密不可分的关系。"吃"与"生长发育"相辅相成，共同保障了孩子的健康成长，因此，生长发育自然也成了我们评价孩子是否"吃对"的最客观的标准。

而答"没有"，则是因为吃是件极为个性化的事情，这门艺术有原则却无常法，最忌生搬硬套——照抄食谱、苛求食量。一番教条的执行后再用统一的标准去评判，只会让"吃"这件事失去艺术。在"吃"这件事上，若想得到好的结果，需要的是家长在掌握了饮食艺术的精髓后，结合自家实际情况进行二次发挥，明确孩子在不同成长阶段吃的目的，然后制订相应的饮食方案，最终自成一派，找到最适合自家孩子的"艺术风格"。风格之间并无好坏之分，因此我们不能随意地评判——这家的艺术实属上乘，那家的艺术毫不入流。

我真诚地希望，每位家长都能在吃这件事上，找到属于自己的艺术风格——厘清日常该让孩子吃什么、怎么吃、带着怎样的心态吃，如何吃得愉快、吃得高效，如何评估吃的效果，等等——充分发挥这门艺术的魅力，和孩子一起受益终身。

附 录

1. 世界卫生组织儿童生长标准曲线图

0～5 岁男宝宝 BMI

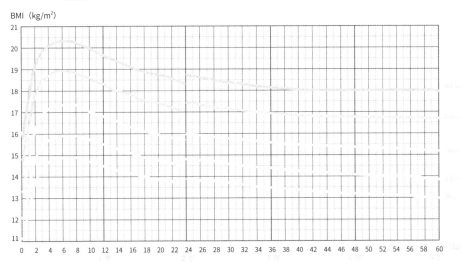

0～5 岁女宝宝 BMI

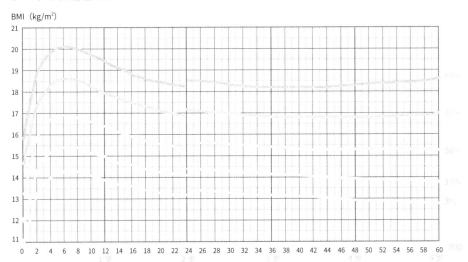

头围（cm）

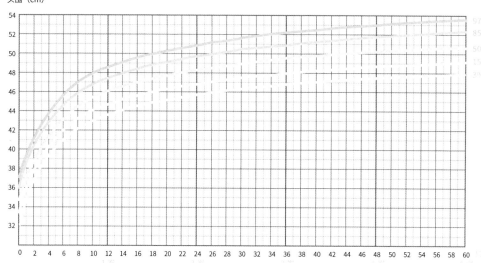

0～5岁女宝宝头围

头围（cm）

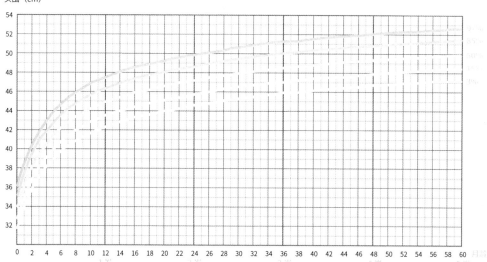

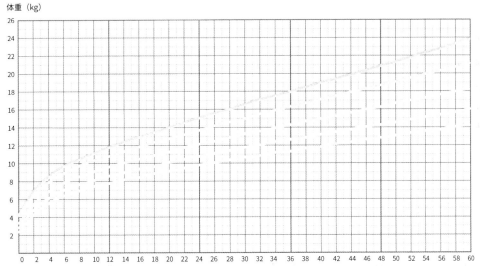

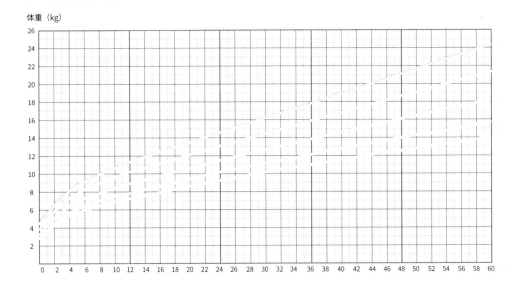

0～5岁男宝宝身长/身高

身长/身高（cm）

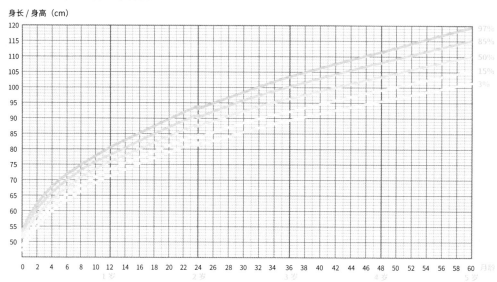

0～5岁女宝宝身长/身高

身长/身高（cm）

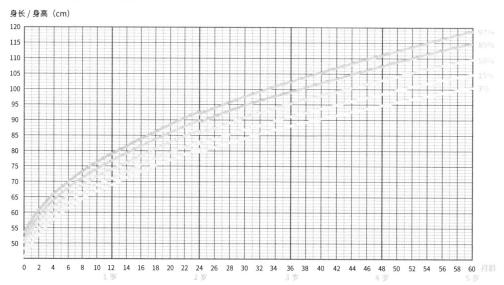

2. 疑似牛奶蛋白过敏诊断的最佳实践

越来越多的家长开始关注牛奶蛋白过敏的问题，焦虑也相伴而生——宝宝身上的疹子、大便中的血丝等，都会让父母联想到过敏。但其实牛奶蛋白过敏的诊断并非儿戏，需要专业人士根据宝宝的喂养情况、疑似症状等结合专业手段进行综合判断。下图展示了牛奶蛋白过敏的诊断流程，复杂且严谨。因此，如果家长觉得宝宝出现了疑似过敏症状，切勿轻易下结论，擅自改变喂养方式，而是应寻求专业人士的帮助。

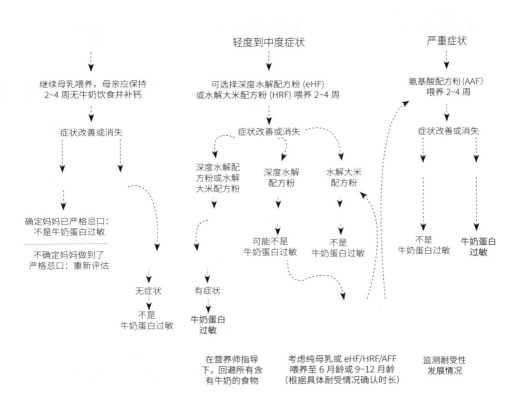

绝大多数会于进食牛奶 2~72 小时内出现过敏症状，可见于纯母乳喂养、配方粉喂养或混合喂养儿。有以下症状，但很少同时出现。**胃肠道:** 易激惹 (肠痉挛)；呕吐、胃食管反流；拒食或厌食；腹泻样 (稀水样) 大便，和 (或) 便次增加；便秘 (软便但排便时费力)；腹部不适，排气多且有腹痛；健康婴儿出现血便和 (或) 黏液便。**皮肤:** 瘙痒、红斑；非特异性皮疹；中度持续性特应性皮炎。

大多数会于进食牛奶后数分钟 (进食即刻~2 小时) 出现症状，主要见于配方粉喂养或混合喂养儿。有一项或多项下述症状。**皮肤:** 急性瘙痒、红斑、荨麻疹、血管性水肿、急性爆发的持续性特应性皮炎。**胃肠道:** 呕吐、腹泻、腹痛、肠痉挛。**呼吸道:** 急性鼻炎和 (或) 结膜炎。

大多数会于进食牛奶 2~72 小时内出现症状，可见于配方粉喂养、纯母乳喂养或混合喂养儿。以下症状一项或多项表现严重且持续出现。**胃肠道:** 腹泻、呕吐、腹痛、拒食或厌食、大便中含有较多血液和黏液、排便不规律且排便不畅等，同时伴有生长缓慢的情况。**皮肤:** 重度特应性皮炎，可同时伴有生长缓慢的情况。

会出现急性全身过敏反应，伴有严重呼吸和 (或) 心血管异常体征及症状的即时反应 (少见严重胃肠道症状)，须立即治疗和住院观察。

资料来源: VANDENPLAS Y, BROEKAERT I, DOMELLÖF M, et al. An ESPGHAN position paper on the diagnosis, management and prevention of cow's milk allergy [J]. J Pediatr Gastroenterol Nutr., 2023 .

3. 各年龄段平衡膳食建议

盐、油　　奶类

坚果　　大豆类

禽畜鱼肉　　蔬菜类

水果类　　谷类

薯类　　水

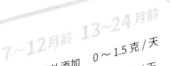

①

	7~12月龄	13~24月龄
盐	不建议额外添加	0 ~ 1.5 克/天
油	0 ~ 10 克/天	5 ~ 15 克/天
蛋类	15 ~ 50 克/天 至少1个鸡蛋黄	25 ~ 50 克/天
禽畜鱼肉	25 ~ 75 克/天	50 ~ 75 克/天
蔬菜类	25 ~ 100 克/天	50 ~ 150 克/天
水果类	25 ~ 100 克/天	50 ~ 150 克/天
谷类	20 ~ 75 克/天	50 ~ 100 克/天
	母乳 700 ~ 500 毫升	母乳 600 ~ 400 毫升

继续母乳喂养，逐步过渡到谷类为主食

不满 6 月龄添加辅食，须在专业人员指导下完成

②

	2~3岁	4~5岁
盐	< 2 克/天	< 3 克/天
油	10 ~ 20 克/天	20 ~ 25 克/天
奶类	350 ~ 500 克/天	350 ~ 500 克/天
大豆	5 ~ 15 克/天	15 ~ 20 克/天
坚果	—	适量
蛋类	50 克/天	50 克/天
禽畜鱼肉	50 ~ 75 克/天	50 ~ 75 克/天
蔬菜类	100 ~ 200 克/天	150 ~ 300 克/天
水果类	100 ~ 200 克/天	150 ~ 250 克/天
谷类	75 ~ 125 克/天	100 ~ 150 克/天
薯类	适量	适量
水	600~700 毫升/天	700~800 毫升/天

6～10岁

盐	＜4克/天	蔬菜类	300克/天
油	20～25克/天	水果类	150～200克/天
奶及奶制品	300克/天	禽畜肉	40克/天
大豆	105克/周	水产品	40克/天
坚果	50克/周	蛋类	25～40克/天
薯类	25～50克/天	谷类	150～200克/天 全谷物和杂豆 30～70克/天
水	800～1000毫升/天		

11～13岁

盐	＜5克/天
油	25～30克/天
奶及奶制品	300克/天
大豆	105克/周
坚果	50～70克/周
禽畜肉	50克/天
水产品	50克/天
蛋类	40~50克/天
蔬菜类	400～450克/天
水果类	200～300克/天
谷类	225～250克/天 全谷物和杂豆 30～70克/天
薯类	25～50克/天
水	1100～1300毫升/天

14～17岁

盐	＜5克/天
油	25～30克/天
奶及奶制品	300克/天
大豆	105～175克/周
坚果	50～70克/周
禽畜肉	50～75克/天
水产品	50～75克/天
蛋类	50克/天
蔬菜类	450～500克/天
水果类	300～350克/天
谷类	250～300克/天 全谷物和杂豆 50～100克/天
薯类	50～100克/天
水	1200～1400毫升/天

资料来源：中国营养学会.中国居民膳食指南（2022）
[M].北京：人民卫生出版社，2022.

崔玉涛医生
辅食秘籍
（7~24月龄）

中信出版集团

"辅食添加"对于宝宝的生长发育来说，是一个非常重要的阶段。在这个阶段里，家长们尤其是新手爸妈充满了"添加什么、怎么添加"的疑惑。希望这个小册子能为家长们提供一些可行的指导。

秘籍 **1**

各月龄喂养进阶指南

秘籍 **2**

宝宝辅食添加记录表

秘籍 **3**

食物"回避 + 激发"试验记录表

秘籍 **4**

营养食补小百科

扫一扫，添加小助手
获取记录表

各月龄喂养进阶指南

7~9 月龄

奶量：
每天 600ml 以上。

辅食种类：
强化铁的婴儿营养米粉、谷物类、蔬菜、水果、蛋类、肉禽鱼、植物油等。

辅食制作原则：
由少到多，由稀到稠，由细到粗，由简单到多样。

辅食性状变化：
从泥糊状逐渐过渡到小颗粒状或两种性状混合。
泥糊状： 婴儿营养米粉、肉泥、菜泥、蛋黄泥等。
小颗粒状： 烂面条、稠粥、肉末、碎菜等。

小贴士

1. 食材应新鲜，生熟分开存放和切割。
2. 每添加一种新食材，应观察 3 天，无过敏反应再尝试下一种。
3. 选择食材时，应选择家庭里常吃的食物。
4. 避免油炸食物。

10~12 月龄

奶量:
每天 600ml。

辅食种类:
谷物类、蔬菜、水果、蛋类、肉禽鱼、植物油等。

辅食制作原则:
由少到多,由稀到稠,由细到粗,由简单到多样。

辅食性状变化:
从小颗粒状逐渐过渡到小块状,可多种性状混合。

小贴士

1. 食材应新鲜,生熟分开存放和切割。
2. 每添加一种新食材,应观察 3 天,无过敏反应再尝试下一种。
3. 选择食材时,应选择家庭里常吃的食物。
4. 避免油炸食物。

13~24 月龄

奶量：
每天 500ml。

食物种类：
谷物类、蔬菜、水果、蛋类、肉禽鱼、植物油，逐渐少量引入鲜牛奶、酸奶、奶酪等。

食物制作原则：
由少到多，由稀到稠，由细到粗，由简单到多样，可少量额外添加调味料。

辅食性状变化：
逐渐完成从小颗粒状到块状的过渡，可多种性状混合。

小贴士

1. 食材应新鲜，生熟分开存放和切割。
2. 每添加一种新食材，应观察 3 天，无过敏反应再尝试下一种。
3. 当食材变得丰富起来后，建议主食、菜、肉比例为 2：1：1。
4. 虽然可额外添加调味品，但建议先少量添加。
5. 尽量避免油炸食物。

秘籍 2

\宝宝辅食添加记录表/

如果宝宝一天中的饮食是这样的：

早餐
小米粥　菠菜鸡蛋饼

. . . .

加餐
母乳　磨牙棒

. . . .

中餐
大米红薯饭　猪肉炒胡萝卜丝　西蓝花虾仁豆腐汤

. . . .

加餐
杞果　牛奶

. . . .

晚餐
西红柿牛肉末面条　清蒸三文鱼

. . . .

加餐
母乳

那么，可以这样做辅食添加记录：

宝宝辅食添加记录表 （示例）

| 姓名: **元元** | 日期: **2024** 年 **12** 月 **3** 日 |

早餐	谷薯类: 小米 蔬菜类: 菠菜 畜禽肉鱼蛋类: 鸡蛋 奶、大豆、坚果类: 无 调味品: 花生油 是否存在不适: 无
加餐	零食: 磨牙棒　水果: 无　奶: 母乳　其他: 无 是否存在不适: 无
中餐	谷薯类: 大米　红薯 蔬菜类: 胡萝卜　西蓝花 畜禽肉鱼蛋类: 猪肉　虾 奶、大豆、坚果类: 豆腐 调味品: 亚麻籽油 是否存在不适: 无
加餐	零食: 无　水果: 杧果　奶: 牛奶　其他: 无 是否存在不适: 无
晚餐	谷薯类: 小麦 蔬菜类: 西红柿 畜禽肉鱼蛋类: 牛肉　三文鱼 奶、大豆、坚果类: 无 调味品: 亚麻籽油 是否存在不适: 无
加餐	零食: 无　水果: 无　奶: 母乳　其他: 无 是否存在不适: 无

食物类别参考

谷薯类

大米 小米 小麦 高粱 藜麦 玉米 绿豆 红豆 芸豆
马铃薯 红薯 等

蔬菜类

菠菜 油菜 油麦菜 空心菜 生菜 娃娃菜 白菜
黄瓜 豆角 芦笋 西红柿 花菜 西蓝花 胡萝卜 冬瓜
西葫芦 藕 豆芽 蘑菇 木耳 银耳 茄子 海带
紫菜 青椒 葱 姜 蒜 等

水果类

苹果 梨 香蕉 橘子 橙子 柚子 西瓜 葡萄 提子
哈密瓜 甜瓜 火龙果 柚子 桃子 木瓜 杜果 等

畜禽肉鱼蛋类

鸡肉 鸭肉 猪肉 牛肉 羊肉 鸽子肉 三文鱼 鳕鱼 金枪鱼
带鱼 金鲳鱼 多宝鱼 黄花鱼 鳜鱼 清江鱼 虾 鸡蛋
鸭蛋 鹅蛋 鹌鹑蛋 鸽子蛋 等

奶、大豆、坚果类

母乳 牛奶 水牛奶 羊奶 骆驼奶 牦牛奶 豆腐 干张 豆浆
花生 葵花籽 核桃 杏仁 榛子 松子 等

调味品

花生油 大豆油 葵花籽油 菜籽油 亚麻籽油
橄榄油 猪油 牛油 黄油 盐 味精 料酒 醋 花椒
八角 桂皮 等

特殊说明

　　"宝宝辅食添加记录表"可用于家长给宝宝记录日常饮食，这对于辅食添加初期的宝宝来说，尤其重要。

　　因为宝宝可能对某种食物存在过敏的情况，记录饮食尤其是记录每餐食材，可以在宝宝万一出现疑似过敏症状后，快速锁定疑似过敏原，并通过食物"回避＋激发"试验迅速测定，以帮助宝宝尽快摆脱不适症状，远离过敏困扰。

　　另外，还需要注意的是，以上饮食安排并不是一成不变的，家长可以根据孩子的月龄、自家的生活习惯、母乳喂养妈妈的工作时间等因素做适当调整。

　　通常来说，随着宝宝月龄的增加、咀嚼能力的增强，母乳喂养的次数及母乳量会逐渐减少，辅食喂养的次数及喂养量则会相应增加，家长需要根据实际情况提供性状和质地合适的食物，丰富宝宝辅食的种类。

食物"回避＋激发"试验记录表

（示例）

姓名：**元元**　　　　日期：**2024** 年 **12** 月 **3** 日

食用时间：
加餐

食物：**枇杷、牛奶**

是否存在不适：**口周红肿、个别疹子**

说明：**枇杷是第一次添加，其他食物均曾多次添加，之前未出现不适反应，因此此次出现不适症状，怀疑枇杷过敏。**

姓名：**元元**　　　　日期：**2024** 年 **12** 月 **4** 日

食用时间：
加餐

食物：**磨牙饼干、苹果、牛奶**

是否存在不适：**无**

说明：**所有食物均曾多次添加，之前都未出现不适反应，此次"回避"了前一天疑似过敏食物，此次未出现不适反应。**

姓名：**元元**　　　　日期：**2024** 年 **12** 月 **5** 日

食用时间：
加餐

食物：**磨牙饼干、枇杷、牛奶**

是否存在不适：**口周红肿、个别疹子**

说明：**枇杷为第二次添加，为"回避＋激发"试验中的"激发"环节，与第一次添加后的表现相同，孩子出现"口周红肿、个别疹子"的情况，可以诊断为枇杷过敏。**

姓名：　　　　　　　日期：　　年　　月　　日

食用时间：　　　食物：

是否存在不适：

说明：

姓名：　　　　　　　日期：　　年　　月　　日

食用时间：　　　食物：

是否存在不适：

说明：

姓名：　　　　　　　日期：　　年　　月　　日

食用时间：　　　食物：

是否存在不适：

说明：

可依据此表，对怀疑过敏的食物做"回避＋激发"试验记录！

DHA 含量高的食物

鱼类

深海鱼类（比如海鲈鱼、三文鱼、鳕鱼等）DHA
含量比较高，可以适当给孩子食用。

藻类

有研究表明，深海鱼类含 DHA 多是因为鱼类直
接或间接以藻类为食，藻类中的 DHA 非常丰富，
所以可以给孩子适当摄入藻类食物。

铁含量高的食物

富铁婴儿营养米粉

由于满 6 月龄添加辅食时，宝宝从妈妈体内获得
的铁已经消耗殆尽，作为辅食添加的第一口食物，
婴儿营养米粉就被赋予了更多的"补铁"任务，
因此建议选择富含铁的婴儿营养米粉。

红肉

红肉包括猪肉、牛肉、羊肉等，红肉中富含肌红
蛋白，肌红蛋白中的铁非常容易被吸收。

动物肝脏

动物肝脏的含铁量也是非常高的，因此适当吃一
些动物肝脏，对于补铁非常有帮助。

绿叶菜

绿叶菜中的叶绿素中含有较为丰富的铁，除了能给孩子补充铁之外，还可以提供纤维素，预防便秘，但前提是不能煮得太烂。

钙含量高的食物

奶及奶制品

奶及奶制品中含有非常丰富的钙，它已经是众所周知的补钙优选。没有牛奶蛋白过敏等情况的话，建议日常要保证奶及奶制品的摄入量。

大豆及大豆制品

大豆中的钙含量很高，不管是豆子，还是豆制品——豆腐、豆皮，都可以根据孩子的喜好提供。

虾类

虾是典型的高蛋白、低脂肪食材，同时钙含量也比较高，日常可以给孩子适当摄入。但作为易过敏食物之一，应注意食用后是否出现过敏反应。

贝类

蛤蜊、蛏子等贝类的钙含量和虾不相上下，可以根据孩子的接受度适当添加。还要注意初次尝试留心宝宝有没有过敏反应。

绿叶菜

很多绿叶菜都富含钙，比如芥菜、油菜、菠菜等，不过在制作菠菜、苋菜等草酸含量高的绿叶菜时，最好先焯下水。

鱼类

鱼类整体含钙量比较高，其中常见的鱼中，黄鱼和淡水鲈鱼等含钙高、刺少、还能补充 DHA，比较受欢迎，但第一次尝试时需要注意是否存在过敏问题。

坚果

坚果中比如白芝麻、黑芝麻、花生仁、榛子等钙含量比较高，但坚果的热量也很高，需要注意适量食用，另外，坚果也是易过敏食物种类之一，初次食用后仍需要关注是否存在过敏问题。

锌含量高的食物

肉类

各类瘦肉、动物肝脏中都含有很丰富的锌。

蛋类

蛋类食物中锌的含量也比较高。

水产类

水产类食物尤其是贝类，如牡蛎、扇贝等，锌含量很高。

奶及奶制品

各种奶及奶制品中的锌含量也很高。

豆类

豆类食物包括豆及豆制品，也都含有比较丰富的锌。

谷类
谷物中尤其是粗粮中锌含量比较高，但过细的加工会使锌元素流失，比如小麦到精面粉的过程。

维生素A含量高的食物

动物肝脏、蛋黄、鱼肝油、全脂奶
这些食物中维生素A含量很高，身体对其利用率也很高。

深色蔬果
绿色、红色、橘红色和紫红色蔬菜，比如菠菜、油菜、西蓝花、猕猴桃，胡萝卜、南瓜、西红柿、柚子，紫甘蓝、紫菜薹、红苋菜、西瓜等，这些食物中富含 β-胡萝卜素，也是维生素A的重要来源。

维生素C含量高的食物

新鲜水果
其中柑橘类水果中维生素含量比较高，比如橙子、柚子、柑橘等。另外，鲜枣、猕猴桃、山楂、草莓、桂圆、木瓜等也含有丰富的维生素C。

新鲜蔬菜
青椒、彩椒、菠菜、芥菜、小白菜、西红柿、西蓝花等，也含有比较丰富的维生素C。